全国监理员岗位培训教材

建设工程监理实务
——建筑安装工程

本书编委会 编

中国建筑工业出版社

图书在版编目（CIP）数据

建设工程监理实务——建筑安装工程/本书编委会编. —北京：中国建筑工业出版社，2016.5
全国监理员岗位培训教材
ISBN 978-7-112-19226-7

Ⅰ.①建… Ⅱ.①本… Ⅲ.①建筑工程-监理工作-岗位培训-教材②建筑安装-监理工作-岗位培训-教材 Ⅳ.①TU712

中国版本图书馆 CIP 数据核字(2016)第 049864 号

本书依据现行监理相关法律法规、部门规章、标准规范，结合相关省市监理员培训考试大纲和监理实践工作需求，主要包括：建筑工程施工质量验收概述、安装工程施工准备阶段监理、建筑给水排水及供暖工程施工监理、通风与空调工程施工监理、建筑电气工程施工监理、电梯工程施工监理、智能建筑工程施工监理、建筑设备安装节能工程施工监理共 8 章内容。

本书立足安装工程监理员应了解、熟悉、掌握的监理质量控制内容，并予以适度的加深和拓展，涵盖安装各分部分项工程施工的材料（设备）质量控制、施工工序结果检查，突出相应的施工试验、检验和旁站监督。同时，对施工阶段材料、构配件的见证取样及平行试验也给出相应介绍。

本书不仅可以引导监理员进行现场实际操作，亦可作为工程监理单位、建设单位、勘察设计单位、施工单位和政府各级建设主管部门有关人员及大专院校工程管理、工程造价、土木工程类专业学生学习的参考书。

责任编辑：郦锁林　周世明
责任设计：李志立
责任校对：陈晶晶　姜小莲

全国监理员岗位培训教材
建设工程监理实务——建筑安装工程
本书编委会　编
*
中国建筑工业出版社出版、发行(北京西郊百万庄)
各地新华书店、建筑书店经销
北京红光制版公司制版
北京君升印刷有限公司印刷
*
开本：787×1092 毫米　1/16　印张：16¼　字数：404 千字
2016 年 6 月第一版　2016 年 6 月第一次印刷
定价：**43.00** 元
ISBN 978-7-112-19226-7
(28479)

《建设工程监理实务——建筑安装工程》编委会

主　编： 王立春

副主编： 郑传明

编　委： 常文见　高　升　贾小东　姜学成　姜宇峰　吕　铮
孟　健　齐兆武　王建博　阮　娟　王　彬　王春武
王继红　李海龙　王景怀　王景文　王军霞　于忠伟
张会宾　周丽丽　祝海龙　祝教纯

丛 书 前 言

随着我国国民经济"十三五规划"的实行、"一带一路"宏伟蓝图的展开以及城镇化进程的不断深入，工程建设管理体制改革也在不断深化和推进，工程建设领域建设工程监理相关法律法规、部门规章也在不断完善和细化，相关工程建设标准的颁布、修订，尤其是《建设工程监理规范》(GB/T 50319—2013)、《建筑工程施工质量验收统一标准》(GB 50300—2013)以及相关专业施工质量验收规范的修订，对建设工程监理人员的业务水平和素质能力提出了更多、更高的要求。工程建设实践中，施工质量是关键，任何一个环节和部位出现问题，都会直接影响工程项目的施工进度、竣工使用，造成经济损失，甚至酿成质量及安全事故。工程质量控制不但是工程建设的首要任务，也是现场监理工作的重点和难点。项目监理机构健全的规章制度、完备的大纲规划、详尽的细则，都必须驻场一线监理员的认真、可靠、有效地执行。但如果监理员只是死板地照搬、机械地执行标准规范条文和监理要求，对于多专业、多工种、多作业面、动态的现场质量控制活动是远远不够的，也不利于监理员自身创新能力和竞争精神的发挥。这就需要培训选拔大量的具有相当理论基础、实践水平和创新精神的能够胜任岗位工作需要的监理员。熟悉、掌握本专业施工材料（设备）、施工工艺、工序结果是否符合现行施工质量验收规范的规定和要求，成为监理员岗位培训、自主学习的迫切需求，也是监理员提高业务水平、提升专业素质、拓展知识面、培养创新精神的基本立足点。为帮助监理人员能够学以致用，在中国建筑工业出版社支持下组织编写了本套丛书。

丛书编写内容贴近施工现场监理实践，切实反映现场监理员的实际需求，避免过多空洞、抽象的程序性理论，注重实用性、可操作性、可拓展性。将勘察设计、保修阶段的相关服务和安全生产管理归入《建设工程监理基础知识》分册，以现场施工质量控制为主线，将施工阶段监理的工程主要材料（设备）质量控制、各专业施工质量控制的监理要点、旁站、见证取样试验及平行检测，进行系统的整理和归纳，从广度和深度两个方面予以适度地加深和拓展，有利于监理员的学习、充实、丰富和创新。期望广大监理员借助本丛书提供的框架和思路，结合工程项目实际和项目监理机构的具体工作安排和职责分工，充实施工质量控制细节、完善质量控制方法和手段，为推行工程建设监理工作的标准化、规范化，促进工程建设工程技术进步，保证工程质量和安全，推进节能、绿色施工进程，合理使用建设资金，保障人身健康和人民生命财产安全，提高投资效益发挥积极作用。

丛书条理清楚，结构严谨，内容全面、系统，可供建筑工程、建筑安装工程、市政公用工程监理员岗位培训使用，也可以用于指导监理员进行现场实际操作，亦可作为工程监理单位、建设单位、勘察设计单位、施工单位和政府各级建设主管部门有关人员及大专院校工程管理、工程造价、土木工程类专业学生学习的参考书。

丛书编委会

2016.1

前　言

近年来，随着国民经济快速发展和工程建设管理体制深化改革，我国工程建设领域建设工程监理相关法规及标准的颁布、修订，工程监理实践经验不断丰富，对建设工程监理提出了更高要求，需要培训选拔大量的具有相当理论基础和实践水平的一线监理员，以满足这种新的形势和要求。

工程建设实践中，施工质量是关键，任何一个环节和部位出现问题，都会给工程项目带来严重的后果，直接影响工程项目的使用，甚至造成较大的经济损失。工程质量控制不但是工程建设过程中的首要任务，也是现场监理工作的重点和难点。

了解、熟悉、掌握施工材料（设备）、施工工艺、工序结果是否符合最新施工质量验收规范的规定和要求，成为监理人员岗位培训或自主学习的迫切需求。为帮助监理人员能在短时间内学以致用，我们组织编写了本书。

本书编写内容贴近施工现场监理实践，切实反映现场监理人员的实际需求，避免过多空洞、抽象的程序性理论，注重实用性、可操作性。以现场施工质量控制为主线，以现场施工质量控制涉及的材料（设备）质量控制、施工工序结果检查、旁站、见证取样试验及平行检测为着手点，从广度和深度两个方面予以适度的加深和拓展。

本书可供建筑设备安装工程监理员岗位培训使用，不仅可以引导监理员进行现场实际操作，亦可作为工程监理单位、建设单位、勘察设计单位、施工单位和政府各级建设主管部门有关人员及大专院校工程管理、工程造价、土木工程类专业学生学习的参考书。

本书编委会

2016.1

目　录

1 建筑工程施工质量验收概述

1.1 建筑工程施工质量验收的基本规定

依据现行国家标准《建筑工程施工质量验收统一标准》（GB 50300—2013）的规定，建筑工程施工质量验收，应符合以下规定。

1.1.1 质量责任制度与质量管理体系

施工现场应具有健全的质量管理体系、相应的施工技术标准、施工质量检验制度和综合施工质量水平评定考核制度。

建筑工程施工单位应建立必要的质量责任制度，应推行生产控制和合格控制的全过程质量控制，应有健全的生产控制和合格控制的质量管理体系。不仅包括原材料控制、工艺流程控制、施工操作控制、每道工序质量检查、相关工序间的交接检验以及专业工种之间等中间交接环节的质量管理和控制要求，还应包括满足施工图设计和功能要求的抽样检验制度等。施工单位还应通过内部的审核与管理者的评审，找出质量管理体系中存在的问题和薄弱环节，并制定改进的措施和跟踪检查落实等措施，使质量管理体系不断健全和完善，是使施工单位不断提高建筑工程施工质量的基本保证。

现行国家标准《建设工程监理规范》（GB/T 50319—2013），将“组织检查施工单位现场质量、安全生产管理体系的建立及运行情况”作为总监理工程师的职责之一。

1.1.2 施工质量控制及验收基本要求

（1）未实行监理的建筑工程，建设单位相关人员应履行施工质量控制及验收的监理职责。

应用说明：根据《建设工程监理范围和规模标准规定》（建设部令第 86 号），对国家重点建设工程、大中型公用事业工程等必须实行监理。对于该规定包含范围以外的工程，也可由建设单位完成相应的施工质量控制及验收工作。

（2）建筑工程的施工质量控制应符合下列规定：

1）建筑工程采用的主要材料、半成品、成品、建筑构配件、器具和设备应进行进场检验。凡涉及安全、节能、环境保护和主要使用功能的重要材料、产品，应按各专业工程施工规范、验收规范和设计文件等规定进行复验，并应经监理工程师检查认可。

2）各施工工序应按施工技术标准进行质量控制，每道施工工序完成后，经施工单位自检符合规定后，才能进行下道工序施工。各专业工种之间的相关工序应进行交接检验，并应记录。

3）对于监理单位提出检查要求的重要工序，应经监理工程师检查认可，才能进行下道工序施工。

应用说明：工序是建筑工程施工的基本组成部分，一个检验批可能由一道或多道工序组成。根据目前的验收要求，监理单位对工程质量控制到检验批，对工序的质量一般由施工单位通过自检予以控制，但为保证工程质量，对监理单位有要求的重要工序，应经监理工程师检查认可，才能进行下道工序施工。现行国家标准《建设建设工程监理规范》(GB/T 50319—2013) 规定，检查工序施工结果是监理员应履行的职责之一。

(3) 符合下列条件之一时，可按相关专业验收规范的规定适当调整抽样复验、试验数量，调整后的抽样复验、试验方案应由施工单位编制，并报监理单位审核确认。

1) 同一项目中由相同施工单位施工的多个单位工程，使用同一生产厂家的同品种、同规格、同批次的材料、构配件、设备。

应用说明：相同施工单位在同一项目中施工的多个单位工程，使用的材料、构配件、设备等往往属于同一批次，如果按每一个单位工程分别进行复验、试验势必会造成重复，且必要性不大，可适当调整抽样复检、试验数量，具体要求可根据相关专业验收规范的规定执行。

2) 同一施工单位在现场加工的成品、半成品、构配件用于同一项目中的多个单位工程。

应用说明：施工现场加工的成品、半成品、构配件等符合条件时，可适当调整抽样复验、试验数量。但对施工安装后的工程质量应按分部工程的要求进行检测试验，不能减少抽样数量，如结构实体混凝土强度检测、钢筋保护层厚度检测等。

3) 在同一项目中，针对同一抽样对象已有检验成果可以重复利用。

应用说明：在实际工程中，同一专业内或不同专业之间对同一对象有重复检验的情况，可重复利用检验成果。

(4) 当专业验收规范对工程中的验收项目未作出相应规定时，应由建设单位组织监理、设计、施工等相关单位制定专项验收要求。涉及安全、节能、环境保护等项目的专项验收要求应由建设单位组织专家论证。

应用说明：为适应建筑工程行业的发展，鼓励“四新”技术的推广应用，保证建筑工程验收的顺利进行，对国家、行业、地方标准没有具体验收要求的分项工程及检验批，可由建设单位组织制定专项验收要求，专项验收要求应符合设计意图，包括分项工程及检验批的划分、抽样方案、验收方法、判定指标等内容，监理、设计、施工等单位可参与制定。为保证工程质量，重要的专项验收要求应在实施前组织专家论证。

(5) 建筑工程施工质量应按下列要求进行验收：

1) 工程质量验收均应在施工单位自检合格的基础上进行。

2) 参加工程施工质量验收的各方人员应具备相应的资格。

应用说明：参加工程施工质量验收的各方人员资格包括岗位、专业和技术职称等要求，具体要求应符合国家、行业和地方有关法律、法规及标准、规范的规定，尚无规定时可由参加验收的单位协商确定。

3) 检验批的质量应按主控项目和一般项目验收。

应用说明：主控项目和一般项目的划分应符合各专业验收规范的规定。

4) 对涉及结构安全、节能、环境保护和主要使用功能的试块、试件及材料，应在进场时或施工中按规定进行见证检验。

应用说明：见证检验的项目、内容、程序、抽样数量等应符合国家、行业和地方有关规范的规定。

5）隐蔽工程在隐蔽前应由施工单位通知监理单位进行验收，并应形成验收文件，验收合格后方可继续施工。

6）对涉及结构安全、节能、环境保护和使用功能的重要分部工程，应在验收前按规定进行抽样检验。

应用说明：《建筑工程施工质量验收统一标准》（GB 50300—2013）适当扩大抽样检验的范围，不仅包括涉及结构安全和使用功能的分部工程，还包括涉及节能、环境保护等的分部工程，具体内容可由各专业验收规范确定，抽样检验和实体检验结果应符合有关专业验收规范的规定。

7）工程的观感质量应由验收人员现场检查，并应共同确认。

应用说明：观感质量可通过观察和简单的测试确定，观感质量的综合评价结果应由验收各方共同确认并达成一致，对影响观感及使用功能或质量评价为差的项目应进行返修。

（6）工程质量控制资料应齐全完整。当部分资料缺失时，应委托有资质的检测机构按有关标准进行相应的实体检验或抽样试验。

应用说明：工程施工时应确保质量控制资料齐全完整，但实际工作中偶尔会遇到因遗漏检验或资料丢失而导致部分施工验收资料不全的情况，使工程无法正常验收。对此可有针对性地进行工程质量检验，采取实体检测或抽样试验的方法确定工程质量状况。上述工作应由有资质的检测机构完成，出具的检验报告可用于施工质量验收。

1.2　建筑工程质量验收的划分

（1）建筑工程施工质量验收应划分为单位工程、分部工程、分项工程和检验批。

（2）单位工程应按下列原则划分：

1）具备独立施工条件并能形成独立使用功能的建筑物或构筑物为一个单位工程。

2）对于规模较大的单位工程，可将其能形成独立使用功能的部分划分为一个子单位工程。

（3）分部工程应按下列原则划分：

1）可按专业性质、工程部位确定。

2）当分部工程较大或较复杂时，可按材料种类、施工特点、施工程序、专业系统及类别将分部工程划分为若干子分部工程。

（4）分项工程可按主要工种、材料、施工工艺、设备类别进行划分。

（5）检验批可根据施工、质量控制和专业验收的需要，按工程量、楼层、施工段、变形缝进行划分。

应用说明：多层及高层建筑的分项工程可按楼层或施工段来划分检验批，单层建筑的分项工程可按变形缝等划分检验批；地基基础的分项工程一般划分为一个检验批，有地下层的基础工程可按不同地下层划分检验批；屋面工程的分项工程可按不同楼层屋面划分为不同的检验批；其他分部工程中的分项工程，一般按楼层划分检验批；对于工程量较少的分项工程可划为一个检验批。安装工程一般按一个设计系统或设备组别划分为一个检验批。室外工程一般划分为一个检验批。散水、台阶、明沟等含在地面检验批中。

按检验批验收有助于及时发现和处理施工中出现的质量问题，确保工程质量，也符合施工实际需要。

地基基础中的土方工程、基坑支护工程及混凝土结构工程中的模板工程，虽不构成建筑工程实体，但因其是建筑工程施工中不可缺少的重要环节和必要条件，其质量关系到建筑工程的质量和施工安全，因此将其列入施工验收的内容。

（6）建筑工程的分部工程、分项工程划分宜按《建筑工程施工质量验收统一标准》（GB 50300—2013）附录B采用。

（7）施工前，应由施工单位制定分项工程和检验批的划分方案，并由监理单位审核。对于《建筑工程施工质量验收统一标准》（GB 50300—2013）附录B及相关专业验收规范未涵盖的分项工程和检验批，可由建设单位组织监理、施工等单位协商确定。

应用说明：随着建筑工程领域的技术进步和建筑功能要求的提升，会出现一些新的验收项目，并需要有专门的分项工程和检验批与之相对应。对于《建筑工程施工质量验收统一标准》（GB 50300—2013）附录B及相关专业验收规范未涵盖的分项工程、检验批，可由建设单位组织监理、施工等单位在施工前根据工程具体情况协商确定，并据此整理施工技术资料和进行验收。

（8）室外工程可根据专业类别和工程规模按表1-1的规定划分子单位工程、分部工程和分项工程。

室外工程的划分　　表1-1

单位工程	子单位工程	分部工程
室外设施	道路	路基、基层、面层、广场与停车场、人行道、人行地道、挡土墙、附属构筑物
	边坡	土石方、挡土墙、支护
附属建筑及室外环境	附属建筑	车棚，围墙，大门，挡土墙
	室外环境	建筑小品，亭台，水景，连廊，花坛，场坪绿化，景观桥

1.3 建筑工程质量验收要求

1.3.1 施工质量验收合格条件

建筑工程施工质量验收合格应符合工程勘察、设计文件的要求以及《建筑工程施工质量验收统一标准》（GB 50300—2013）和相关专业验收规范的规定。

1. 检验批

检验批是施工过程中条件相同并有一定数量的材料、构配件或安装项目，由于其质量水平基本均匀一致，因此可以作为检验的基本单元，并按批验收。

检验批是工程验收的最小单位，是分项工程、分部工程、单位工程质量验收的基础。检验批验收包括资料检查、主控项目和一般项目检验。

质量控制资料反映了检验批从原材料到最终验收的各施工工序的操作依据、检查情况以及保证质量所必需的管理制度等。对其完整性的检查，实际是对过程控制的确认，是检验批合格的前提。

检验批的合格与否主要取决于对主控项目和一般项目的检验结果。主控项目是对检验批的基本质量起决定性影响的检验项目，须从严要求，因此要求主控项目必须全部符合有关专业验收规范的规定，这意味着主控项目不允许有不符合要求的检验结果。对于一般项目，虽然允许存在一定数量的不合格点，但某些不合格点的指标与合格要求偏差较大或存在严重缺陷时，仍将影响使用功能或观感质量，对这些部位应进行维修处理。

为了使检验批的质量满足安全和功能的基本要求，保证建筑工程质量，各专业验收规范应对各检验批的主控项目、一般项目的合格质量给予明确的规定。

（1）检验批的质量检验，可根据检验项目的特点在下列抽样方案中选取：

1）计量、计数或计量-计数的抽样方案。

2）一次、二次或多次抽样方案。

3）对重要的检验项目，当有简易快速的检验方法时，选用全数检验方案。

4）根据生产连续性和生产控制稳定性情况，采用调整型抽样方案。

5）经实践证明有效的抽样方案。

应用说明：对检验批的抽样方案可根据检验项目的特点进行选择。计量、计数检验可分为全数检验和抽样检验两类。对于重要且易于检查的项目，可采用简易快速的非破损检验方法时，宜选用全数检验。

（2）检验批抽样样本应随机抽取，满足分布均匀、具有代表性的要求，抽样数量应符合有关专业验收规范的规定。当采用计数抽样时，最小抽样数量应符合表1-2的要求。

明显不合格的个体可不纳入检验批，但应进行处理，使其满足有关专业验收规范的规定，对处理的情况应予以记录并重新验收。

应用说明：检验批中明显不合格的个体主要可通过肉眼观察或简单的测试确定，这些个体的检验指标往往与其他个体存在较大差异，纳入检验批后会增大验收结果的离散性，影响整体质量水平的统计。同时，也为了避免对明显不合格个体的人为忽略情况，对明显不合格的个体可不纳入检验批，但必须进行处理，使其符合规定。

检验批最小抽样数量 **表1-2**

检验批的容量	最小抽样数量	检验批的容量	最小抽样数量
2～15	2	151～280	13
16～25	3	281～500	20
26～90	5	501～1200	32
91～150	8	1201～3200	50

注：本表适用于计数抽样的检验批，对计量-计数混合抽样的检验批可参考使用。

（3）计量抽样的错判概率α和漏判概率β可按下列规定采取：

1）主控项目：对应于合格质量水平的α和β均不宜超过5%。

2）一般项目：对应于合格质量水平的α不宜超过5%，β不宜超过10%。

应用说明：合格质量水平的错判概率α，是指合格批被判为不合格的概率，即合格批被拒收的概率；漏判概率为不合格批被判为合格批的概率，即不合格批被误收的概率。抽样检验必然存在这两类风险，通过抽样检验的方法使检验批100%合格是不合理的也是不可能的，在抽样检验中，两类风险一向控制范围是：$\alpha=1\%\sim5\%$；$\beta=5\%\sim10\%$。对于主控项目，其α、β均不宜超过5%；对于一般项目，α不宜超过5%，β不宜超过10%。

（4）检验批质量验收合格应符合下列规定：

1）主控项目的质量经抽样检验均应合格。

2）一般项目的质量经抽样检验合格。当采用计数抽样时，合格点率应符合有关专业验收规范的规定，且不得存在严重缺陷。对于计数抽样的一般项目，正常检验一次、二次抽样可按以下规定判定：

① 对于计数抽样的一般项目，正常检验一次抽样可按表1-3判定，正常检验二次抽样可按表1-4判定。抽样方案应在抽样前确定。

② 样本容量在表1-3或表1-4给出的数值之间时，合格判定数可通过插值并四舍五入取整确定。

一般项目正常检验一次抽样判定　　表1-3

样本容量	合格判定数	不合格判定数	样本容量	合格判定数	不合格判定数
5	1	2	32	7	8
8	2	3	50	10	11
13	3	4	80	14	15
20	5	6	125	21	22

一般项目正常检验二次抽样判定　　表1-4

抽样次数	样本容量	合格判定数	不合格判定数	抽样次数	样本容量	合格判定数	不合格判定数
(1)	3	0	2	(1)	20	3	6
(2)	6	1	2	(2)	40	9	10
(1)	5	0	3	(1)	32	5	9
(2)	10	3	4	(2)	64	12	13
(1)	8	1	3	(1)	50	7	11
(2)	16	4	5	(2)	100	18	19
(1)	13	2	5	(1)	80	11	16
(2)	26	6	7	(2)	160	26	27

注：（1）和（2）表示抽样次数，（2）对应的样本容量为两次抽样的累计数量。

3）具有完整的施工操作依据、质量验收记录。

2. 分项工程

分项工程的验收是以检验批为基础进行的。一般情况下，检验批和分项工程两者具有相同或相近的性质，只是批量的大小不同而已。分项工程质量合格的条件是构成分项工程的各检验批验收资料齐全完整，且各检验批均已验收合格。

分项工程质量验收合格应符合下列规定：

（1）所含检验批的质量均应验收合格。

（2）所含检验批的质量验收记录应完整。

3. 分部工程

分部工程的验收是以所含各分项工程验收为基础进行的。分部工程质量验收合格应符合下列规定：

（1）所含分项工程的质量均应验收合格。

（2）质量控制资料应完整。

（3）有关安全、节能、环境保护和主要使用功能的抽样检验结果应符合相应规定。

应用说明：涉及安全、节能、环境保护和主要使用功能的地基与基础、主体结构和设备安装等分部工程应进行有关的见证检验或抽样检验。

（4）观感质量应符合要求。

应用说明：以观察、触摸或简单量测的方式进行观感质量验收，并结合验收人的主观判断，检查结果并不给出“合格”或“不合格”的结论，而是综合给出“好”、“一般”、“差”的质量评价结果。对于“差”的检查点应进行返修处理。

4. 单位工程

单位工程质量验收也称质量竣工验收，是建筑工程投入使用前的最后一次验收，也是最重要的一次验收。单位工程质量验收合格应符合下列规定：

（1）所含分部工程的质量均应验收合格。

（2）质量控制资料应完整。

（3）所含分部工程中有关安全、节能、环境保护和主要使用功能的检验资料应完整。

应用说明：涉及安全、节能、环境保护和主要使用功能的分部工程检验资料应复查合格，这些检验资料与质量控制资料同等重要。资料复查要全面检查其完整性，不得有漏检缺项，其次复核分部工程验收时要补充进行的见证抽样检验报告，这体现了对安全和主要使用功能等的重视。

（4）主要使用功能的抽查结果应符合相关专业验收规范的规定。

应用说明：在分项、分部工程验收合格的基础上，竣工验收时再作全面检查。抽查项目是在检查资料文件的基础上由参加验收的各方人员商定，并用计量、计数的方法抽样检验，检验结果应符合有关专业验收规范的规定。

（5）观感质量应符合要求。

应用说明：观感质量检查须由参加验收的各方人员共同进行，最后共同协商确定是否通过验收。

1.3.2 施工质量不合格的处理

（1）当建筑工程施工质量不符合要求时，应按下列规定进行处理：

1）经返工或返修的检验批，应重新进行验收。

应用说明：检验批验收时，对于主控项目不能满足验收规范规定或一般项目超过偏差限值的样本数量不符合验收规定时，应及时进行处理。其中，对于严重的缺陷应重新施工，一般的缺陷可通过返修、更换予以解决，允许施工单位在采取相应的措施后重新验收。如能够符合相应的专业验收规范要求，应认为该检验批合格。

2）经有资质的检测机构检测鉴定能够达到设计要求的检验批，应予以验收。

应用说明：当个别检验批发现问题，难以确定能否验收时，应请具有资质的法定检测机构进行检测鉴定。当鉴定结果认为能够达到设计要求时，该检验批应可以通过验收。这种情况通常出现在某检验批的材料试块强度不满足设计要求时。

3）经有资质的检测机构检测鉴定达不到设计要求、但经原设计单位核算认可能够满足安全和使用功能的检验批，可予以验收。

应用说明：如经检测鉴定达不到设计要求，但经原设计单位核算、鉴定，仍可满足相关设计规范和使用功能要求时，该检验批可予以验收。这主要是因为一般情况下，标准、规范的规定是满足安全和功能的最低要求，而设计往往在此基础上留有一些余量。在一定范围内，会出现不满足设计要求而符合相应规范要求的情况，两者并不矛盾。

4）经返修或加固处理的分项、分部工程，满足安全及使用功能要求时，可按技术处理方案和协商文件的要求予以验收。

应用说明：经法定检测机构检测鉴定后认为达不到规范的相应要求，即不能满足最低限度的安全储备和使用功能时，则必须进行加固或处理，使之能满足安全使用的基本要求。这样可能会造成一些永久性的影响，如增大结构外形尺寸，影响一些次要的使用功能。但为了避免建筑物的整体或局部拆除，避免社会财富更大的损失，在不影响安全和主要使用功能条件下，可按技术处理方案和协商文件进行验收，责任方应按法律法规承担相应的经济责任和接受处罚。需要特别注意的是，这种方法不能作为降低质量要求、变相通过验收的一种出路。

（2）经返修或加固处理仍不能满足安全或重要使用要求的分部工程及单位工程，严禁验收。

1.3.3 施工质量验收记录要求

检验批验收时，应进行现场检查并填写现场验收检查原始记录。该原始记录应由专业监理工程师和施工单位专业质量检查员、专业工长共同签署，并在单位工程竣工验收前存档备查，保证该记录的可追溯性。现场验收检查原始记录的格式可由施工、监理等单位确定，包括检查项目、检查位置、检查结果等内容。

建筑工程施工质量验收记录可按下列规定填写：

（1）检验批质量验收记录可按《建筑工程施工质量验收统一标准》（GB 50300—2013）附录E填写，填写时应具有现场验收检查原始记录。

（2）分项工程质量验收记录可按《建筑工程施工质量验收统一标准》（GB 50300—2013）附录F填写。

（3）分部工程质量验收记录可按《建筑工程施工质量验收统一标准》（GB 50300—2013）附录G填写。

（4）单位工程质量竣工验收记录、质量控制资料核查记录、安全和功能检验资料核查及主要功能抽查记录、观感质量检查记录应按《建筑工程施工质量验收统一标准》（GB

50300—2013）附录 H 填写。

1.4 施工质量验收的程序和组织

1. 检验批

检验批应由专业监理工程师组织施工单位项目专业质量检查员、专业工长等进行验收。

应用说明：检验批验收是建筑工程施工质量验收的最基本层次，是单位工程质量验收的基础，所有检验批均应由专业监理工程师组织验收。验收前，施工单位应完成自检，对存在的问题自行整改处理，然后申请专业监理工程师组织验收。

2. 分项工程

分项工程应由专业监理工程师组织施工单位项目专业技术负责人等进行验收。

应用说明：分项工程由若干个检验批组成，也是单位工程质量验收的基础。验收时在专业监理工程师组织下，可由施工单位项目技术负责人对所有检验批验收记录进行汇总，核查无误后报专业监理工程师审查，确认符合要求后，由项目专业技术负责人在分项工程质量验收记录中签字，然后由专业监理工程师签字通过验收。

在分项工程验收中，如果对检验批验收结论有怀疑或异议时，应进行相应的现场检查核实。

3. 分部工程

分部工程应由总监理工程师组织施工单位项目负责人和项目技术负责人等进行验收。

勘察、设计单位项目负责人和施工单位技术、质量部门负责人应参加地基与基础分部工程的验收。

设计单位项目负责人和施工单位技术、质量部门负责人应参加主体结构、节能分部工程的验收。

应用说明：就房屋建筑工程而言，在所包含的十个分部工程中，参加验收的人员可有以下三种情况：

（1）除地基基础、主体结构和建筑节能三个分部工程外，其他七个分部工程（即建筑装饰装修、屋面、建筑给水排水及供暖、通风与空调、建筑电气、智能建筑、电梯）的验收组织相同，即由总监理工程师组织，施工单位项目负责人和项目技术负责人等参加。

（2）由于地基与基础分部工程情况复杂，专业性强，且关系到整个工程的安全，为保证质量，严格把关，规定勘察、设计单位项目负责人应参加验收，并要求施工单位技术、质量部门负责人也应参加验收。

（3）由于主体结构直接影响使用安全，建筑节能是基本国策，直接关系到国家资源战略、可持续发展等，故这两个分部工程，规定设计单位项目负责人应参加验收，并要求施工单位技术、质量部门负责人也应参加验收。

参加验收的人员，除指定的人员必须参加验收外，允许其他相关人员共同参加验收。

由于各施工单位的机构和岗位设置不同，施工单位技术、质量负责人允许是两位人员，也可以是一位人员。

勘察、设计单位项目负责人应为勘察、设计单位负责本工程项目的专业负责人，不应由与本项目无关或不了解本项目情况的其他人员、非专业人员代替。

4. 单位工程

（1）单位工程中的分包工程完工后，分包单位应对所承包的工程项目进行自检，并应按《建筑工程施工质量验收统一标准》（GB 50300—2013）规定的程序进行验收。验收时，总包单位应派人参加。分包单位应将所分包工程的质量控制资料整理完整，并移交给总包单位。

应用说明：《建设工程承包合同》的双方主体是建设单位和总承包单位，总承包单位应按照承包合同的权利义务对建设单位负责。总承包单位可以根据需要将建设工程的一部分依法分包给其他具有相应资质的单位，分包单位对总承包单位负责，亦应对建设单位负责。总承包单位就分包单位完成的项目向建设单位承担连带责任。因此，分包单位对承建的项目进行验收时，总承包单位应参加，检验合格后，分包单位应将工程的有关资料整理完整后移交给总承包单位，建设单位组织单位工程质量验收时，分包单位负责人应参加验收。

（2）单位工程完工后，施工单位应组织有关人员进行自检。总监理工程师应组织各专业监理工程师对工程质量进行竣工预验收。存在施工质量问题时，应由施工单位整改。整改完毕后，由施工单位向建设单位提交工程竣工报告，申请工程竣工验收。

应用说明：单位工程完成后，施工单位应首先依据验收规范、设计图纸等组织有关人员进行自检，对检查发现的问题进行必要的整改。监理单位应根据《建筑工程施工质量验收统一标准》（GB 50300—2013）和《建设工程监理规范》（GB/T 50319—2013）的要求对工．程进行竣工预验收。符合规定后由施工单位向建设单位提交工程竣工报告和完整的质量控制资料，申请建设单位组织竣工验收。

工程竣工预验收由总监理工程师组织，各专业监理工程师参加，施工单位由项目经理、项目技术负责人等参加，其他各单位人员可不参加。工程预验收除参加人员与竣工验收不同外，其方法、程序、要求等均应与工程竣工验收相同。竣工预验收的表格格式可参照工程竣工验收的表格格式。

（3）建设单位收到工程竣工报告后，应由建设单位项目负责人组织监理、施工、设计、勘察等单位项目负责人进行单位工程验收。

应用说明：单位工程竣工验收是依据国家有关法律、法规及规范、标准的规定，全面考核建设工作成果，检查工程质量是否符合设计文件和合同约定的各项要求。竣工验收通过后，工程将投入使用，发挥其投资效应，也将与使用者的人身健康或财产安全密切相关。因此工程建设的参与单位应对竣工验收给予足够的重视。

单位工程质量竣工验收应由建设单位项目负责人组织，由于勘察、设计、施工、监理单位都是责任主体，因此各单位项目负责人应参加验收，考虑到施工单位对工程负有直接生产责任，而施工项目部不是法人单位，故施工单位的技术、质量负责人也应参加验收。

在一个单位工程中，对满足生产要求或具备使用条件，施工单位已自行检验，监理单位已预验收的子单位工程，建设单位可组织进行验收。由几个施工单位负责施工的单位工程，且其中的子单位工程已按设计要求完成，并经自行检验，也可按规定的程序组织正式验收，办理交工手续。在整个单位工程验收时，已验收的子单位工程验收资料应作为单位工程验收的附件。

1.5 住宅工程质量分户验收

住宅工程质量分户验收（以下简称分户验收），是指建设单位组织施工、监理等单位，在住宅工程各检验批、分项、分部工程验收合格的基础上，在住宅工程竣工验收前，依据国家有关工程质量验收标准，对每户住宅及相关公共部位的观感质量和使用功能等进行检查验收，并出具验收合格证明的活动。

1. 分户验收内容

分户验收内容主要包括：

（1）地面、墙面和顶棚质量。

（2）门窗质量。

（3）栏杆、护栏质量。

（4）防水工程质量。

（5）室内主要空间尺寸。

（6）给水排水系统安装质量。

（7）室内电气工程安装质量。

（8）建筑节能和供暖工程质量。

（9）有关合同中规定的其他内容。

2. 分户验收依据

分户验收依据为现行国家标准《建筑工程施工质量验收统一标准》（GB 50300—2013）及与之配套使用的建筑工程各专业工程施工质量验收规范，以及经审查合格的施工图设计文件。

3. 分户验收程序

分户验收应按照以下程序进行：

（1）根据分户验收的内容和住宅工程的具体情况确定检查部位、数量。

（2）按照国家现行有关标准规定的方法，以及分户验收的内容适时进行检查。

（3）每户住宅和规定的公共部位验收完毕，应填写《住宅工程质量分户验收表》，建设单位和施工单位项目负责人、监理单位项目总监理工程师分别签字。

（4）分户验收合格后，建设单位必须按户出具《住宅工程质量分户验收表》，并作为《住宅质量保证书》的附件，一同交给住户。

分户验收不合格，不能进行住宅工程整体竣工验收。同时，住宅工程整体竣工验收前，施工单位应制作工程标牌，将工程名称、竣工日期和建设、勘察、设计、施工、监理单位全称镶嵌在该建筑工程外墙的显著部位。

4. 分户验收的组织实施

分户验收由施工单位提出申请，建设单位组织实施，施工单位项目负责人、监理单位项目总监理工程师及相关质量、技术人员参加，对所涉及的部位、数量按分户验收内容进行检查验收。已经预选物业公司的项目，物业公司应派人参加分户验收。

建设、施工、监理等单位应严格履行分户验收职责，对分户验收的结论进行签认，不得简化分户验收程序。对于经检查不符合要求的，施工单位应及时进行返修，监理单位负责复查。返修完成后重新组织分户验收。

工程质量监督机构要加强对分户验收工作的监督检查，发现问题及时监督有关方面认真整改，确保分户验收工作质量。对在分户验收中弄虚作假、降低标准或将不合格工程按合格工程验收的，依法对有关单位和责任人进行处罚，并纳入不良行为记录。

2 安装工程施工准备阶段监理

2.1 材料、构配件及设备质量控制

工程材料质量是工程质量的基础，是直接影响工程质量和安全的主要因素，对工程质量尤为重要，加强对材料质量控制是提高工程质量的保障。

2.1.1 材料、构配件及设备质量控制依据

材料质量控制的主要内容有：材料的质量标准、材料的性能标准、试验标准适用范围和施工要求。具体控制依据如下：

（1）国家、行业、企业和地方标准、规范、规程和规定。

建筑材料的技术标准分为国家标准、行业标准、企业标准和地方标准等，各级标准分别由相应的标准化管理部门批准并颁布。

（2）工程设计文件及施工图纸。

（3）工程施工合同。

（4）施工组织设计、（专项）施工方案。

（5）工程建设监理合同。

（6）产品说明书、产品质量证明书、产品质量试验报告、质检部门的检测报告、有效鉴定证书、试验室复试报告。

2.1.2 材料、构配件及设备质量检验方法和程序

1. 检验的目的

材料质量检验的目的是通过一系列的检测手段，将所取得的材料质量数据与材料质量标准相对照，借以判断材料质量的可靠性，能否使用于工程；同时，还有利于掌握材料质量信息。

2. 检验的方法

材料质量检验的方法有书面检查、外观检查、理化检验和无损检验四种。

（1）书面检查：由监理工程师对施工单位提供的质量保证资料、合格证、试验报告等进行审核。

（2）外观检查：由监理工程师或材料专业监理人员对施工单位提供的样品，从品种、规格、标准、外观尺寸等进行直观检查。

（3）理化检验：借助试验设备、仪器对材料样品的化学成分、机械性能等进行科学的鉴定。

（4）无损检验：在不破坏材料样品的前提下，利用超声波、X射线、表面探伤等仪器进行检测，如混凝土回弹及桩基低应变检测等。

3. 检验的程序

根据材料质量信息和保证资料的具体情况，其质量检验程序分免检、抽检、全部检验三种。

（1）免检：就是免去质量检验过程，对有足够质量保证的一般资料，实践证明质量长期稳定，且质量保证资料齐全的材料，可予免检。

（2）抽检：就是按随机抽样的方法对材料进行抽样检验。如当监理工程师对承包单位提供的材料或质量保证资料有所怀疑，则对成批生产的构配件应按一定比例进行抽样检验。

（3）全部检验：凡对进口的材料设备和重要工程部位所用的材料，应进行全部检验，以确保材料质量和工程质量。

2.1.3 常用材料、构配件质量控制

1. 一般规定

（1）材料进场时，专业监理工程师应检查到场材料的实际情况与所要求的材料在品种、规格、型号、强度等级、生产厂家与商标等方面是否相符，检查产品的生产编号或批号、型号、规格、生产日期与产品质量证明书是否相符，如有任何一项不符，应要求退货或要求供应商补充有关资料。标志不清的材料可要求退货（也可进行抽检）。

（2）进入施工现场的各种原材料、半成品、构配件都必须有相应的质量保证资料。

1）生产许可证（使用许可证）和营业执照等。

2）产品合格证、质量证明书或质量试验报告单。合格证等都必须盖有生产单位或供货单位的红章并标明出厂日期、生产批号或产品编号。

2. 施工现场材料质量控制

（1）工程上使用的所有原材料、半成品、构配件及设备，都必须事先经专业监理工程师审批后方可进入施工现场。

（2）施工现场不能存放与本工程无关或不合格的材料。

（3）所有进入现场的原材料与提交的资料在规格、型号、品种、编号必须一致。

（4）不同种类、不同厂家、不同型号、不同批号的材料必须分别堆放，界限清晰，挂牌标识并有专人管理。避免使用时造成混乱，便于追踪工程质量。

（5）应用新材料前必须通过试验和鉴定，代用材料必须通过充分论证，并要符合使用功能和结构构造的要求，经设计同意形成书面文件。

2.2 安装材料见证取样规定与方法

2.2.1 建筑材料见证取样的规定

见证取样和送检是指在建设单位或工程监理单位人员的见证下，由施工单位的现场试验人员对工程中涉及结构安全的试块、试件和材料在现场取样，并送至经过省级以上建设行政主管部门对其资质认可和质量技术监督部门对其计量认证的质量检测单位进行检测。

国务院建设行政主管部门对全国房屋建筑工程和市政基础设施工程的见证取样和送检工作实施统一监督管理。

县级以上地方人民政府建设行政主管部门对本行政区域内的房屋建筑工程和市政基础设施工程的见证取样和送检工作实施监督管理。

(1) 涉及结构安全的试块、试件和材料见证取样和送检的比例不得低于有关技术标准中规定应取样数量的30%。

(2) 下列试块、试件和材料必须实施见证取样和送检：

1) 用于承重结构的混凝土试块。

2) 用于承重墙体的砌筑砂浆试块。

3) 用于承重结构的钢筋及连接接头试件。

4) 用于承重墙的砖和混凝土小型砌块。

5) 用于拌制混凝土和砌筑砂浆的水泥。

6) 用于承重结构的混凝土中使用的掺加剂。

7) 地下、屋面、厕浴间使用的防水材料。

8) 国家规定必须实行见证取样和送检的其他试块、试件和材料。

(3) 见证人员应由建设单位或该工程的监理单位具备建筑施工试验知识的专业技术人员担任，并应由建设单位或该工程的监理单位书面通知施工单位、检测单位和负责该项工程的质量监督机构。

(4) 在施工过程中，见证人员应按照见证取样和送检计划，对施工现场的取样和送检进行见证，取样人员应在试样或其包装上作出标识、封志。标识和封志应标明工程名称、取样部位、取样日期、样品名称和样品数量，并由见证人员和取样人员签字。见证人员应制作见证记录，并将见证记录归入施工技术档案。

(5) 见证人员和取样人员应对试样的代表性和真实性负责。

(6) 见证取样的试块、试件和材料送检时，应由送检单位填写委托单，委托单应有见证人员和送检人员签字。检测单位应检查委托单及试样上的标识和封志，确认无误后方可进行检测。

(7) 检测单位应严格按照有关管理规定和技术标准进行检测，出具公正、真实、准确的检测报告。见证取样和送检的检测报告必须加盖见证取样检测的专用章。

2.2.2 材料试验主要参数、取样规则及取样方法

1. 给水排水材料

给水排水材料试验主要参数、取样规则及取样方法，见表2-1。

给水排水材料试验主要参数、取样规则及取样方法　　表2-1

序号	材料名称及相关标准、规范代号	主要检测参数	取样规则及取样方法
1	建筑排水用硬聚氯乙烯管材 GB/T 5836.1 GB 2828	纵向回缩率 扁平试验 拉伸屈服强度 断裂伸长率 落锤冲击试验 维卡软化温度	(1) 同一生产厂，同一原料、配方和工艺的情况下生产的同一规格的管材，每30t为1验收批，不足30t也按1批计 (2) 在计数合格的产品中随机抽取3根试件，进行纵向回缩率和扁平试验

续表

序号	材料名称及相关标准、规范代号	主要检测参数	取样规则及取样方法	
2	建筑排水用硬聚氯乙烯管件 GB/T 583.2	烘箱试验 坠落试验 维卡软化温度	同一生产厂，同一原料、配方和工艺情况下生产的同一规格的管件，每5000件为1验收批，不足5000件也按1批计	
3	给水用硬聚氯乙烯（PVC-V）管材 GB/T 10002.1	生活饮用给水管材的卫生性能 纵向回缩率 二氯甲烷浸渍试验液压试验	同一生产厂，同一原料、配方和工艺的情况下生产的同一规格的管材，每100t为1验收批，不足100t也按1批计	
4	给水用聚乙烯（PE）管材 GB/T 13663 GB/T 17219	生活饮用给水管材的卫生性能 静液压强度（80℃） 断裂伸长率 氧化诱导时间	批量范围（N）	样本大小（n）
			≤150	8
			151～280	13
			281～500	20
			501～1200	32
			1201～3200	50
			3201～10000	80

2. 建筑电气、智能建筑、通风空调材料

建筑电气、智能建筑、通风空调材料试验主要参数、取样规则及取样方法，见表2-2。

建筑电气、智能建筑、通风空调材料试验主要参数、取样规则及取样方法　　表2-2

分部工程	材料名称及相关标准、规范代号	主要检测参数	取样规则及取样方法
建筑电气	电线、电缆 GB 5023.3 GB/T 3956 GB/T 3048	截面 每芯导体电阻值	各种规格总数的10%，且不少于2个规格
	照明系统 GB 50411	平均照度 照明功率密度	同一功能区不少于2处，且测试值不能小于设计值的90%
智能建筑	5类（包含5e类）、6类、7类对绞电缆 GB 50312	电缆长度 衰减 近端串音等技术指标	依据《综合布线系统工程验收规范》（GB 50312—2007），抽检数量为：本批量对绞电缆中的任意三盘中各截出90m长度，加上工程中所选用的连接器件按永久链路测试模型进行抽样测试，另外从本批量电缆配盘中任意抽取3盘进行电缆长度的核准
	光纤 GB 50312	衰减 长度测试	光缆外包装受损时应对每根光缆按光纤链路进行衰减和长度测试

续表

分部工程	材料名称及相关标准、规范代号	主要检测参数	取样规则及取样方法
通风空调	镀锌钢板 GB/T 2518	拉伸 镀层重量	钢板及钢带应按批检验，同牌号、同规格、同一镀层重量、同镀层表面结构和同表面处理的钢材组成。对于单个卷重大于30t的钢带，每卷作为1个检验批。拉伸试验取1个试样，试样位置距边部不小于50mm。镀锌重量试验1组取3个，单个试样的面积不小于5000mm²
	不锈钢钢板 GB/T 4237	拉伸 弯曲 耐腐蚀性能	钢板与钢带应成批提交验收，每批由同一牌号、同一炉号、同一厚度和同一热处理制度的钢板和钢带组成在钢板宽度1/4处切取拉伸、弯曲各1个试件，在不同张或卷钢板取2个试件做耐腐蚀性能试验

3. 建筑安装节能子分部工程材料

建筑安装节能子分部工程材料试验主要参数、取样规则，见表2-3。

建筑安装节能子分部工程材料试验主要参数、取样规则　　表2-3

分项工程	项目名称及相关检验标准	主要检测参数	取样规则
供暖节能工程	保温材料 GB/T 10294 GB/T 10295 GB/T 6343 GB/T 17794	导热系数 表观密度 吸水率	同一厂家同材质的保温材料送检不得少于2次
	散热器 GB/T 13754	单位散热量 金属热强度	单位工程同一厂家同一规格按数量的1%送检，不得少于2组
	供暖系统（自检） GB 50242	系统水压试验、室内外系统联合运转及调试	全数检查
通风与空调节能工程	保温绝热材料 GB/T 10294 GB/T 10295 GB/T 6343 GB/T 17794	导热系数 表观密度 吸水率	同一厂家同材质的绝热材料送检不得少于2次
	风机盘管 GB/T 19232	供冷量、供热量风量、出口静压功率、噪声	同一厂家的风机盘管机组按数量复验2%，不得少于2组
	风管系统严密性（自检） GB 50243	漏风量	抽查10%，且不得少于1个系统

续表

分项工程	项目名称及相关检验标准	主要检测参数	取样规则
通风与空调节能工程	现场组装的组合式空调机组（自检） GB 50243 GB/T 14294	漏风量	抽查20%，且不得少于1台
	通风与空调系统设备（自检） GB 50243	单机试运转和调试	全数检查
空调与供暖系统冷热源及管网节能工程	保温绝热材料 GB/T 10294 GB/T 10295 GB/T 6343 GB/T 17794	导热系数 密度 吸水率	同一厂家同材质的绝热材料送检不得少于2次
	冷热源及管网系统（自检） GB 50243	系统运转和调试	全数检查
配电与照明节能工程	电缆、电线 GB/T 3956 GB/T 3048.2	截面、每芯导体电阻值	同一厂家各种规格总数的10%，且不少于2个规格
	灯具（自检） GB/T 5700	灯具效率	同类型灯具抽测5%，至少1套
	三相电压允许不平衡度（自检） GB/T 15543	三相供电电压允许不平衡度	全部检测
	公用电网谐波（自检） GB/T 14549 GB/T 17626.7	电网谐波电压电流	全部检测
	低压配电系统及电源（自检） GB/T 12325 GB/T 12326 GB/T 14549 GB 50054	低压配电系统调试与低压配电电源质量	全数检测
	照明系统 GB 50034	平均照度 功率密度	每种功能区至少检查2处

续表

分项工程	项目名称及相关检验标准	主要检测参数	取样规则
监测与控制节能工程	监测与控制系统（供暖、通风与空气调节、配电与照明、能耗计量、建筑能源管理系统） GB 50093 GB 50339 GB 50411	系统安装质量	每种仪表按 20%抽验，不足 10 台全部检查
		监测与控制系统	每种仪表按 20%抽检，不足 10 台全部检查
		监控功能、故障报警连锁控制及数据采集等功能	检查全部进行过试运行的系统
		控制功能及故障报警功能	按总数的 20%抽样检测，不足 5 台全部检测
		监测与计量装置	按 20%抽样检测，不足 10 台全部检测
		照明自动控制系统的功能	照明控制箱总数的 5%检测，不足 5 台全部检测
		综合控制系统	全部检测
		建筑能源管理系统的能耗数据采集与分析功能	全部检测
建筑节能工程系统现场检验	供暖系统 JGJ 132	室内温度	居住建筑每户抽测卧室或起居室 1 间，其他建筑按房间总数抽测 10%
		供热系统室外管网的水力平衡度	每个热源与换热站均不少于 1 个独立的供热系统
		供水系统的补水率	
		室外管网的热输送效率	
	通风与空调系统 GB 50243（参照）	各风口的风量	按风管系统数量抽查 10%，且不得少于 1 个系统
	通风与空调系统 GB/T 14294（参照）	通风与空调系统的总风量	按系统数量抽查 10%，压不得少于 1 个系统
		空调机组的水流量	按风管系统数量抽查 10%，且不得少于 1 个系统
		空调系统冷热水、冷却水总流量	全数检测
	照明系统 GB 50034 GB/T 5700	照度、功率密度	每个功能区检查不少于 2 处

2.3 施工准备阶段（事前预控）基本监理要点

安装工程项目因专业、地域、地质条件、设计及功能等差异以及施工方法、材料、构配件、设备以及施工机械的不同，对工程项目的事前预控都有不同的要求，但也有通用的、原则性的、基本要求和做法。

有鉴于此，将安装工程施工准备阶段（事前预控）基本监理要点汇总为表2-4，仅供读者参考，具体工程项目的施工事前预控还要结合相关法律法规、部门规章、相关专业标准规范、设计文件以及项目监理机构人员的岗位职责分工情况予以调整。

安装工程施工准备阶段（事前预控）基本监理要点　　表2-4

序号	项目	监理要点	备注
1	图纸会审	（1）审查设计图纸是否满足项目立项的功能、技术可靠、安全、经济适用的需求。 （2）是否无证设计或越级设计，图纸是否经设计单位正式签署，是否经审查机构审核签字、盖章。 （3）地质勘探资料是否齐全，设计图纸与说明是否齐全，设计深度是否达到规范要求，有无分期供图的时间表。 （4）设计地震烈度是否符合当地要求。 （5）几个设计单位共同设计的图纸相互间有无矛盾；专业之间、平立剖面图之间有无矛盾；标注有无遗漏。 （6）总平面与施工图的几何尺寸、平面位置、标高等是否一致。 （7）防火、消防是否满足要求。 （8）各专业图纸本身是否有差错及矛盾，结构图与建筑、工艺图的平面尺寸及标高是否一致，建筑图与结构图的表示方法是否清楚，是否符合制图标准，预留、预埋件是否表示清楚，有无钢筋明细表，钢筋的构造要求在图中是否表示清楚。 （9）施工图中所列各种标准图册，施工单位是否具备。 （10）材料来源有无保证并能否代换，图中所要求的条件能否满足，新工艺、新材料、新技术的应用有无问题。 （11）地基处理方法是否合理，建筑与结构构造是否存在不能施工、不便于施工的技术问题，或容易导致出现质量、安全事故和工程费用增加等方面的问题。 （12）工艺管道、电气线路、设备装置、运输道路与建筑物之间或相互间有无矛盾，布置是否合理。 （13）施工安全、环境卫生有无保证	总监理工程师、项目监理机构各专业监理工程师参加
2	设计交底	监理工程师参加设计交底应着重了解的内容： （1）有关地形、地貌、水文气象、工程地质及水文地质等自然条件方面。 （2）主管部门及其他部门（如规划、环保、人防、农业、交通、旅游等）对本工程的要求、设计单位采用的主要设计规范、市场供应的建筑材料情况等。 （3）设计意图方面：诸如设计思想、设计方案比选的情况、基础开挖及基础处理方案、结构设计意图、设备安装和调试要求、施工进度与工期安排等。 （4）施工应注意事项方面：如基础处理的要求、对建筑材料方面的要求、主体工程设计中采用新结构或新工艺对施工提出的要求、对大型设备安装的要求、为实现进度安排而应采用的施工组织和技术保证措施等	

续表

序号	项目	监理要点	备注
3	分包单位资质	（1）按《建筑业企业资质管理规定》（住房和城乡建设部令第22号），查验经建设主管部门进行资质审查核发的，具有相应承包企业资质和建筑业劳务分包企业资质的《建筑业企业资质证书》和《企业法人营业执照》，以及《安全生产许可证》。注意拟承担分包工程内容与资质等级、营业执照是否相符。 （2）分包工程开工前，项目监理机构应审核施工单位报送的《分包单位资格报审表》及有关资料，专业监理工程师进行审核并提出审查意见，符合要求后，应由总监理工程师审批并签署意见。分包单位资格审核应包括的基本内容：①营业执照、企业资质等级证书；②安全生产许可文件；③类似工程业绩；④专职管理人员和特种作业人员的资格。 （3）专业监理工程师应在约定的时间内，对施工单位所报资料的完整性、真实性和有效性进行审查。在审查过程中需与建设单位进行有效沟通，必要时会同建设单位对施工单位选定的分包单位的情况进行实地考察和调查，核实施工单位申报材料与实际情况是否相符。 （4）总监理工程师对报审资料进行审核，在报审表上签署书面意见前需征求建设单位意见。如分包单位的资质材料不符合要求，施工单位应根据总监理工程师的审核意见，或重新报审，或另选择分包单位再报审。 （5）专业监理工程师对分包单位的各种资质文件要查看原件，审查证件的有效期及载明的经营范围和承包工程范围，并留存复印件，复印件上要加盖其单位公章（红色原印），法人代表要对施工现场的负责人出具法人授权委托书。 （6）对验证不合格或不符合的处理。项目监理机构查验施工单位相关证书时，发现如下不合格或不符合要求的，应分别予以处理： 1）对施工分包单位资质等级、承包范围不符合该单位在本工程中所承接的工程要求的，对缺少本工程必须的特殊施工（安装）许可证的，对缺少单位安全生产许可证的，总监理工程师应以《监理工作联系单》向建设单位书面提出更换施工单位的建议。 2）对施工分包单位资质证书超过其有效期限的，应要求其尽快办理延期换证手续并呈报项目监理机构复审，否则应向建设单位建议将其清退出场。 3）施工分包单位资质证书不符合要求的，不准其开工并应禁止其进行施工准备工作	总监理工程师组织审核，专业监理工程师执行，监理员辅助
4	进场人员资格	（1）工程开工前，专业监理工程师对人员持证上岗情况进行严格审核并现场验证。 （2）专业监理工程师在工程开工前验证关键岗位人员、特殊工种作业人员上岗证，对资质的承包范围是否与承接业务相符、单位资质和人员证件是否在有效期内进行审核验证。在施工期间应将承包方申报的人员资质与现场实际施工人员进行对照，同时将关键岗位人员与投标文件进行对照，并在施工过程中定期核验，确保持证上岗，人证合一，各类证件在有效期内。 专业监理工程师对审核验收合格的证件签署以下意见：原件已核、人证相符、证件有效。	同上

续表

序号	项目	监理要点	备注
4	进场人员资格	(3) 施工项目部关键岗位及相关人员应与投标文件或与报建设主管部门施工合同备案人员相一致，如果出现变动，必须符合建设主管部门对关键岗位及相关人员变动的规定。 (4) 对施工单位管理人员无执业资格证、安全培训合格证，或其证书有效期过期的，应要求施工单位更换人员或尽快补办延期手续后呈报项目监理机构复审。 (5) 对持证上岗作业人员的个人上岗证过期未办理复审延期或重新办证的、对人证不符的、对应持证上岗而无证作业的，应下达"监理工程师通知单"，要求施工单位将其清退出场并更换持有效证件人员上岗作业。 (6) 对工程进程中施工单位补增或调换的需持证上岗作业人员，如监理工程师核查其无证或持过期证件的，也应按上述办法处理	同上
5	施工质量管理	工程开工前，项目监理机构应审查施工单位现场的质量管理组织机构、管理制度及专职管理人员和特种作业人员的资格，主要内容包括： (1) 项目部质量管理体系。 (2) 现场质量责任制。 (3) 主要专业工种操作岗位证书。 (4) 分包单位管理制度。 (5) 图纸会审记录。 (6) 地质勘察资料。 (7) 施工技术标准。 (8) 施工组织设计编制及审批。 (9) 物资采购管理制度。 (10) 施工设施和机械设备管理制度。 (11) 计量设备配备。 (12) 检测试验管理制度。 (13) 工程质量检查验收制度等	总监理工程师组织，专项监理工程师执行
6	安全生产管理体系	项目监理机构应检查施工单位的安全生产管理制度并将其留存备案，重点从以下几个方面检查： (1) 总包单位有关制度： 1) 安全生产责任制。 2) 安全生产教育培训制度。 3) 操作规程。 4) 安全生产检查制度。 5) 机械设备（包括租赁设备）管理制度。 6) 安全施工技术交底制度。 7) 消防安全管理制度。 8) 安全生产事故报告处理制度。 (2) 督促施工总包单位检查施工分包单位安全生产规章制度的建立和落实情况	总监理工程师组织，专项监理工程师执行

续表

序号	项目		监理要点	备注
7	施工组织设计	基本内容	（1）编审程序应符合相关规定。 （2）施工进度、施工方案及工程质量保证措施应符合施工合同要求。 （3）资金、劳动力、材料、设备等资源供应计划应满足工程施工需要。 （4）安全技术措施应符合工程建设强制性标准； （5）施工总平面布置应科学合理	总监理工程师组织审查，专业监理工程师执行，监理员辅助
		程序及要求	（1）施工单位编制的施工组织设计经施工单位技术负责人审核签认后，与《施工组织设计报审表》一并报送项目监理机构。 （2）总监理工程师应及时组织专业监理工程师进行审查，需要修改的，由总监理工程师签发书面意见退回修改；符合要求的，由总监理工程师签认。 （3）已签认的施工组织设计由项目监理机构报送建设单位。 项目监理机构还应审查施工组织设计中的生产安全事故应急预案，重点审查应急组织体系、相关人员职责、预警预防制度、应急救援措施	同上
		审查要点	（1）受理施工组织设计。施工组织设计的审查必须是在施工单位编审手续齐全（即有编制人、施工单位技术负责人的签名和施工单位公章）的基础上，由施工单位填写施工组织设计报审表，并按合同约定时间报送项目监理机构。 （2）总监理工程师应在约定的时间内，组织各专业监理工程师进行审查，专业监理工程师在报审表上签署审查意见后，总监理工程师审核批准。需要施工单位修改施工组织设计时，由总监理工程师在报审表上签署意见，发回施工单位修改。施工单位修改后重新报审，总监理工程师应再组织审查。 （3）施工组织设计应符合国家的技术政策，充分考虑施工合同约定的条件、施工现场条件及法律法规的要求；施工组织设计应针对工程的特点、难点及施工条件，具有可操作性，质量措施切实能保证工程质量目标，采用的技术方案和措施先进、适用、成熟。 （4）项目监理机构宜将审查施工单位施工组织设计的情况，特别是要求发回修改的情况及时向建设单位通报，应将已审定的施工组织设计及时报送建设单位。涉及增加工程措施费的项目，必须与建设单位协商，并征得建设单位的同意。 （5）经审查批准的施工组织设计，施工单位应认真贯彻实施，不得擅自任意改动。若需进行实质性的调整、补充或变动，应报项目监理机构审查同意。如果施工单位擅自改动，监理机构应及时发出监理通知单，要求按程序报审	同上
8	专项施工方案	程序性审查	应重点审查施工方案的编制人、审批人是否符合有关权限规定的要求。根据相关规定，通常情况下，施工方案应由项目技术负责人组织编制，并经施工单位技术负责人审批签字后提交项目监理机构。项目监理机构在审批施工方案时，应坚持施工单位的内部审批程序是否完善、签章是否齐全，重点核对审批人是否为施工单位技术负责人	同上

续表

序号	项目		监理要点	备注
8	专项施工方案	内容性审查	（1）应重点审查施工方案是否具有针对性、指导性、可操作性。 （2）现场施工管理机构是否建立了完善的质量保证体系。 （3）是否明确工程质量要求及目标。 （4）是否健全了质量保证体系组织机构及岗位职责、是否配备了相应的质量管理人员。 （5）是否建立了各项质量管理制度和质量管理程序等。 （6）施工质量保证措施是否符合现行的规范、标准等，特别是与工程建设强制性标准的符合性。如：施工方案编审及技术交底制度、重点部位与关键工序的质量技术措施、隐蔽工程的质量保证措施等	同上
		施工安全方案	（1）审查施工安全组织机构（安全组织机构形式、安全职责和权限、安全管理人员、安全管理规章制度）和安全资源配置等是否齐全、完善，对新工艺、新施工方法和使用新材料的部位或工作是否有岗前培训计划；审查有重大质量安全隐患的工程施工方案是否安排了专家论证。 （2）审查施工单位的安全生产许可证、现场相关管理人员的安全生产考核合格证件及特种作业人员的特种作业证与所报资料是否相符。 （3）审查安全技术措施是否依据工程性质和结构特征及施工特征等有针对性的编制，并是否符合国家建设工程强制性标准。 （4）审查应急预案的针对性、有效性	同上
		施工环保、节能、绿色施工方案	（1）审查施工环保、节能、绿色施工目标是否符合有关法规和当地政府的规定，是否有相应的环保组织机构。 （2）审查确定的施工环保、节能、绿色施工事项内容，是否与工程性质、建造地点特征及施工特征相符，对施工现场防治扬尘、噪声、固体废物、水污染采取的环境保护措施是否切实可行。 （3）审查在组织上是否建立了一套环保自我监控体系；责任是否落实到人。 （4）审查施工现场主要道路是否进行硬化处理；施工现场是否有覆盖、固化、绿化、洒水等有效措施。 （5）审查建筑物内的施工垃圾清运是否采用封闭式专用垃圾道或封闭式容器吊运的技术措施。 （6）审查从事土方、渣土和施工垃圾的运输，是否使用密闭式运输车辆；施工现场出入口处是否设置冲洗车辆的设施。 （7）审查市政道路施工铣刨作业时，是否有冲洗等控制扬尘污染措施。 （8）审查现场存放油料，是否对库房进行防漏处理，储存和使用是否有防止油料泄漏、污染土壤水体的措施；化学用品、外加剂等是否妥善保管，库内存放是否有防止污染环境的措施。 （9）审查工地临时厕所、化粪池是否有防止渗漏、防蝇、灭蛆等防止污染水体和环境的措施；审查中心城市施工现场的水冲式厕所是否有防止污染水体和环境保护措施。 （10）审查施工现场是否遵循《建筑施工场界环境噪声排放标准》（GB 12523—2011）制定降噪措施	同上

续表

序号	项目		监理要点	备注
9	施工试验室		（1）试验室的资质等级及试验范围。实验室应具有政府主管部门颁发的资质证书及相应的试验范围，试验室的资质等级和试验范围必须满足工程需要。 （2）试验设备应由法定计量部门出具符合规定要求的计量检定证明。 （3）试验室管理制度。试验室还应具有相关管理制度，以保证试验、检测过程和结果的规范性、准确性、有效性、可靠性及可追溯性，试验室管理制度应包括：实验人员工作纪律、人员考核及培训制度、资料管理制度、原始记录管理制度、试验检测报告管理制度、样品管理制度、仪器设备管理制度、安全环保管理制度、外委试验管理制度、对比试验及能力考核管理制度、施工现场（搅拌站）试验管理制度、检查评比制度、工作会议制度以及报表制度等。 （4）实验人员资格证书。从事试验、检测工作的人员应按规定具备相应的上岗资格证书。专业监理工程师应对以上制度逐一进行检查，符合要求后予以签认。 （5）仪器设备及环境条件 1）逐项核查仪器设备的数量、规格、安装是否满足规范要求。 2）抽查仪器设备运行使用状况。 3）核查仪器设备的鉴定校准（含自检、自校）情况。 4）试验检测场地面积和环境条件是否满足规范要求。 5）样品的管理条件是否符合要求。 6）核查交通工具。 7）核查仪器设备配置齐全情况	专业监理工程师执行，监理员协助
10	施工机械设备	施工机械设备的进场	（1）施工机械设备进场前，要求施工单位向监理机构报送“进场施工机械设备报验单”，列出进场机械设备的型号、用途、规格、数量、技术性能（技术参数）、设备状况、进场时间，并给项目监理机构留有充足的审核时间。 （2）施工机械设备的选型。主要核查施工机械的技术性能、工作能力、设备质量（可靠性及维修难易件、能源消耗）、设备数量及安全性等，确保施工机械设备满足对施工质量、安全、进度等方面的需要。 （3）机械设备进场后，根据施工单位报送的清单，监理工程师进行现场核对，核查是否和施工组织设计中所列内容或与施工单位投标书附表所列清单相符	专业监理工程师执行，监理员辅助，并负责检查主要设备的使用及运行状况
		机械设备安装、拆卸和工作状态	专业监理工程师应核查作业机械的安装、拆卸、使用、保养记录，检查其工作状况；重要的工程机械，专业监理工程师还应经常了解施工作业中机械设备的工作状况，防止带病运行。发现问题，指令施工单位及时修理，以保持良好的作业状态。对核查工作应有监理工作记录。 （1）核查起重机械安装、拆卸专项施工方案及施工方案审批程序是否符合相关规定。 （2）监督施工单位执行起重机械设备等安装、拆卸专项施工方案的执行情况。 （3）起重机械第一次在现场安装完成后，必须经过当地质量技术监督检验部门的鉴定，取得机械安全检验合格证后方可允许投入使用。 （4）监督检查建筑起重机械的使用情况，发现存在生产安全事故隐患的，要求限期整改，拒不整改的，及时向建设单位报告	同上

续表

序号	项目		监理要点	备注
10	施工机械设备	建筑起重机械等设备安全运行	对于建筑起重机械设备和直升式架设设施等有特殊安全要求的设备，进入现场后在使用前，必须经检验检测，监理工程师核实符合要求并办好相关备案手续后方可允许施工单位投入使用。 项目监理机构应查验施工单位拟在工程项目中使用的施工起重机械设备、整体提升脚手架、模板等自升式架设设施和安全设施的相关证件和资料是否符合规定。审查其检验检测报告和进场验收手续。参与其试运行和安装验收，督促施工单位及时办理相关设备设施的使用登记手续	同上
11	材料、构件、设备	基本内容和程序	项目监理机构收到施工单位报送的《工程材料、构配件、设备报审表》后，应审查施工单位报送的用于工程的材料、构配件、设备的质量证明文件，并应按有关规定、建设工程监理合同约定，对用于工程的材料进行见证取样。用于工程的材料、构配件、设备的质量证明文件包括出厂合格证、质量检验报告、性能检测报告以及施工单位的质量抽检报告等。对于工程设备应同时附有设备出厂合格证、技术说明书、质量检验证明、有关图纸、配件清单及技术资料等。对已进场经检验不合格的工程材料、构配件、设备，应要求施工单位限期将其撤出施工现场	专业监理工程师执行，监理员协助
		质量的检验及保证资料	（1）对用于工程的主要材料，在材料进场时专业监理工程师应核查厂家生产许可证、出厂合格证、材质化验单及性能检测报告，审查不合格者一律不准用于工程。专业监理工程师应参与建设单位组织的对施工单位负责采购的原材料、半成品、构配件的考察，并提出考察意见。对于半成品、构配件和设备，应按经过审批认可的设计文件和图纸要求采购订货，质量应满足有关标准和设计的要求。 （2）在现场配制的材料，施工单位应进行级配设计与配合比试验，经试验合格后才能使用。 （3）对于进口材料、构配件和设备，专业监理工程师应要求施工单位报送进口商检证明文件，并会同建设单位、施工单位、供货单位等相关单位有关人员按合同约定进行联合检查验收。联合检查由施工单位提出申请，项目监理机构组织，建设单位主持。 （4）对于工程采用新设备、新材料，还应核查相关部门鉴定证书或工程应用的证明材料、实地考察报告或专题论证材料。 （5）原材料、（半）成品、构配件进场时，专业监理工程师应检查其尺寸、规格、型号、产品标志、包装等外观质量，并判定其是否符合设计、规范、合同等要求。 （6）工程设备验收前，设备安装单位应提交设备验收方案，包括验收方法、质量标准、验收的依据，经专业监理工程师审查同意后实施。 （7）对进场的设备，专业监理工程师应会同设备安装单位、供货单位等的有关人员进行开箱检验，检查其是否符合设计文件、合同文件和规范等所规定的厂家、型号、规格、数量、技术参数等，检查设备图纸、说明书、配件是否齐全。 （8）由建设单位采购的主要设备则由建设单位、施工单位、项目监理机构进行开箱检查，并由三方在开箱检查记录上签字。 （9）质量合格的材料、构配件进场后，到其使用或安装时通常要经过一定的时间间隔。在此时间里，专业监理工程师应对施工单位在材料、半成品、构配件的存放、保管及使用期限实行监控	同上

续表

<table>
<tr><th>序号</th><th colspan="2">项目</th><th>监理要点</th><th>备注</th></tr>
<tr><td>11</td><td>材料、构件、设备</td><td>堆放</td><td>专业监理工程师应对施工单位材料、成品、半成品、构配件的存放、保管条件及时间进行审查。应当根据它们的特点、特性以及对防潮、防晒、防锈、防腐蚀、通风、隔热以及温度、湿度等方面的不同要求，审查存放条件，以保证存放质量。如果存放、保管条件不良，监理工程师应要求施工单位加以改善并达到要求</td><td>同上</td></tr>
<tr><td rowspan="2">12</td><td rowspan="2">开工条件</td><td>开工条件和程序</td><td>总监理工程师应组织专业监理工程师审查施工单位报送的工程开工报审表及相关资料，同时具备下列条件时，应由总监理工程师签署审查意见，并应报建设单位批准后，总监理工程师签发工程开工令：
（1）设计交底和图纸会审已完成。
（2）施工组织设计已由总监理工程师签认。
（3）施工单位现场质量、安全生产管理体系已建立，管理及施工人员已到位，施工机械具备使用条件，主要工程材料已落实。
（4）进场道路及水、电、通信等已满足开工要求</td><td>总监理工程师应组织，专业监理工程师执行</td></tr>
<tr><td>审核内容</td><td>（1）建设单位是否已办理了施工许可证。
（2）经审查的设计文件及图纸、勘探资料、图纸会审记录等是否完整，建设单位是否已组织设计技术交底。
（3）建设单位是否已组织召开第一次工地会议，所负责的施工条件在征地拆迁工作方面是否满足工程进度的需要。
（4）施工单位提交的施工组织设计、（专项）施工方案是否已通过项目监理机构的审查并得到批准。
（5）施工单位承包资质是否已通过审查，关键岗位人员及特殊工种人员持证上岗是否已通过验证，现场管理人员是否已到位，施工人员是否已进场。
（6）施工单位开工时所需专业分包施工的分包单位资质是否已通过审查。
（7）施工单位施工用建筑机械设备使用计划是否已通过审查，开工时所需机械设备是否已进场。
（8）施工单位质量管理与保证体系、安全生产管理与保证体系、技术管理体系是否已报审并得到批准。
（9）建设单位负责提供的进场道路及水电通信等施工条件以及施工单位场内“三通一平”是否已满足开工要求。
（10）建设单位对水准点和坐标点是否已向施工单位交桩，施工单位是否已报送《施工测量成果报验表》并已签认。
专业监理工程师应审核测量成果及现场查验桩、线的准确性及桩点桩位保护措施的有效性，符合规定方可签认。
（11）施工单位开工时所需用的工程材料是否已报验，主要工程材料是否已落实。
（12）施工单位开工时所需要的施工试验室是否已报验等。
（13）现场施工用临时用房是否已经搭建，且通过专业检测机构检测合格，检测资料齐全。
（14）危险作业中工作人员的意外伤害保险是否已办理</td><td>同上</td></tr>
</table>

续表

序号	项目	监理要点	备注
13	计量设备的检查	计量设备是指施工中使用的衡器、量具、计量装置等设备。施工单位应按有关规定定期对计量设备进行检查、检定，确保计量设备的精确性和可靠性。 专业监理工程师应审查施工单位定期提交影响工程质量的计量设备的检查和检定报告	专业监理工程师执行，监理员辅助
14	施工控制测量成果	专业监理工程师应检查、复核施工单位报送的施工控制测量成果及保护措施，签署意见：并应对施工单位在施工过程中报送的施工测量放线成果进行查验。 施工控制测量结果及保护措施的检查、复核，应包括下列内容： (1) 施工单位测量人员的资格证书及测量设备检定证书。 (2) 施工平面控制网、高程控制网和临时水准点的测量成果及控制桩的保护措施。 项目监理机构收到施工单位报送的《施工控制测量成果报验表》后，由专业监理工程师审查。专业监理工程师应审查施工单位的测量依据、测量人员资格和测量成果是否符合规范及标准要求，符合要求的，予以签认。 专业监理工程师应从施工单位的测量人员和仪器设备两个方面来检查、复核施工单位测量人员的资格证书和测量设备检定证书。根据相关规定，从事工程测量的技术人员应取得合法有效的相关资格证书，用于测量的仪器和设备也应具备有效的检定证书。专业监理工程师应按照相应测量标准的要求对施工平面控制网、高程控制网和临时水准点的测量成果及控制桩的保护措施进行检查、复核。例如，场区控制网点位，应选择在通视良好、便于施测、利于长期保存的地点，并埋设相应的标石，必要时还应增加强制对中装置。标石埋设深度，应根据地冻线和场地设计标高确定。施工中，当少数高程控制点标石不能保存时，应将其引测至稳固的建（构）筑物上，引测精度不应低于原高程点的精度等级	同上

注：1. 表中内容，依据现行国家标准《建设工程监理规范》(GB/T 50319—2013) 规定的“监理人员的职责”编写，在建设工程监理实施过程中，项目监理机构还应针对建设工程实际情况进行必要的调整。

2. 本书随后章节中各项施工准备阶段监理要点，可参照本表内容并结合施工实际予以确定检查、审核的具体项目和内容。对于本表之外的和需要着重检查、审核的项目和内容在各章节中也有相应的表述。

3　建筑给水排水及供暖工程施工监理

3.1 基 本 要 点

建筑给水排水及供暖工程施工质量的检查、验收，应符合《建筑工程施工质量验收统一标准》（GB 50300—2013）、《建筑给水排水及供暖工程施工质量》（GB 50242—2002）以及相关标准的规定。

3.1.1　分部、分项工程划分

（1）建筑给水、排水及供暖工程的分部、分项工程划分见表 3-1。

建筑给水、排水及供暖工程的分部、分项工程划分　　表 3-1

序号	分部工程	子分部工程	分项工程
	建筑给水排水及供暖	室内给水系统	给水管道及配件安装，给水设备安装，室内消火栓系统安装，消防喷淋系统安装，防腐，绝热，管道冲洗、消毒，试验与调试
		室内排水系统	排水管道及配件安装，雨水管道及配件安装，防腐，试验与调试
		室内热水系统	管道及配件安装，辅助设备安装，防腐，绝热，试验与调试
		卫生器具	卫生器具安装，卫生器具给水配件安装，卫生器具排水管道安装，试验与调试
		室内供暖系统	管道及配件安装，辅助设备安装，散热器安装，低温热水地板辐射供暖系统安装，电加热供暖系统安装，燃气红外辐射供暖系统安装，热风供暖系统安装，热计量及调控装置安装，试验与调试，防腐，绝热
		室外给水管网	给水管道安装，室外消火栓系统安装，试验与调试
		室外排水管网	排水管道安装，排水管沟与井池，试验与调试
		室外供热管网	管道及配件安装，系统水压试验，土建结构，防腐，绝热，试验与调试
		建筑饮用水供应系统	管道及配件安装，水处理设备及控制设施安装，防腐，绝热，试验与调试
		建筑中水系统及雨水利用系统	建筑中水系统、雨水利用系统管道及配件安装，水处理设备及控制设施安装，防腐，绝热，试验与调试
		游泳池及公共浴池水系统	管道及配件系统安装，水处理设备及控制设施安装，防腐，绝热，试验与调试
		水景喷泉系统	管道系统及配件安装，防腐，绝热，试验与调试
		热源及辅助设备	锅炉安装，辅助设备及管道安装，安全附件安装，换热站安装，防腐，绝热，试验与调试
		监测与控制仪表	检测仪器及仪表安装，试验与调试

（2）建筑给水、排水及供暖工程的分项工程，应按系统、区域、施工段或楼层等划分。分项工程应划分成若干个检验批进行验收。

3.1.2 质量管理与控制要求

（1）建筑给水、排水及供暖工程施工现场应具有必要的施工技术标准、健全的质量管理体系和工程质量检测制度，实现施工全过程质量控制。

（2）建筑给水、排水及供暖工程的施工应按照批准的工程设计文件和施工技术标准进行施工。修改设计应有设计单位出具的设计变更通知单。

（3）建筑给水、排水及供暖工程的施工应编制施工组织设计或施工方案，经批准后方可实施。

（4）建筑给水、排水及供暖工程的施工单位应具有相应的资质。工程质量验收人员应具备相应的专业技术资格。

（5）建筑给水、排水及供暖工程与相关各专业之间，应进行交接质量检验，并形成记录。

（6）隐蔽工程应在隐蔽前经验收各方检验合格后，才能隐蔽，并形成记录。

3.1.3 检验和检测项目

建筑给水、排水及供暖工程的检验和检测应包括下列主要内容：

（1）承压管道系统和设备及阀门水压试验。

（2）排水管道灌水、通球及通水试验。

（3）雨水管道灌水及通水试验。

（4）给水管道通水试验及冲洗、消毒检测。

（5）卫生器具通水试验，具有溢流功能的器具满水试验。

（6）地漏及地面清扫口排水试验。

（7）消火栓系统测试。

（8）供暖系统冲洗及测试。

（9）安全阀及报警联动系统动作测试。

（10）锅炉48h负荷试运行。

3.2 室内给水系统监理要点

3.2.1 材料（设备）质量控制

1. 一般要点

（1）室内给水管道必须采用与管材相适应的管件。生活给水系统所涉及的材料必须达到饮用水卫生标准。

（2）室内给水系统管材应采用给水铸铁管、镀锌钢管、给水塑料管、复合管、铜管。

（3）建筑给水工程所使用的主要材料、成品、半成品、配件、器具和设备必须具有中文质量合格证明文件、规格、型号及性能检测报告，应符合国家技术标准或设计要求。进场时应做检查验收，并经监理工程师核查确认。

（4）所有材料进场时应对品种、规格、外观等进行验收。包装应完好，表面无划痕及外力冲击破损。

（5）主要器具和设备必须有完整的安装使用说明书。在运输、保管和施工过程中，应采取有效措施防止损坏或腐蚀。

（6）管道上使用冲压弯头时，所使用的冲压弯头外径应与管道外径相同。

2. 给水管材、管件外观检查

（1）铸铁给水管及管件的规格应符合设计压力要求，管壁厚薄均匀，内外光滑整洁，不得有砂眼、裂纹、毛刺和疙瘩；承插口的内外径及管件造型规矩；管内外表面的防腐涂层应整洁均匀，附着牢固。

（2）镀锌碳素钢管及管件规格种类应符合设计要求，管壁内外镀锌均匀，无锈蚀、飞刺。管件无偏扣、乱扣、丝扣不全或角度不准等现象。

（3）水表规格应符合设计要求及供水公司确认，表壳铸造规矩，无砂眼、裂纹，表玻璃无损坏，铅封完整。

（4）阀门规格型号符合设计要求，阀体铸造规矩，表面光洁、无裂纹，开关灵活、关闭严密，填料密封完好无渗漏，手轮完整、无损坏。

（5）管材、管件应进行现场外观检查，并应符合下列要求：

1）表面应无裂纹、缩孔、夹渣、折叠和重皮。

2）螺纹密封面应完整、无损伤、无毛刺。

3）镀锌钢管内外表面的镀锌层不得有脱落、锈蚀等现象。

4）非金属密封垫片应质地柔韧，无老化变质或分层现象，表面应无折损、皱纹等缺陷。

5）法兰密封面应完整光洁，不得有毛刺及径向沟槽；螺纹法兰的螺纹应完整、无损伤。

（6）给水塑料管、复合管及管件应符合设计要求，管材和管件内外壁应光滑、平整，无裂纹、脱皮、气泡，无明显的痕迹、凹痕和严重的冷斑；管材轴向不得有扭曲或弯曲，其直线度偏差应小于1%，且色泽一致；管材端口必须垂直于轴线，并且平整；合模缝、浇口应平整，无开裂。管件应完整，无缺损、变形；管材和管件的壁厚偏差不得超过14%；管材的外径、壁厚及其公差应满足相应的技术要求。

（7）铜及铜合金管、管件内外表面应光滑、清洁，不得有裂缝、起层、凹凸不平、绿锈等现象。

（8）使用的钢材（型材）外观整洁、平滑，不得有影响其使用功能的缺陷存在。

3. 水泵、水箱检查

（1）水泵、水箱的型号、参数、数量应符合设计文件要求。

（2）整体出厂的泵应在防锈保证期内使用。当超过防锈保证期或有明显缺陷需拆卸时，其拆卸、清洗和检查应符合设备技术文件的规定。泵的主要零件、部件和附属设备、中分面和套装零件、部件的端面不得有擦伤和划痕；轴的表面不得有裂纹、压伤及其他缺陷。

水泵的开箱检查应符合下列要求：

1）应按设备技术文件的规定，清点泵的零件和部件，并应无缺件、损坏和锈蚀等，管口保护物和堵盖应完好。

2）泵的主要安装尺寸应与工程设计相符。

（3）生活水箱必须有本地区卫生防疫部门的证明，水箱附件齐全、良好；保温材料有产品质量合格证及材质检验报告。

（4）产品外观良好，标志清楚，与报验产品相符。

4. 自动喷水系统组件、管件及其他设备、材料

（1）自动喷水灭火系统施工前应对采用的系统组件、管件及其他设备、材料进行现场检查，并应符合下列条件。

1）系统组件、管件及其他设备、材料，应符合设计要求和国家现行有关标准的规定，并应具备出厂合格证。

2）喷头、报警阀、压力开关、水流指示器等主要系统组件应经国家消防产品质量监督检验中心检测合格。

（2）喷头的现场检验应符合下列要求：

1）喷头的型号、规格应符合设计要求。

2）喷头的标高、型号、公称动作温度、制造厂及生产年月日等标志应齐全。

3）喷头外观应无加工缺陷和机械损伤。

4）喷头螺纹密封面应无伤痕、毛刺、缺丝或断丝的现象。

5）闭式喷头应进行密封性能试验，并以无渗漏、无损伤为合格。试验数量宜从每批中抽查1%，但不得少于5只，试验压力应为3.0MPa；试验时间不得小于3min。当有两只及以上不合格时，不得使用该批喷头。当仅有一只不合格时，应再抽查2%，但不得少于10只。重新进行密封性能试验，当仍有不合格时，亦不得使用该批喷头。

（3）阀门及其附件的现场检验应符合下列要求：

1）阀门的型号、规格应符合设计要求。

2）阀门及其附件应配备齐全，不得有加工缺陷和机械损伤。

3）报警阀除应有商标、型号、规格等标志外，尚应有水流方向的永久性标志。

4）报警阀和控制阀的阀瓣及操作机构应动作灵活，无卡涩现象；阀体内应清洁、无异物堵塞。

5）水力警铃的铃锤应转动灵活，无阻滞现象。

6）报警阀应逐个进行渗漏试验。试验压力应为额定工作压力的2倍，试验时间应为5min。阀瓣外应无渗漏。

（4）压力开关、水流指示器及水位、气压、阀门限位等自动监测装置应有清晰的铭牌、安全操作指示标志和产品说明书；水流指示器尚应有水流方向的永久性标志；安装前应逐个进行主要功能检查，不合格者不得使用。

5. 消防材料、配件进场验收

（1）消防管材有镀锌钢管或非镀锌钢管及管件、消火栓、水枪、水龙带、控制阀、信号阀和支吊架用型钢、连接用材料等，均应符合设计要求的品种、型号、规格，其质量、性能，必须符合国家规定的产品标准，并有产品质量出厂合格证及说明资料。

（2）消火栓箱的箱体、消火栓枪、栓口，必须有型式检验报告，并在有效期内；消防系统产品必须有当地省市消防部门的备案证明并有产品合格证；消防水带属强制认证。要“CCC”认证，并有以上资料；检查箱体表面平整、光洁，无锈蚀、划伤，箱门开启灵活，箱内配件良好齐全。

（3）管材管件有出厂质量证明文件，外观良好，壁厚均匀，尺寸符合标准。

（4）阀门外观检查良好，有合格证及测试报告。按《建筑给水排水及供暖工程施工质量验收规范》（GB 50242—2002）要求试压合格。

3.2.2 给水管道及配件安装监理要点

为确保工程质量，减少工程施工安装过程中因工程质量问题而进行返工的工作，对一些常见的容易发生的施工质量通病的环节和施工安装工艺过程，则需进行必要的巡视检查。而对于现行国家标准《建筑给水排水及采暖工程施工质量验收规范》（GB 50242—2002）所涉及安全、卫生和使用功能的强制性条文的一些施工安装的关键部位及测试调试过程，以及一些隐藏工程验收过程，则需进行旁站检查。

1. 关键部位质量控制

（1）材料控制：给水管道必须采用与管材相适应的管件；生活给水系统所涉及的材料必须达到饮用水卫生标准。

（2）管道穿地下室外墙的防水套管制作安装：安装位置、管径翼环、直径、厚度、长度。

（3）管道穿有防水要求楼板的套管制作、安装：管径、长度。

（4）管道各种支、吊、托架的制作、安装。

（5）隐蔽部位（埋地、结构中、管井及吊顶内）管道的安装及防腐、保温。

（6）阀门、水表等附件安装。

2. 重点部位和项目

（1）给水塑料管、复合管、不锈钢管及铜管的试安装。

（2）阀门的强度严密性试验：试验压力、持续时间、压力降。

（3）管道的强度严密性试验：试验压力、持续时间、压力降。

（4）给水系统强度严密性试验：试验压力、持续时间、压力降。

（5）给水系统吹洗试验：最大设计流量（或不小于1.5m/s）、流速、水色透明。

（6）给水系统通水试验：设计要求同时开放的最大数量配水点的流量。

3. 管道穿越地下室或地下构筑物外墙

地下室或地下构筑物外墙有管道穿过的，应采取防水措施。对有严格防水要求的建筑物，必须采用柔性防水套管（GB 50242—2002 第3.3.3条）。

上文强调了地下室的外墙有管道穿过时，应有防水措施，其目的是防止室外地下水位高或雨季地表水顺墙面通过管孔渗入室内。防水措施常见的有两种，一种是柔性防水套管，另一种为刚性防水套管。

在制作、预埋和安装防水套管时，须进行旁站。按设计要求选择防水套管，制作套管时要按标准图选择材料，制作和安装时焊接是质量的要点，焊缝高度不得低于母材表面，焊缝与母材应圆滑过渡。焊缝及热影响区表面应无裂纹，不许存在未熔合、未焊透、有弧坑和气孔等缺陷。密封材料填塞应密实，接头均匀，螺栓紧固松紧适度并做好防腐。

3.2.3 室内消火栓系统安装监理要点

1. 关键部位质量控制点

(1) 材料控制，消火栓系统管材应根据设计要求选用，可用碳素钢管或无缝钢管，若与给水系统共用则必须考虑隔离，或用同种材料。

(2) 消防系统图纸已由建设单位报请消防部门审查批准。

(3) 消火栓箱及所属配件的生产厂的产品，有法定检测单位的型式检验报告，并在有效期内。

(4) 消火栓箱及所属配件的规格类型应符合设计要求，产品良好，有出厂合格证。

2. 关键控制点

(1) 屋顶层，首层二次消火栓试射试验，符合设计要求。

(2) 栓口中心距地 1.1m；阀门中心距箱侧面为 140mm，距箱后内表面为 100mm。

(3) 箱体安装垂直度。

3. 监理要点

(1) 管材、管件、阀门符合设计图纸要求，资料齐全，产品合格；阀门测试合格，监理工程师签认设备及管道附件试验记录；消火栓箱及配件符合设计要求，产品及资料验收合格。

(2) 坐标、标高，管道尺寸符合设计图纸；穿墙、楼板处加套管；过混凝土结构外墙时加防水套管，应做隐蔽工程检查，监理工程师签认记录。

(3) 消火栓口朝向，距地位置，阀门位置。

(4) 试压合格，监理工程师签认记录。

(5) 通水合格，监理工程师签认记录。

4. 室内消火栓系统试验旁站

室内消火栓系统安装完成后应取屋顶层（或水箱间内）试验消火栓和首层取 2 处消火栓做试射试验，达到设计要求为合格（GB 50242—2002 第 4.2.3 条）。

室内消火栓给水系统在竣工后均应做消火栓试射试验，以检验其使用效果，但又不能逐个试射，故取有代表性的 3 处：屋顶（北方一般在屋顶水箱间等室内）试验消火栓和首层取 2 处消火栓试射。屋顶试验用消火栓试射可测消火栓出水流量和压力（充实水柱）；首层取 2 处消火栓试高压，可检验两股充实水柱同时到达消火栓应到达规定最远点的能力。

该试验为室内消防的消火栓系统功能性试验，涉及建筑物的长期安全，要求监理人员必须进行整个试射过程的旁站工作。

3.2.4 给水设备安装

(1) 材料控制：给水泵的型号、扬程、功率符合设计要求，生活水箱必须有国家或本地区卫生防疫部门的证明。

(2) 水泵基础检查：混凝土强度、坐标、标高、尺寸和螺栓孔是否符合设计和规范的规定。

（3）敞口水箱的灌水试验或密闭水箱的水压试验，试验压力持续时间、压力降。

（4）水泵试运行，轴承温升符合设备说明书的规定。

3.2.5 水压试验、系统冲洗和调试监理要点

室内给水系统管道安装完成后，为了保证管道及零件的结构连接强度，生产运行和生活饮水的清洁，必须进行强度、严密性水压试验和冲洗及调试。

1. 水压试验

各种承压管道系统和设备应做水压试验，非承压管道系统和设备应做灌水试验。（GB 50242—2002 第 3.3.16 条）

承压管道系统和设备的水压试验是为了检查其系统和设备组合安装后的严密性及承压能力，确保运行安全，达到使用功能。避免在保温和隐蔽之后，再发现渗漏，造成不必要的损失。减少投入使用后维修难度和维修工作量。

非承压管道系统和设备的灌水试验是为了检查其管道系统和设备组合安装后的严密性，通水能力和静置设备满水防渗漏能力。

该条综合了建筑室内给水、排水、热水供应、室内采暖和室外给水、排水、供热管网，建筑中水及游泳池，供热锅炉及辅助设备各章内容。为了统一标准，规范检验方法，便于使用者掌握，所以提出当设计未注明时，试验压力均为工作压力的 1.5 倍，但不能小于 0.6MPa，其他特殊的试验压力值执行具体条款的要求。灌水（满水）试验确定了满水观察的时间。

使用范围：室内生活用水、消防用水和生活与消防合用的管道系统。给水系统水压试验过程监理人员必须旁站，与现场施工人员一起完成试压过程。

（1）试压前应具备的条件

1）管道系统施工安装完毕，并符合要求和施工及验收的有关规定。

2）支、吊架安装完毕。

3）管道的焊接等工作结束，并经检验合格。焊缝及其他应检查的部位未经涂漆和保温。

4）管道的标高、坡度等经复查合格。试验用的临时加固措施经检查确认安全可靠。

5）试验用压力表已经校验，精度不低于 1.5 级，表的满刻度值为最大被测压力的 1.5～2 倍。

6）具有完善的、并经批准的试验方案。

（2）水压试验

1）管道系统水压试验前，应将不能参与试验的设备、仪表及管道附件等加以隔离，安全阀应拆卸。加盲板的部位应有明显标记和记录。

2）试压过程中如遇泄漏，不得带压修理。缺陷消除后，应重新试验。

3）水压试验应用清洁水进行。系统注水时应将空气排尽。

4）水压试验宜在环境温度 5℃以上进行，否则须有防冻措施。

5）对水位差较大的管道系统，应考虑静水压力的影响。试验时以最高点的压力为准，但最低点的压力不得超过管道附件及阀门的承受能力。

6）暗装管道的水压试验，应在隐蔽前进行。保温管道的水压试验应在保温前进行。

7）系统水压试验合格后，应将管内试验用水在室外合适地点排放干净，并注意安全。

8）试验压力

①强度试验：试验压力应符合设计规定，当设计未注明时，且系统工作压力不大于1.0MPa时，钢管、给水铸铁管试验压力为工作压力的1.5倍，但不应小于0.6MPa；强度试验，升压应缓慢，达到试验压力后，在10min内压力下降不大于0.02MPa为合格。

②严密性试验应在强度试验合格后进行。将强度试验压力降至工作压力做外观检查，以不渗漏为合格。

③塑料管给水系统应在试验压力下稳压1h，压力下降不得超过0.05MPa，然后在工作压力的1.15倍状态下稳压2h，压力下降不得超过0.03MPa，同时检查各连接处不得渗漏。

9）系统试压完后，应及时拆除所有临时盲板，核对纪录，并填写管道系统试压记录表。

2. 生活给水系统管道冲洗和消毒

生活给水系统管道在交付使用前必须冲洗和消毒，并经有关部门取样检验，符合国家现行国家标准《生活饮用水标准》（GB/T 5750—2006）方可使用（GB 50242—2002第4.2.3条）。

为保证生活给水使用安全，水质不受污染，给水管道系统在交付使用之前，需要用洁净的水加压冲洗，并需消毒处理。这是使给水管道畅通，清除滞留或掉入管道内的杂质与污物，避免供水后造成管道堵塞和对水质污染所采取的必要措施。

整个冲洗和消毒过程，监理人员需旁站，监督施工安装人员认真完成冲洗和消毒过程。

（1）冲洗和消毒的准备，给水管道系统水压试验已合格；给水管道系统各环路阀门启闭灵活、可靠，将不允许吹洗的设备与吹洗系统隔开，临时供水装置运转应正常，增压水泵性能符合要求，扬程不超过工作压力，流速不低于工作流速；吹洗水排出时有排放条件：按分区、分段等每一系统的冲洗顺序，在冲洗前应将系统内孔板、喷嘴、滤网、节流阀、水表等全部卸下，待冲洗后复位。

（2）首先吹洗底部干管后冲洗水平干管、立管、支管，由给水入口装置控制阀的前面接上临时水源，向系统供水；关闭其他立支管控制阀门，只开启干管末端最底层的阀门，由底层放水并引至排水系统；启动增压水泵向系统加压，由专人观察出水口水质、水量情况，且应符合下列规定：

出水口处管径截面不得小于被冲洗管径截面的3/5，即出水口管径只能比冲洗管的管径小1号，如果出水口管径截面大，出水流速低，则冲洗无力；如果出水口的管径截面过小，出水流速过大，则不便于观察和排出杂质、污物。

出水口流速，如设计无规定，应不小于1.5m/s。底层主干管冲洗合格后，按顺序冲洗其他各干、立、支管，直至全系统管道冲洗完毕为止。冲洗后，如实填写记录，然后将拆下的部件、仪表及器具、阀门、配件复位。检查验收人员签字。

（3）质量标准：观察各冲洗环路出水口的水质，无杂质、无沉积物与入口处水质相比无异样为合格。

（4）安全注意事项：察看管道是否堵塞，还是阀门未开全。冲洗后应将管道中的水泄空，避免积水而冻坏管道。

检验方法：检查卫生监督部门提供的检测报告。

在系统水压试验合格后交付使用前进行管道系统的冲洗试验，需进行旁站，并认真填写管道系统冲洗试验记录，责任人签字、存档备查，防止以水压试验后的泄水代替管道系统的冲洗试验，防止不填或不认真填写冲洗试验记录表，不签字，不存档，出现问题不易查找。

启闭阀门察看水质，查验检测报告对照现行国家标准《生活饮用水标准》（GB/T 5750—2006），不合格不得使用，返工重新冲洗、消毒直至合格。

3. 通水试验

给水系统交付使用前必须进行通水试验，并做好记录。给水系统通水要求如下：

（1）为适应流水作业需要，一般逐段进行通水试验。

（2）水源可为允许可接排入市政管网的水，流量应为设计流量，当下游出口流速均匀时观察，进出水流量是否大致相同，确定排水是否通畅。

（3）检查给水系统全部阀门，将配水阀件全部关闭，控制阀门全部打开。

（4）向给水系统供水，压力、水质符合设计要求。

（5）检查各排水系统，均应与室外排水系统接通，并可以向室外排水。

（6）将给水立管编号，开启1号给水立管顶层各配水阀件至最大水量，使其处于向对应的排水点排水状态。

（7）检查给水立管从顶层到第一给水检查井各管段及排水点，对渗漏和排水不畅处，进行及时处理，再次通水检查。

（8）检查室内给水系统，设计要求同时开放的最大的数量配水点是否达到额定流量。

（9）将室内排水系统，按给水系统的1/3配水点同时开放，检查各排水点是否畅通，接口处有无渗漏。

（10）为检验管道在回填土过程中是否受到扰动，宜在回填土工作完成后再次进行观察、进行通水试验，检查是否有堵塞。

（11）通水试验可按支、干管、系统分别进行，有条件的宜在整个系统同时进行。

检验方法：观察和开启阀门、水龙头等放水。排水通畅，无堵塞为通水合格。

4. 系统调试

室内给水系统的调试，应按设计要求进行。但对于室内消火栓和自动喷水系统，在系统施工完毕后，除系统压力试验、冲洗之外，还要进行系统调试。

（1）在系统调试前，必须检查准备工作情况

1）首先要组织一个由业主、设计单位、施工单位、监理人员、消防部门等人员组成的调试小组，确定调试方案，检查准备情况。

2）消防水池、消防水箱已储备设计要求的水量。

3）消防气压给水设备的水位、气压符合设计要求。

4）湿式喷水灭火系统管网内已充满水，干式、预作用喷水灭火系统管网内的气压符合设计要求；阀门均无泄漏。

5）系统供电正常。

（2）系统调试应包括的内容：

1）水源测试

① 检查消防水箱容积是否满足设计要求，设置高度是否正确，消防水有无不被挪作他用的技术措施。

② 按设计要求核实消防水泵接合器的数量和供水能力，并通过移动式消防水泵做供水试验进行验证。

2）消防泵调试

① 以自动或手动方式启动消防水泵，泵应在5min内投入正常运行。

② 以备用电源切换时，消防水泵应在1.5min内投入正常运行。

3）稳压泵调试

模拟设计启动条件，稳压泵应立即启动，当达到系统设计压力时，稳压泵应自动停止运行。

4）混式报警阀调试时，在其装置处放水，看报警阀能否即时动作，水力警铃报警信号，水流指示器输出信号、压力开关应接通报警阀，并自动启动消防泵。

5）排水装置调试

① 开启排水装置的主排水阀，应按系统最大设计灭火水量做排水试验，并使压力达到稳定。

② 系统排水出水应全部从室内排水系统排出。

6）联动试验要求：

① 采用专用测试仪表，对火灾自动报警系统的各种探测器输入模拟火灾信号，火灾自动报警器发出声光报警信号并自动喷水灭火。

② 启动一只喷头或0.94～1.5L/s的流量从末端试水装置放水，看水流指示器、压力开关、水力警铃和消防泵能否即时动作并发出信号。

3.3 室内排水系统监理要点

3.3.1 材料（设备）质量控制

1. 一般要点

室内排水工程中的地下排水管道的铺设和室内排水立管及横支管在安装前，所用材料的质量和施工条件，必须符合设计和满足施工条件的要求。

室内地下、地上管道排水工程所用的管材包括铸铁管、钢管、预应力钢筋混凝土管、钢筋混凝土管、混凝土管、缸瓦管和硬聚氯乙烯塑料管及各种管件。

生活污水管道应使用塑料管、铸铁管或混凝土管（由成组洗脸盆或饮用喷水器到共用水封之间的排水管和连接卫生器具的排水短管，可使用钢管）。

雨水管道宜使用塑料管、铸铁管镀锌和非镀锌钢管或混凝土管等。

悬吊式雨水管道应使用钢管、铸铁管或塑料管。易受振动的雨水管道应使用钢管。

2. 排水管道及配件

(1) 铸铁排水管及管件应符合设计要求，有出厂合格证及检测报告。管壁薄厚均匀，管内外表层光滑整齐，无浮砂、包砂、粘砂，更不许有砂眼、裂纹、毛刺和疙瘩。

各种连接管件不得有砂眼、裂纹、偏扣、乱扣、丝扣不全或角度不准等现象。

（2）硬聚氯乙烯管道管材、管件有产品合格证，检测报告；管内外表层应光滑，无气泡、裂纹，管壁厚薄均匀，色泽一致。直管段挠度不大于1%。管件造型应规矩、光滑，无毛刺。承口应有坡度，并与插口配套。所用胶粘剂应是同一厂家配套产品，有合格证，并在产品保质期内。

（3）镀锌钢管及管件管壁内外镀锌均匀，无锈蚀，内壁无飞刺，管件无偏扣、乱扣、方扣、丝扣不全等现象。

（4）接口材料：水泥、石棉、膨胀水泥、油麻、塑料胶粘剂、胶圈、塑料焊条、碳钢焊条等接口材料应有相应的出厂合格证、材质证明书、复验单等资料，管道材质按设计采用。

（5）防腐材料：沥青、汽油、防锈漆、沥青漆等，应按设计要求选用。

3.3.2 排水管道及配件安装监理要点

（1）材料控制；严禁使用淘汰产品，必须按照国家及当地政府制定的材料政策进行控制。

（2）管道地下室外墙的防水套管制作及安装：安装位置、管径翼环直径、厚度、长度。

（3）生活污水管道坡度：排水管道安装坡度必须符合设计要求，保证泄水通畅。

（4）排水塑料管伸缩节、防火圈或防火套管的设置：符合现行行业标准《建筑排水塑料管道工程技术规程》CJJ/T 29—2010的规定。

（5）管道支、吊架支墩的设置。

（6）检查弯头、三通、四通及检查口、清扫口的设置情况。

（7）未经消毒处理的医院含菌污水、饮食业带油污的污水及饮用水箱的溢流管，不得与污水管道直接连接。

（8）隐蔽部分（埋地、管井及吊顶内）管道的安装及防结露措施检查要点：

1）埋地管道必须铺设在未经扰动的坚实土层上，或铺设在按设计要求须经夯实的松散土层上；管道及管道支墩或管道支撑不得铺设在冻土层和未经处理的扰动的松土上；沟槽内遇有块石要清除；沟槽要平直，沟底要夯实平整，坡度符合要求，穿过建筑基础处要预先留好管洞。

2）暗装管道（包括设备层、管道竖井、吊顶内的管道）首先应该核对各种管道的标高、坐标，管道排列有序，符合设计图纸要求。

3.3.3 雨水管道及配件安装监理要点

（1）灌水试验：灌水高度必须到雨水斗，下部至雨水的排出口，持续1h不渗漏。

（2）雨水管坡度：最小坡度必须符合《建筑给水排水及采暖工程施工质量验收规范》（GB 50242—2002）的表5.3.3的要求。

（3）塑料管伸缩节：应符合设计要求。

（4）雨水管道与生活污水管道不得相连接。

3.3.4 工程试验项目

室内排水管道安装全部完成，经检查接口达到强度，管道的标高、坐标和坡度等经复验达到设计要求或规范规定的合格标准，则进行灌水和通球试验，及卫生器具的满水试验。

现行国家标准《建筑给水排水及采暖工程施工质量验收规范》(GB 50242—2002) 中涉及室内排水系统安全，使用功能的隐蔽工程、通球试验、灌水试验、通水试验过程须进行旁站。

1. 灌水试验

隐蔽的排水和雨水管道，隐蔽前应进行灌水试验，试验结果必须满足设计和施工规范要求。

(1) 雨水管道灌水试验高度，应从上部雨水漏斗至立管底部排出口计，灌满水 15min 后，水位下降，再灌满持续 5min，液面不下降，不渗不漏为合格。

(2) 排水铸铁管灌水试验高度，以一层楼的高度为标准（控制不超过 8m），满水后液面将下降，再灌满持续 5min，液面不再下降，管道无渗漏为合格。

(3) 灌水试验检查时，要求有关人员必须参加，灌水合格后要及时填写灌水试验记录，有关检查人员签字盖章。

2. 排水系统通水试验

建筑物内排水系统的通水试验，应在给水（冷水）系统的 1/3 配水点同时用水时进行。试验结果应满足排水通畅，系统及排水点无渗漏现象。

3. 通球试验

为确保室内排水管道正常畅通和达到使用功能要求，防止管道堵塞，排水管道经灌水试验合格后，还需做通球试验。通球试验的方法和要求如下：

(1) 通球前必须做灌水和通水试验，试验程序为由上至下进行，以不漏、不堵为合格。

(2) 试验用球一般采用硬质空心塑料球，球体直径为排水管径的 3/4。

(3) 通球试验时，球体应从排水立管顶端投入，并注入一定水量于管内，使球顺利流出为合格。

(4) 通球试验时如遇堵塞应查明位置进行疏通，无效时应返工重做。

(5) 通球试验完毕应做好试验记录，并归入质量保证资料，通球试验畅通无阻为合格，试验结果应有参加试验的各方代表签字。通球试验不合格者，安装工程不得报竣工，建设单位不得验收。

3.4 室内热水供应系统监理要点

3.4.1 材料（设备）质量控制

(1) 镀锌钢管、铜管、不锈钢等金属管材管件的出厂质量证明文件。

(2) 塑料管、复合管管材管件除上述要求外，还应有：

1) 国家或本地区检测单位对管材、管件的检测报告；

2）热水作为饮用水时，应有当地卫生部门的卫生检验报告。

(3) 管材和管件的规格种类应符合设计要求，内外壁应光滑平整，无气泡、裂口、裂纹、脱皮和明显的痕纹；螺纹丝口符合标准，应无毛刺、缺牙。

(4) 阀门的规格型号应符合设计要求，阀体表面光洁无裂纹，开关灵活；填料密封完好无渗漏。热水系统的阀门应作强度和严密性试验。

(5) 热水供应系统辅助设备的型号、规格、质量必须符合设计要求和规范规定，并具备中文质量合格证明文件。

(6) 太阳能热水器符合设计要求，有出厂合格证及检测报告。

(7) 水泵符合设计要求，外观良好完整，名牌与设计一致，有出厂合格证，产品说明书。

(8) 保温材料符合设计要求，有产品质量合格证及材质检验报告。

3.4.2 管道及配件安装监理要点

(1) 室内热水管道安装必须在土建基础工程已基本完成。

(2) 暗装管道应在地沟、吊顶未封闭前进行安装。

(3) 明装托、吊干管安装必须在安装层的结构顶板完成后进行。沿管线安装位置的模板及杂物清理干净，托、吊、卡件均已安装牢固、位置正确。

(4) 热水立管安装在主体结构达到安装条件后适当插入进行。管道穿过的房间内，位置线及地面水平线已检测完毕，室内装饰的种类、厚度已确定。地下管道已铺设完，各立管甩头已正确就位。各种热水附属设备，卫生器具样品和其他用水器具已进场，进场的施工材料和机具设备能保证连续施工的要求。每层均应有明确的标高线。暗装竖井管道，应把竖井内的模板及杂物清理干净，并有防坠落措施。

(5) 热水支管安装应在墙体砌筑完毕，墙面未精装修前，设有用水设备的房间地面水平线已放好，室内装饰的种类、厚度已确定；管道穿墙的孔洞已预留好；热水立管已安装完毕，立管上连接横支管用的管件位置、标高、规格、数量、朝向经复核符合设计要求及质量标准，用水设备已基本安装完毕；进场的材料、设备机具能保证连续施工的条件下进行。

(6) 热水供应管道应尽量利用自然弯补偿热伸缩，直线段过长则应设置补偿器。补偿器型式、规格、位置应符合设计要求，并按有关规定进行预拉伸。

(7) 冷、热水管道同时安装应符合下列规定：

1）上、下平行安装时热水管应在冷水管上方。

2）水平平行安装时热水管应在冷水管左侧。

(8) 热水供应系统管道应保温（浴室内明装管道除外），保温的材料、厚度、保护壳等应符合设计规定。

(9) 其他检查要点参见本书 3.2.2 中相关内容。

3.4.3 辅助设备安装监理要点

(1) 设置在屋面上的太阳能热水器，应在屋面做完保护层后安装。

(2) 位于阳台上的太阳能热水器，应在阳台栏板安装完后安装并有安全防护措施。

(3) 室内明敷的管道，宜在内墙面粉刷层（或贴面层）完成后进行安装，直埋暗敷的管道应配合土建施工同时安装。

（4）材料报验：管材、设备符合设计图纸要求，产品合格，资料齐全。

（5）水泵就位前的基础验收，支座架地脚盘安装符合设计图纸要求，安装牢固。

（6）储水箱灌水试验：合格后，专业监理工程师签认记录。

（7）热交换器水压试验及管路系统水压试验，合格后，专业监理工程师签认记录。

（8）太阳能集热器、热交换器试压：加压、时间、压降。

（9）敞口水箱满水试验：满水试验要求施工人员把水箱灌满，使水箱处于溢出状态，若达不到，可做明显标志线，以水位达到标志线作为衡量标准，试验时间按设计或规范要求执行。

（10）密闭水箱试压：加压、时间、压降。

（11）水泵试运：轴承温升必须符合设备说明书的规定。

3.4.4 工程检测和试验项目

1. 工程检测

（1）管道安装坡度。

（2）热水供应管道保温层厚度、平整度。

（3）水泵基础的坐标、标高、尺寸和螺栓孔位置。

（4）水泵试运转的轴承温升。

（5）固定式太阳能热水器的朝向和倾角。

（6）集热器上、下集管接往热水箱和循环管道的坡度。

（7）自然循环的热水箱底部与集热器上集管之间的距离。

（8）吸热钢板凹槽的圆度和间距。

（9）太阳能热水器安装的偏差。

2. 试验项目

（1）阀门的强度和严密性试验。

（2）热水供应管道保温之前的水压试验。

（3）太阳能热水器集热排管和上下集管的水压试验。

（4）敞口水箱的满水试验和密闭水箱（罐）的水压试验。

3. 水压试验

热水供应系统安装完毕，管道保温之前应进行水压试验。试验压力应符合设计要求。当设计未注明时，热水供应系统水压试验压力应为系统顶点的工作压力加 0.1MPa，同时在系统顶点的试验压力不小于 0.3MPa。

钢管或复合管道系统试验压力下 10min 内压力降不大于 0.02MPa，然后降至工作压力检查，压力应不降，且不渗、不漏；塑料管道系统在试验压力下稳压 1h，压力降不得超过 0.05MPa，然后在工作压力 1.15 倍状态下稳压 2h，压力降不得超过 0.03MPa，连接处不得渗漏。铜管试验压力的取值，目前，尚无规范。国外铜管水压试验压力为 1MPa，持续时间 1h，管接口不渗漏为合格。气压试验压力为 0.3MPa，持续时间 0.5h，用肥皂水抹在管接口上，未发现鼓泡为合格。

试压步骤如下：

（1）向管道系统注水：以水为介质，由下而上向系统送水。当注水压力不足时，可采取增压措施。注水时需将给水管道系统最高处用水点的阀门打开，待管道系统内的空气全部排净见水后，再将阀门关闭，此时表明管道系统注水已满。

（2）向管道系统加压：管道系统注满水后，启动加压泵使系统内水压逐渐升高，先升至工作压力，停泵观察，当各部位无破裂、无渗漏时，再将压力升至试验压力。钢管或复合管道系统试验压力下10min内压力降不大于0.02MPa，然后降至工作压力检查，压力应不降，且不渗不漏；塑料管道系统在试验压力下稳压1h，压力降不得超过0.05MPa，然后在工作压力1.15倍状态下稳压2h，压力降不得超过0.03MPa，连接处不得渗漏。

（3）泄水：热水管道系统试压合格后，应及时将系统低处的存水泄掉，防止积水冬季冻结破坏管道。

4. 冲洗与消毒

热水供应系统竣工后必须进行冲洗。

（1）吹洗条件：室内热水管路系统水压试验已做完。各环路控制阀门关闭灵活可靠。临时供水装置运转正常，增压水泵工作性能符合要求。冲洗水放出时有排出的条件。水表尚未安装，如已安装应卸下，用直管代替。冲洗后再复位。

（2）冲洗工艺：先冲洗热水管道系统底部干管，后冲洗各环路支管。由临时供水入口向系统供水。关闭其他支管的控制阀门，只开启干管末端支管最底层的阀门，由底层放水并引至排水系统内。观察出水口处水质的变化。底层干管冲洗后再依次吹洗各分支环路。直至全系统管路冲洗完毕为止。

冲洗时技术要求如下：

1）冲洗水压应大于热水系统供水工作压力。

2）出水口处的管道截面不得小于被冲洗管径截面的3/5。

3）出水口处的排水流速不小于1.5m/s。

3.5 卫生器具安装监理要点

3.5.1 材料（配件）、设备进场验收

（1）进入现场的卫生器具、给水配件必须具有中文质量合格证明文件、规格、型号及性能检测报告，应符合国家技术标准或设计要求。品牌、数量符合设计文件要求。进场时做检查验收，并经监理工程师核查确认。

（2）所有卫生器具、配件进场时应对品种、规格、外观等进行验收。包装应完好，表面无划痕及外力冲击破损。

（3）卫生器具外观应表面光滑、无凹凸不平、色调一致，边缘无棱角毛刺、尺寸规矩，平整无扭歪，无碰撞裂纹。

（4）卫生器具材质不应含对人体有害成分，冲洗效果好，噪声低。便于安装维修。

（5）卫生器具零件，外表光滑，电镀均匀，螺纹完整清晰，阀门灵活，无砂眼、裂纹等缺陷。

(6) 主要器具和设备必须有完整的安装使用说明书。

(7) 卫生洁具有出厂合格证及环境检测报告，达到环保要求，国外产品有商检报告。洁具外观应规矩、造型周正，表面光滑美观，无裂纹，色调一致。

3.5.2 卫生器具安装监理要点

(1) 卫生洁具及配件检验：材料报验，卫生洁具及配件符合设计图纸要求，产品合格、资料齐全，已有监理工程师签认。

(2) 卫生洁具的安装时间，应在所连接的管道已通过了水压及灌水试验以后。

(3) 卫生洁具稳装：安装标高、坐标符合设计图纸及施工规范的要求；同一套洁具，各部分应对中；固定支架、管卡安装正确牢固、防腐，与卫生洁具接触紧密。

(4) 管道与楼板的接合部位应采取牢固可靠的防渗、防漏措施。

(5) 卫生器具的安装应采用预埋螺栓或膨胀螺栓固定。

(6) 卫生器具的支、托架必须防腐良好，安装平整、牢固，与器具接触严密、平稳。

(7) 卫生器具的满水和通水试验。

(8) 卫生器具满水试验，溢流孔处溢流、连接处不渗漏。

(9) 卫生器具通水试验，给排水畅通。

(10) 卫生器具的排水管径和最小坡度。

(11) 地漏安装，低于排水表面。

3.5.3 通水与满水试验

室内卫生器具及地漏排水系统全部安装完毕后，使用前先做通水试验后，还须按下列要求做满水试验。

(1) 须做满水试验的卫生器具与满水量的标准为：

1) 大、小便冲洗槽满水量不少于槽深 1/2。

2) 水泥池满水量不少于池深 2/3。

3) 水泥盥洗池满水量不小于池深的 1/2。

4) 坐、蹲式大便器的水箱满水量放至控制水位。

5) 瓷洗涤盆、洗面盆、浴盆满水量至溢水处。

(2) 满水试验时间不少于 24h，以不渗漏为合格。

(3) 满水试验完毕应做好记录，请参加满水试验的各方代表签字，并归入质量保证资料，以备核查。

3.6 室内供暖系统监理要点

3.6.1 材料（设备）质量控制

1. 一般要点

(1) 建筑供暖工程所使用的主要材料、成品、半成品、配件、器具和设备必须具有中文质量合格证明文件，规格、型号及性能应符合国家技术标准或设计要求。进场时应做检查验收，并经现场监理工程师核查确认。如对检测证明有怀疑时，可补做检测。

(2) 所有材料进场时应对品种、规格、外观等进行验收。包装应完好，表面无划痕及外力冲击破损。

(3) 主要器具和设备必须有完整的安装使用说明书。在运输、保管和施工过程中，应采取有效措施防止损坏或腐蚀。

(4) 管道上使用冲压弯头时，所使用的冲压弯头外径应与管道外径相匹配。

2. 管材、管件

(1) 镀锌钢管及焊接钢管管材、管件有出厂质量证明文件，规格符合设计要求及国家标准，管壁内外均匀，无锈蚀、毛刺。

(2) 塑料管及复合管管材和管件外观质量检查要点：

1) 管材上必须有热水管的延续、醒目的标志。

2) 管材的端面应垂直于管材的轴线。

3) 管材和管件的内外壁应光滑平整，无气泡、裂口、裂纹、脱皮和明显的纹痕、凹陷，且色泽基本一致。无色泽不均匀及分解变色线。

4) 管件应完整，无缺损、无变形，合模缝浇口应平整、无开裂。嵌有金属管螺纹的管件，应镶嵌牢固无松动，金属管牙应无毛刺、缺牙。

5) 管件无偏扣、方扣、乱扣、断丝和角度不准确现象。

(3) 补偿器、蒸汽减压阀及设备上安全阀除有出厂质量证明文件外，应有检测报告，减压阀及安全阀应有调试报告。检查产品外观良好，无破损，设备上铭牌与所报产品相符。

(4) 保温材料有产品质量证明文件及检测报告，外观良好，符合设计要求。

3. 阀门

(1) 铸造规矩、无毛刺、无裂纹、开关灵活严密，丝扣无损伤、直度和角度正确，强度符合要求，手轮无损伤。

(2) 阀门安装前进行强度、严密性试验。试验应在每批（同牌号、同型号、同规格）数量中抽查10%，且不少于一个。对于安装在主干管上起切断作用的阀门，应逐个作强度和严密性试验。

(3) 补偿器、平衡阀、调节阀、蒸汽减压阀和管道及设备上安全阀的型号、规格、公称压力应符合设计要求。

4. 散热器

(1) 散热器（铸铁、钢制）：散热器的型号、规格、使用压力必须符合设计要求，并有出厂合格证；散热器不得有砂眼、对口面凹凸不平、偏口、裂缝和上下口中心距不一致等现象。

(2) 铸铁供暖散热器质量要求：

1) 散热器外表面不应有裂纹、疏松、凹坑等缺陷和面积大于4mm×4mm、深1mm的窝坑。

2) 散热器外表面所附着的型砂应清理干净，表面除浇口外不应有粘砂。

3）散热器的飞刺、铸疤应清除干净，打磨光滑，其浇口残留纵向高度不应大于 $3mm^2$。

4）散热器表面应平整、光洁。

5）无砂散热器内腔不应粘有芯砂、芯铁。

6）螺纹应由凸缘端面向里保证 3.5 个丝扣完整，不应有缺陷。

7）螺纹端面上不应有砂眼和气孔。

（3）灰铸铁柱翼型散热器质量要求：

1）散热器不得有裂纹、疏松等缺陷和面积大于（4×4）mm^2、深 1mm 的窝坑。

2）散热器所附着的型砂、芯砂应清理干净，表面不应有粘砂，浇口附近粘砂面积不得超过 $7500mm^2$。

3）散热器的飞刺、铸疤应清除干净，打磨光滑，其浇口残留纵向高度不得超过 3mm。

4）散热器翼翅应完整。内翼掉翅数不得多于两处，每处长不超过 50mm，花翅的连续长度不得超过 100mm，深度不超过 5mm。

5）散热器表面应平整、光洁。

6）散热器经水压试验后，发现局部渗水、漏水的，可以修补。修补部位表面应平整、光洁，每片散热器修补不得超过两处，且两缺陷处边缘最小距离应大于 50mm。修补后散热器必须重作水压试验，稳压时间应大于 3min。

7）螺纹应由凸缘端面向里保证 3.5 个丝扣完整，不得有缺陷。

8）凸缘端面上，直径及深度均小于 3mm 的砂眼和气孔不得多于两个，相邻两个孔眼边缘的最小距离应大于 20mm，孔眼距螺纹边缘面大于 3.5mm。

9）散热器机械加工部位应涂防锈油，其他表面应涂防锈底漆一遍。

（4）钢制翅片管对流散热器质量要求

1）钢带钢管的焊接表面应无涂层、铁锈、凹坑等影响焊接质量的缺陷和杂质。

2）对流器应喷涂防锈底漆和面漆。

3）表面涂层应均匀光滑，附着牢固，不得有气泡、堆积、流淌和漏喷。

4）对流器应采用瓦楞纸或其他能保证产品在搬运装卸时不变形、不损伤产品质量的包装措施。

5）对流器出水口管螺纹应带保护套。

（5）钢制柱型散热器质量要求：

1）点焊的焊点应均匀，相邻焊点距为 30～40mm，点焊不得出现烧穿和未焊透等缺陷。

2）焊缝应平直、均匀、整齐、美观，不得有裂纹、气孔、未焊透和烧穿等缺陷。

3）散热器不得变形和碰伤，表面凹陷深度不得大于 0.3mm。

4）散热器片与片连接应紧密，每组散热器必须由制造厂进行液压或气压试验。

5）钢板厚度为 1.2～1.3mm 散热器，试验压力为 0.9MPa；钢板厚度为 1.4～1.5mm 散热器，试验压力为 1.2MPa。

6）散热器表面应喷涂防锈底漆和面漆，并宜采用远红外烘干，不得自然干燥。

7）表面漆层应均匀，平整光滑，附着牢固，不得有气泡堆积、流淌和漏喷。

(6) 钢管散热器质量要求：

1) 钢管两端无毛刺，钢管表面不允许有颗粒、凹痕、折皱、锈蚀、焊渣、灰尘。

2) 纵切边无毛刺。

3) 散热器各焊接部位应平整光滑，不得有裂纹、气孔、焊渣及未焊透和烧穿等缺陷。

4) 散热器表面采用电泳底漆、喷塑面漆工艺。表面涂层应光滑，不得有气泡、堆积、流淌和漏喷。

5) 散热器表面应无凹痕。

(7) 铝制柱翼型散热器质量要求：

1) 焊接牢固，焊接部位表面光洁，无裂缝气孔。

2) 散热器整体应平整，外观光滑，无明显变形、扭曲和表面凹陷。

3) 散热器与系统螺纹连接时，须采用配套的专用非金属或双金属复合管件，不得使铝制螺纹直接与钢管连接。

4) 散热器外表面喷涂应均匀光滑，附着牢固，不得漏喷或起泡。

5) 散热器必须安装放气阀座，且应采用局部硬铝加厚处理。

(8) 散热器的组对零件：对丝、丝堵、补心、丝扣圆翼法兰盘、弯头、弓形弯管、短丝、三通、弯头、活接头（油任）、螺栓、螺母应符合质量要求，无偏扣、方扣、乱丝、断扣。丝扣端正，松紧适宜，石棉橡胶垫以1mm厚为宜（不超过1.5mm厚），并符合使用压力要求。

5. 低温热水地板辐射系统

(1) 管材、管件和绝热材料，应有明显的标志，标明生产厂的名称、规格和主要技术特性，包装上应标有批号、数量、生产日期和检验代号。

(2) 管材的内外表面应光滑，清洁，不允许有分层、针孔、裂纹、气泡、起皮、痕纹和夹杂，但允许有轻微的、局部的、不使外径和壁厚超出允许公差的划伤、凹坑、压入物和斑点等缺陷。

此外，轻微的矫直和车削痕迹、细划痕、氧化色、发暗、水迹和油迹，可不作为报废处理。

(3) 与其他供暖系统共用同一集中热源水系统，且其他供暖系统采用钢制散热器等易腐蚀构件时，聚丁烯（PB）管、交联聚乙烯（PE-X）管和无规共聚聚丙烯管（PP-R）管宜有阻氧层，以有效防止渗入氧而加速对系统的氧化腐蚀。

(4) 管件的质量要求

1) 管件与螺纹连接部分配件的本体材料，应为锻造黄铜。使用PP-R管作为加热管时，与PP-R管直接接触的连接件表面应镀镍。

2) 管件的外观应完整、无缺损、无变形、无开裂。

3) 管件的螺纹应完整，如有断丝和缺丝，不得大于螺纹全丝扣数的10%。

(5) 管材和绝热板材在运输、装卸和搬运时，应小心轻放，不得受到剧烈碰撞和尖锐物体，不得抛、摔、滚、拖，应避免接触油污。若沾上油污铺设前应清洁干净。

(6) 管材和绝热板材应堆码放在平整的场地上，垫层高度要大于100mm防止泥土和杂物进入管内。塑料类管材、铝塑复合管和绝热板材不得露天存放，应储于温度不超过40℃、通风良好和干净的仓库中，要防火、避光，距热源不应小于1m。

6. 辅助设备

泵、水箱等辅助设备的规格、型号必须符合设计要求，并有出厂合格证。外观检查无裂缝、损伤，油漆无脱落。

7. 其他材料

型钢、圆钢、拉条垫、管卡子、托钩、固定卡、螺栓、螺母、膨胀螺栓、钢管、冷风门、机油、铅油、麻丝、防锈漆及水泥的选用应符合设计要求。

3.6.2 管道及配件安装监理要点

（1）标高、坐标、管径符合设计图纸要求，穿墙及楼板的管道加套管；穿混凝土外墙的加防水套管，专业监理工程师签认隐蔽工程检验记录；设计图纸上有补偿器时，专业监理工程师签认补偿器安装记录；管道焊口、焊缝合格。

（2）管道穿地下室外墙的防水套管制作安装：安装位置、管径翼环、直径、厚度、长度。

（3）管道穿墙、楼板尤其是穿有防水要求的楼板时套管的制作安装：管径、长度。

（4）管道安装坡度及朝向：管道安装坡度，当设计未注明时，应符合《建筑给水排水及采暖工程施工质量验收规范》（GB 50242—2002）第 8.2.1 条的规定。

（5）管道支、托架的制作安装，应充分考虑膨胀的要求。

（6）补偿器的型号、安装位置、预拉伸和固定支架的构造及安装位置应符合设计要求。

方形补偿器制作时，应用整根无缝钢管煨制，如需要接口，其接口应设在垂直臂的中间位置，且接口必须焊接。

方形补偿器应水平安装，并与管道的坡度一致；如其臂长方向垂直安装必须设排气及泄水装置。

（7）塑料管材埋地部分不得有接头。

（8）平衡阀及调节阀型号、规格、公称压力及安装位置应符合要求。安装完后应根据系统平衡要求进行调试并做出标志。

（9）蒸汽减压阀和管道、设备上安全阀的型号、规格、公称压力及安装位置应符合设计要求。安装完毕后应根据系统工作压力进行调试，并做出标志。

（10）隐蔽部分（埋地、管井、吊顶内）管道的安装及防腐。

（11）管道强度严密性试验：试验压力，持续时间，压力降。

（12）阀门应安装在便于检修与开关处，其型号、规格和耐压强度及严密性试验，须符合设计和规范要求。

3.6.3 辅助设备及散热器、金属板敷设监理要点

（1）散热器试压：试验压力如设计无要求时应为工作压力的 1.5 倍，但不小于 0.6MPa。

（2）铸铁或钢制散热器表面的防腐及面漆应附着良好，色泽均匀，无脱落、起泡、流淌和漏涂缺陷。

（3）金属辐射板试压：如设计无要求时，试验压力应为工作压力的 1.5 倍，且不得小

于0.6MPa。

（4）水箱满水试验：满水、持续时间。

（5）散热器支架、托架安装，位置应准确，埋设牢固。散热器支架、托架数量，应符合设计或产品说明书要求。如设计未注，则应符合《建筑给水排水及采暖工程施工质量验收规范》（GB 50242—2002）表8.3.5的规定。

（6）系统水压试验：试验压力、持续时间、压力降。

（7）系统冲洗试验：最大设计流量（或不小于1.5m/s流速），水色透明。

3.6.4 低温热水地板辐射供暖系统安装监理要点

（1）地面下敷设的盘管埋地部分不应有接头，监理工程师签认隐蔽工程记录。

（2）盘管弯曲：加热盘管弯曲部分不得出现硬折弯现象，曲率半径应符合《建筑给水排水及采暖工程施工质量验收规范》（GB 50242—2002）第8.5.3条的规定。

（3）盘管出入地面：有硬质套管。

（4）系统中间水压试验：盘管隐蔽前必须进行水压试验，试验压力为工作压力的1.5倍，且不小于0.6MPa。详见《建筑给水排水及采暖工程施工质量验收规范》（GB 50242—2002）第8.5.2条。

（5）集水器、分水器型号、规格、公称压力及安装位置、高度等符合设计要求。

（6）系统水压试验：压力值、持续时间、压降。

（7）系统冲洗试验：出水清净。

（8）系统调试：达到设计要求。

3.6.5 工程检测和试验项目

1. 检测项目

（1）管道安装坡度。

（2）钢管管道焊口尺寸。

（3）管道和设备的保温。

（4）供暖管道安装的偏差。

（5）组对后的散热器平直度。

（6）散热器安装偏差。

（7）水平安装的辐射板的坡度。

（8）低温热水地板辐射供暖系统加热盘管曲率半径、管径、间距和长度。

2. 试验项目

（1）阀门安装前应进行强度和严密性试验。

试验应在每批（同牌号、同型号、同规格）数量中抽查10%，且不少于一个。对于安装在主干管上起切断作用的闭路阀门，应逐个作强度和严密性试验。

（2）散热器组对后，以及整组出厂的散热器在安装之前应作水压试验。

1）将散热器抬到试压台上，用管钳安装临时丝堵和临时补心，安装放气嘴，连接试压泵；各种成组散热器可直接连接试压泵。

2）试压时打开进水阀门，往散热器内充水，同时打开放气嘴，排净空气，待水满后关闭放气嘴。

3）加压到规定的压力值时，关闭进水阀门，持续 5min，观察每个接口是否有渗漏，不渗漏为合格。

4）如有渗漏用铅笔做出记号，将水放尽，卸下炉堵或炉补心，用长杆钥匙从散热器外部比试，量到漏水接口的长度，在钥匙杆上做标记，将钥匙从散热器对丝孔中伸入至标记处，按丝扣旋紧的方向拧动钥匙，使接口继续上紧或卸下换垫，如有坏片，须换片。钢制散热器如有砂眼渗漏可补焊，返修好后再进行水压试验，直到合格。不能用的坏片要作明显标记（或用手锤将坏片砸一个明显的孔洞单独存放），防止再次混入好片中导致误组对。

5）打开泄水阀门，拆掉临时丝堵和临时补心，放净水后将散热器运到集中地点，补焊处要补刷二道防锈漆。

（3）低温热水地板辐射供暖系统在盘管隐蔽前必须进行水压试验。

（4）供暖系统安装完毕，管道保温之前应进行水压试验。

试压过程中，用试验压力对管道进行预先试压，其延续时间应不少于 10min，然后将压力降至工作压力，进行全面外观检查，在检查中，对漏水或渗水的接口作上记号，便于返修。

系统试压达到合格验收标准后，放掉管道内的全部存水，不合格时应待补修后，再次按前述方法二次试压，直至达到合格验收标准。

系统试压合格后，应对系统进行冲洗并清扫过滤器及除污器。

（5）供暖系统冲洗完毕应充水、加热，进行试运行和调试。

3. 低温热水地板辐射供暖系统水压试验

浇捣混凝土填充层之前和混凝土填充层养护期满之后，应分别进行系统水压试验。

（1）水压试验之前，应对试压管道和构件采取安全有效的固定和养护措施。

（2）试验压力应为不小于系统静压加 0.3MPa，但不得低于 0.6MPa。

（3）冬季进行水压试验时，应采取可靠的防冻措施。

（4）经分水器缓慢注水，同时将管道内空气排出。

（5）充满水后，进行水密性检查。

（6）采用手动泵缓慢升压，升压时间不得少于 15min。

（7）升压至规定试验压力后，停止加压，稳压 1h，观察有无漏水现象。

（8）稳压 1h 后，补压至规定试验压力值，15min 内的压力降不超过 0.05MPa 无渗漏为合格。

4. 低温热水地板辐射供暖系统调试

（1）地板辐射供暖系统未经调试，严禁运行使用。

（2）具备供热条件时，调试应在竣工验收阶段进行；不具备供热条件时，经与工程使用单位协商。可延期进行调试。

（3）调试工作由施工单位在工程使用单位配合下进行。

（4）系统调试条件：供回水管全部水压试验完毕符合要求；管道上的阀门、过滤器、水表经检查确认安装的方向和位置均正确，阀门启闭灵活；水泵进出口压力表、温度计安装完毕。

（5）支管后的分配器竣工验收后，应对整栋楼的供回环路水温及水力平衡进行调试。

（6）热源引进到机房通过恒温罐及供暖水泵向系统管网供水。

（7）调试时初次通暖应缓慢升温，先将水温控制在25～30℃范围内运行24h，以后再每隔24h升温不超过5℃，直至达设计水温。

（8）调试过程应持续在设计水温条件下连续通暖24h，并调节每一通路水温达到正常范围。

3.7 室外给水管网工程监理要点

3.7.1 材料（设备）质量控制

1. 一般要点

（1）工程所使用的主要材料、成品、半成品、配件和设备必须具有中文质量合格证明文件。

（2）工程所使用的材料、设备的规格型号和性能检测报告应符合国家技术标准和设计要求。

（3）所有材料进入施工现场时应进行品种、规格、外观验收。包装应完好，表面无划痕及外力冲击破损。

（4）主要器具和设备必须有完整的安装使用说明书。

（5）管道使用的配件的压力等级、尺寸规格等应和管道配套。塑料和复合管材、管件、胶粘剂、橡胶圈及其他附件等应是同一厂家的配套产品。

2. 管材及配件

（1）给水铸铁管及管件的规格品种应符合设计要求，管壁薄厚均匀，内外光滑整洁，不得有砂眼、裂纹、飞刺和疙瘩。承插口的内外径及管件应造型规矩，尺寸合格。管材管件有出厂合格证，检测报告及当地卫生部门的卫生检测报告。

（2）碳素钢管、镀锌钢管的管壁厚度均匀，尺寸符合国标要求，管材应无弯曲，锈蚀，重皮等现象，有出厂合格证。镀锌管件应无偏扣、乱扣、断丝、角度不准等现象。

（3）钢管壁厚不大于3.5mm时，钢管表面不准有大于0.5mm深的伤痕；壁厚大于3.5mm时，伤痕深不准超过1mm。

（4）阀门、法兰及其他设备应具有质量合格证，且无裂纹、开关灵活严密、铸造规矩，手轮良好。

（5）捻口用水泥一般采用强度等级不小于42.5的硅酸盐水泥，水泥应具有质量合格证。

（6）电焊条、型钢、圆钢、螺栓、螺母等应具有质量合格证。

（7）管卡、油、麻、垫、生胶带等应仔细验收合格。

3. 新型塑料管材及配件

（1）生活给水管道的管材、管件、接口密封材料不得影响水质，有害人体健康，应具备卫生检验部门的检验报告和认证文件。

（2）塑料管材、管件、接口密封材料，应具有出厂合格证，并标明生产厂家、出厂日期、检验代号、有效使用期限。

（3）塑料管道的粘结材料应有管材厂家提供，并有使用说明书。

（4）塑料管、复合管等新型管材、管件的规格、品种、公差、应符合国家产品质量的要求。

（5）颜色应均匀一致，无色泽不均及分解变色线。

（6）内壁光滑、平整，无气泡、裂口、脱皮、严重的冷斑及明显的裂纹、凹陷。

（7）管材轴向不得有异向弯曲，其直线度偏差应小于1%，端口必须平直且垂直于轴线。

（8）管件应完整无损，无变形，合模缝，浇口应平整无开裂

（9）管材、管件的承插口工作面应平整、尺寸准确，以保证接口的密封性能。

（10）胶粘剂应呈自有流动状态，不得呈凝胶体，在未搅拌情况下不得有团块、不溶颗粒和影响粘接的杂质。

（11）胶粘剂中不得含有毒和有利于微生物生长的物质，不得影响水质和对饮水产生味、嗅的影响。

（12）每个橡胶圈上不得有多于两个搭接接头，橡胶圈的截面应均匀。

4. 消防水泵接合器及室外消火栓

（1）室外消火栓、消防接合器、阀门等产品型号的选用应遵守设计要求。

（2）严格检查消火栓、接合器等各处开关是否灵活、严密、吻合，检查附属设备配件是否齐全。产品要具有生产合格证/当地消防部门的备案证明、型式检验报告。

5. 井室材料

（1）水泥、砖块质量要达到标准图或设计要求，水泥具有质量合格证明。

（2）铸铁井盖应具有质量合格证明，并检查不得有裂纹。

3.7.2 给水管道、消防水泵接合器及室外消火栓安装监理要点

（1）管沟、阀门井、消防设备的标高及位置符合设计图纸要求；管沟平直，深度、宽度符合要求，沟底夯实，有防塌方措施；设备专业已与土建专业填写了交接检查记录。

（2）管道及支座铺设：已夯实的沟底无冻土；管道接口法兰卡扣、卡箍等不应埋在土壤中。

（3）给水管道不得直接穿越污染源。

（4）消防水泵接合器、消火栓安装：消防水泵接合器及室外消火栓的安装位置、型式必须符合设计要求。消防水泵接合器的安全阀及止回阀安装位置和方向应正确，阀门启闭应灵活。

（5）水压试验：试压值，持续时间，压力降。

（6）管道冲洗和消毒：观察水浊度。

（7）埋地防腐：镀锌钢管、钢管的埋地必须符合设计要求或《建筑给水排水及采暖工程施工质量验收规范》（GB 50242—2002）表9.2.6的规定。管材与卷材间应粘贴牢固，无空鼓、滑移、接口不严等问题。

3.7.3 管沟及井室施工监理要点

（1）管沟的基础处理和井室的地基必须符合设计要求。

（2）管沟的坐标、位置、沟底标高应符合设计要求。

（3）管沟的沟底层应是原土层或是夯实的回填土，沟底应平整，坡度应顺畅，不得有尖硬的物体、块石等。

（4）井室砌筑可靠，井盖符合设计要求，且文字标识清楚。

3.7.4 工程检测和试验项目

1. 阀门强度和严密性试验

给水压力管道上采用的闸阀，安装前应进行启闭试验，并宜进行解体检验，以检查机件是否灵活，启闭运转后是否漏水。

试验应在每批（同牌号、同型号、同规格）数量中抽查10%，且不应少于一个。对于安装在主干管上起切断作用的闭路阀门，应逐个作强度和严密性试验。阀门试压宜在专用的试压台上进行。

阀门进行强度和严密性试验时，阀门的强度试验压力为公称压力的1.5倍。严密性试验压力为公称压力的1.1倍。试验压力在试验持续时间内应保持不变，且壳体填料及阀瓣密封面无渗漏。阀门试压的试验持续时间应不少于表3-2的规定。

阀门试验持续时间 表3-2

公称直径 *DN*（mm）	最短试验持续时间（s）		
	严密性试验		强度试验
	金属密封	非金属密封	
≤50	15	15	15
65～200	30	15	60
250～450	60	30	180

2. 管道水压试验

（1）管道水压、闭水试验前，应做好水源引接及排水疏导安排。管件的支墩，锚固设施也达到设计强度。未设支墩及锚固设施的管件应采取加固措施。管道灌水应从下游缓慢灌入，试验管段不得采用闸阀做堵板，不得有消火栓，水锤消除器，安全阀等附件。

（2）室外给水管道的水压试验方法和步骤与室内给水管道水压试验方法相同。

（3）试压过程中，全部检查若发现接口渗漏，应作出明显标记，待压力降至零后，制定修补措施全面修补，再重新试验，直至合格。

（4）试验合格后，进行冲洗，冲洗合格后，应立即办理验收手续，组织回填。

（5）新建室外给水管道于室内管道连接前，应经室内外全部冲洗合格后方可连接。

（6）冲洗标准当设计无规定时，以出口的水色和透明度与入口处的进水目测一致为合格。

3. 严密性试验

管道严密性试验应按设计及规范进行，严密性试验时不得有漏水现象为合格。

4. 管道消毒

（1）冲洗消毒后的冲洗出水水质应经水质管理部门取样化验检测。

（2）饮用水管道在使用前的消毒用每升水含 20～30mg 的游离氯的清水灌满后消毒。含氯水在管道中应静置 24h 以上，消毒后再用水冲洗。

（3）常用的消毒剂为漂白粉，进行消毒处理时，把漂白粉放入水桶内，加水搅拌溶解，随同管道充水一起加入管段，浸泡 24h 后，放水冲洗。

3.8 室外排水管网工程监理要点

3.8.1 材料（设备）质量控制

1. 一般要点

（1）排水管及管件规格品种应符合设计要求，应有产品合格证。管壁薄厚均匀，内外光滑整洁，不得有砂眼、裂缝、飞刺和疙瘩。要有出厂合格证、无偏扣、乱扣、方扣、断丝和角度不准等缺陷。

（2）塑料管的管材、管件的规格、品种、公差、应符合国家产品质量的要求，管材、管件、胶粘剂、橡胶圈及其他附件等应是同一厂家的配套产品。

（3）各类阀门有出厂合格证，规格、型号、强度和严密性试验符合设计要求。丝扣无损伤，铸造无毛刺、无裂纹，开关灵活严密，手轮无损伤。

（4）附属装置应符合设计要求，并有出厂合格证。

（5）捻口水泥一般采用强度等级不小于 32.5 的通用硅酸盐水泥和膨胀水泥（采用石膏矾土膨胀水泥）。水泥必须有出厂合格证。

（6）胶粘剂应标有生产厂名称、生产日期和有效期，并应有出场合格证和说明书。

（7）型钢、圆钢、管卡、螺栓、螺母、油、麻、垫、电焊条等符合设计要求。

2. 铸铁管的验收

（1）铸铁管应有制造厂的名称和商标、制造日期及工作压力符号等标记。

（2）铸铁管、管件应进行外观检查，每批抽 10%检查其表面状况，涂漆质量及尺寸偏差。内外表面应整洁，不得有裂缝、冷隔、瘪陷和错位等缺陷，其要求如下：

1）承插部分不得有粘砂及凸起，其他部分不得有大于 2mm 厚的粘砂及 5mm 高的凸起。

2）承口的根部不得有凹陷，其他部分的局部凹陷不得大于 5mm。

3）机械加工部分的轻微孔穴不大于 1/3 厚度，且不大于 5mm。

4）间断沟陷、局部重皮及疤痕的深度不大于 5%壁厚加 2mm，环装重皮及划伤的深度不大于 5%壁厚加 1mm。

（3）铸铁管内外表面的漆层应完整光洁，附着牢固。

（4）法兰与管子或管件的中心线应垂直，两端法兰应平行。法兰面应有凸台及密封沟。

铸铁管件，如无制造厂的水压试验资料时，使用前须每批抽 10%作水压试验。如有不合格，则应逐根检查。

3. 混凝土和钢筋混凝土管

（1）管子内、外表面应光洁平整，无蜂窝、坍落、露筋、空鼓。

（2）混凝土管不允许有裂缝；钢筋混凝土管外表面不允许有裂缝，管内壁裂缝宽度不得超过 0.05mm。表面的龟裂和砂浆层的干缩裂缝不在此限。

（3）合缝处不应漏浆。

（4）有下列情况的管子，允许修补：

1）坍落面积不超过管内的表面积的 1/20，并没有露出环向钢筋。

2）外表面凹深不超过 5mm；粘皮深度不超过壁厚的 1/5，其最大值不超过 10mm；粘皮、蜂窝、麻面的总面积不超过外表面积的 1/20，每块面积不超过 100cm^2。

3）合缝漏浆深度不超过管壁厚度的 1/3，长度不超过管长的 1/3。

4）端面碰伤纵向深度不超过 100mm，环向长度限值不得超过表 3-3。

端面碰伤长度（mm） **表 3-3**

公称内径	碰伤长度限值	公称内径	碰伤长度限值
100～200	40～45	1000～1500	85～105
300～500	50～60	1600～2400	110～120
600～900	65～80		

4. 新型塑料管材、管件

（1）颜色应均匀一致，无色泽不均及分解变色线。

（2）内壁光滑、平整、无气泡、裂口、脱皮，无严重的冷斑及明显的裂纹、凹陷。

（3）管材轴向不得有异向弯曲，其直线度偏差应小于 1%，端口必须平直，垂直于轴线。

（4）管件应完整无损，无变形，合模缝、浇口应平整无开裂。

（5）管材、管件的承插口工作面应平整、尺寸准确，以保证接口的密封性能。

（6）胶粘剂应呈自有流动状态，不得呈凝胶体，在未搅拌情况下不得有团块、不溶颗粒和影响粘接的杂质。

（7）胶粘剂中不得含有毒和有利于微生物生长的物质，不得影响水质和对饮水产生异味。

（8）每个橡胶圈上不得有多于两个搭接接头，橡胶圈的截面应均匀。

5. 砌筑材料

（1）砌筑、勾缝和抹面均采用水泥砂浆，其水泥强度等级不低于 32.5 级。

（2）砂浆质量符合下列要求：砂浆配制严格按照设计配比拌制；砂浆应随拌随用，拌好后的砂浆应在初凝前用完；砂浆要搅拌均匀，使用中如出现泌水现象，应拌合后使用。

6. 管道基础材料

（1）配制现浇混凝土的水泥应采用普通硅酸盐水泥、火山灰质硅酸盐水泥和矿渣硅酸盐水泥。

（2）配制混凝土所用骨料应符合国家现行有关标准的规定。

(3) 浇筑混凝土管座时，应在浇筑地点制作混凝土抗压强度试块。

3.8.2 排水管道、管沟及井池施工监理要点

(1) 管道排水井，化粪池的标高及位置符合设计图纸要求，管沟平直，深度、宽度符合要求，沟底夯实或用混凝土打底，设备等专业已与土建专业填写了交接检查记录。

(2) 各种排水井、池、排水检查井及化粪池等应按给定的标准图施工。

(3) 排水检查井、化粪池的底板及进、出水管的标高，必须符合设计，其允许偏差为±15mm。

(4) 井、池的规格、尺寸和位置应正确，砌筑和抹灰符合要求。

(5) 排水管道的坡度：必须符合设计要求，严禁无坡或倒坡。

(6) 灌水试验、通水试验：管道埋设前必须做灌水试验和通水试验，排水应畅通，无堵塞，管接口无渗漏。

3.8.3 工程检测和试验项目

1. 混凝土抗压强度试块

浇筑混凝土管座时，应留置混凝土抗压强度试块以备做验证性检验。试块的留置数量及强度评定方法应按检测规定进行。

2. 严密性试验

(1) 污水、雨污水合流及湿陷土、膨胀土地区的雨水管道，在回填前应采用闭水法进行严密性试验。

(2) 室外排水管道闭水试验管道应于充满水24h后进行严密性检查，水位应高于检查管段上游端部的管顶。如地下水位高出管顶时，则应高出地下水位。一般采用外观检查，检查中应补水，水位保持规定值不变，无漏水现象则认为合格。

(3) 介质为腐蚀性污水管道不允许渗漏。

3.9 室外供热管网监理要点

3.9.1 材料（设备）质量控制

(1) 主要材料、成品、半成品、配件和设备必须具有质量合格证明文件，规格、型号及性能监测报告应符合国家技术标准或设计要求，进场时应做检查验收，并经监理工程师核查确认。

(2) 所有材料进场时应对品种、规格、外观等进行验收。包装应完好，表面无划痕及外力冲击破损。

(3) 管材钢号应从耐压、耐温两方面满足工作条件的要求，耐压从管壁厚度上解决，耐温根据介质工作温度的不同选用不同的钢号。

(4) 管道上使用冲压弯头时，所使用的冲压弯头外径应与管道外径相同。

(5) 直埋热管道中等径直管段中不应采用不同厂家、不同规格、不同性能的预制保温

管，当无法避免时，应征得设计部门的同意。

直埋热管道及管件应在工厂预制，保温壳应连续、完整和严密。保温层应饱满，不应有空洞。

(6) 碳素钢管、无缝钢管、镀锌钢管应有产品合格证，管材无弯曲、无锈蚀、无飞刺、重皮及凹凸不平等缺陷。

(7) 管件符合现行标准，有出厂合格证，无偏扣、乱扣、方扣、断丝和角度不准等缺陷。

(8) 各类阀门有出厂合格证及测试报告，规格、型号、强度和严密性试验符合设计要求。外观丝扣无损伤，铸造无毛刺、无裂纹，开关灵活严密，手轮无损伤。

(9) 配件、平衡阀、调节阀、补偿器等的型号、规格及名称压力应符合设计要求。补偿器的拉伸量符合设计要求。热力管网工程所用的阀门，必须有制造厂的产品合格证和工程所在地阀门检验部门的检验合格证明，按要求做强度及严密性复验。

(10) 型钢、圆钢、管卡、螺栓、螺母、油、麻、垫、电焊条等符合设计要求。

3.9.2 管道及配件安装监理要点

(1) 安装直埋管道必须在沟底找平夯实，无杂物，沟宽及沟底标高尺寸复核无误后进行；安装地沟内干管，应在管沟砌筑完成后，盖沟盖板前，安装托吊卡架后进行。安装架空的干管，应先搭好脚手架，稳装好管道支架后进行。

(2) 检查井室、用户入口处管道应便于操作及维修。

(3) 管道支、吊、托架稳固，符合设计与规范要求。

1) 对安装单位的支架布置方案进行审查。

2) 对管道支架基座的定点尺寸进行复核。

(4) 管道水平敷设坡度应符合设计要求。

(5) 直埋管道接口处现场发泡时，接头保护层必须与管道保护层贴合紧密，符合防潮防水要求。

(6) 直埋无补偿供热管道预热伸长及三通加固应符合设计要求。回填前应注意检查预制保温层外壳及接口的完好性。回填应按设计要求进行。

(7) 管道保温层的厚度和平整度的允许偏差应符合《建筑给水排水及采暖工程施工质量验收规范》(GB 50242—2002) 表 4.4.8 的规定。

(8) 补偿器安装位置及安装必须符合设计要求。

(9) 系统水压试验，试验时试验管道与非试验管道应切断连接。

(10) 系统冲洗试验。

3.9.3 工程检测和试验项目

1. 室外热力管网水压试验

(1) 室外热力管网安装完毕后，应进行水压试验。试验包括：强度试验和严密性试验。

(2) 强度试验的试验压力为工作压力的 1.5 倍；严密性试验的试验压力为工作压力的 1.25 倍。

(3) 管道试压前，应检查波纹补偿器的临时固定装置是否牢固，以免波纹补偿器在水压试验时受损。

(4) 管道试压前所有接口不得油漆和保温，以便在管道试压中进行外观检查；管道与设备间应加盲板，待试压结束后拆除。

(5) 管道试压时，焊缝若有渗漏现象，应在泄压后将渗漏处剔除，清理干净，重新焊接；法兰连接处若有渗漏，也应在泄压后更换垫片，重新将螺栓拧紧。

(6) 试压以前，须对全系统或试压管段的最高处防风阀、最低处的泄水阀进行检查。

(7) 根据管道进水口的位置和水源距离，设置打压泵，接通上水管道，安装好压力表，监视系统的压力下降。

(8) 检查全系统的管道阀门关闭状况，观察其是否满足系统或分段试压的要求。

(9) 灌水进入管道，打开放风阀，当放风阀出水时关闭，间隔短时间后再打开放风阀，依次顺序关启数次，直至管内空气放完方可加压。加压至试验压力，热力管网的试验压力应等于工作压力的 1.5 倍，不得小于 0.6MPa，稳压 10min，如压力降不大于 0.05MPa，即可将压力降到工作压力。可以用重量不大于 1.5kg 的手锤敲打管道焊口 150mm 处，检查焊缝质量，不渗、不漏为合格。

(10) 试压合格后，填写试压试验记录。

2. 热力管网系统冲洗

(1) 热水管的冲洗。用 0.3～0.4MPa 压力的自来水对供水及回水干管分别进行冲洗，当接入下水道的出口流出水洁净时，认为合格。然后再以 1～1.5m/s 的速度进行循环冲洗，延续 20h 以上，直至从回水总干管出口流出的水色透明为止。

(2) 蒸汽管的冲洗。在冲洗段末端与管道垂直升高处设冲洗口，冲洗管使用钢管焊接在蒸汽管道下侧，并装设阀门。

1) 拆除管道中的流量孔板、温度计、滤网、止回阀、疏水阀等。

2) 缓缓开启总阀门，切勿使蒸汽流量和压力，增加过快。

3) 冲洗时先将各冲洗口阀门打开，再开大总进气阀，增大蒸汽量进行冲洗，延续 20～30mm，直至蒸汽完全清洁为止。

4) 冲洗后拆除冲洗管及排气管，将水放尽。

3. 热力管网的灌充、通热

(1) 先用软化水将热力管网全部充满。

(2) 再启动循环水泵，使水缓慢加热，要严防产生过大的温差应力。

(3) 注意检查伸缩器支架工作情况，发现异常情况要及时处理，直到全系统达到设计温度为止。

(4) 管网的介质为蒸汽时，向管道灌充，要逐渐地缓缓开启分汽缸上的供汽阀门，同时仔细观察管网的伸缩器、阀件等工作情况。

(5) 检查验收、填写调试记录。

4. 各用户供暖介质的引入与系统调试

(1) 若为机械热水供暖系统，首先使水泵运转达到设计压力。

(2) 然后开启建筑物内引入管的回、供水（气）阀门。要通过压力表监视水泵及建筑物内的引入管上的总压力。

（3）热力管网运行中，要注意排尽管网内空气后方可进行系统调试工作。

（4）室内进行初调后，可对室外各用户进行系统调节。

（5）系统调节从最远的用户及最不利供热点开始，利用建筑物进户处引入管的供回水温度计，观察其温度差的变化，调节进户流量。

1）首先将最远用户的阀门开到头，观察其温度差，如温差小于设计温差则说明该用户进户流量大，如温差大于设计温差，则说明该用户进户流量小，可用阀门进行调节。

2）按上述方法再调节倒数第二户，将这两入户的温度调至相同为止，这说明最后两户的流量平衡。倘若达不到设计温度，须再次逐一调节、平衡。

3）再调整倒数第三户，使其与倒数第二户的流量平衡。在平衡倒数第二、三户过程中，允许再适当稍拧动这二户的进口调节阀，此时第一户已定位，该进户调节阀不准拧动，并且作上定位标记。

4）依此类推调整倒数第四户使其与倒数第三户的流量平衡。允许再稍拧动第三户阀门，但在第二户阀门上应作上定位标记，不准拧动。

5）调完全部进户阀门后，若流量还有剩余，最后可调节循环水泵的阀门。

（6）检查验收、填写调试记录。

3.10　建筑中水系统及游泳池水系统安装监理要点

3.10.1　材料（设备）质量控制

（1）中水设备的产品质量合格证及检验报告。

（2）铸铁管材管件有出厂合格证及检测报告，镀锌钢管的管材、管件有出厂证明文件。

（3）塑料管材、管件，阀门配件有出厂证明文件、检测报告。

（4）设备及管道附件试验记录。

（5）游泳池水系统设备的产品质量合格证及检验报告，检查游泳池的给水口、回水口、泄水口、溢流槽、格栅及毛发聚集器等均为耐腐蚀材料制造。

（6）铸铁管材、管件，塑料管材、管件以及阀门配件有出厂合格证及检测报告。

3.10.2　建筑中水系统管道及辅助设备安装监理要点

（1）中水与生活的高位水箱应分设在不同的房间内，如条件不允许只能设在同一房间时，与生活高位水箱的净距离应大于2m。

（2）中水给水管道不得装设给水龙头。便器冲洗宜采用密闭型设备和器具。绿化、浇洒、汽车冲洗宜采用壁式或地下式的给水栓。

（3）中水供水管道严禁与生活饮用水给水管道连接，并应采取下列措施：

1）中水管道外壁应涂浅绿色标志。

2）中水池（箱）、阀门、水表及给水栓均应有“中水”标志。

（4）中水管道不宜暗装于墙体和楼板内。如必须暗装于墙槽内时，须在管道上设明显且不会脱落的标志。

（5）中水给水管道管材及配件应采用耐腐的给水管管材及管件。

（6）中水管道与生活饮用水管道、排水管道平行埋设时，其水平净距离不得小于0.5m；交叉埋设时，中水管道应位于生活饮用水管道下面，排水管道的上面，其净距离不应小于0.15m。

3.10.3 游泳池水系统安装监理要点

（1）游泳池的给水口、回水口、泄水口应采用耐腐蚀的铜、不锈钢、塑料等材料制造。溢流槽、格栅应为耐腐蚀材料制造，并为组装型。安装时其外表面应与池壁或池底面相平。

（2）游泳池的毛发聚集器应采用铜或不锈钢等耐腐蚀材料制造，过滤筒（网）的孔径应不大于3mm，其面积应为连接管截面积的1.5～2倍。

（3）游泳池循环水系统加药（混凝剂）的药品溶解池、溶液池及定量投加设备应采用耐腐蚀材料制作。输送溶液的管道应采用塑料管、胶管或铜管。

（4）游泳池地面，应采取有效措施防止冲洗排水流入池内。

（5）游泳池的浸脚、浸腰消毒池的给水管、投药管、溢流管、循环管和泄空管应采用耐腐蚀材料制成。

3.11 供热锅炉及辅助设备安装监理要点

3.11.1 材料（设备）质量控制

1. 一般要点

（1）工程所使用的主要材料、成品、半成品、配件、器具和设备必须具有中文质量合格证明文件，规格、型号及性能检测报告应符合国家技术标准或设计要求，包装应完好，表面无划痕及外力冲击破损。包装上应标有批号、数量、生产日期和检验代码。并经监理工程师核查确认。

（2）主要器具和设备必须有完整的安装使用说明书。在运输、保管和施工过程中，应采取有效措施防止损坏或腐蚀。

（3）锅炉出厂必须附有如下技术资料；技术资料应与实物相符。其内容包括：

1）锅炉样图（包括总图、安装图和主要受压部件图）。

2）受压元件的强度计算书或计算结果汇总表。

3）安全阀排放量的计算书或计算结果汇总表。

4）锅炉质量证明书（包括出厂合格证、金属材料证明、焊接质量证明和水压试验证明）。

5）锅炉安装说明书和使用说明书。

6）受压元件重大设计更改资料。

（4）锅炉设备外观应完好无损，炉墙绝热层无空鼓、无脱落，炉拱无裂纹、无松动，受压元件可见部位无变形、无损坏。

(5) 各种金属管材、型钢、阀门及管件的规格、型号必须符合设计要求，并符合产品出厂质量标准，外观质量良好，不得有损伤、锈蚀或其他表面缺陷。

(6) 分汽缸属于一、二类压力容器。分汽缸必须由具有相应资质的压力容器制造厂制造。出厂时，应经当地锅炉压力容器监督检验部门监检合格，并提交产品合格证（包含材质、无损探伤、水压试验和图纸等资料）。

2. 锅炉及辅助设备

(1) 锅炉进场验收：建设单位、监理单位、承包单位及制造单位四方开箱检验，设备及附件符合设计和国家标准，外观良好，附件及资料齐全。资料：生产厂家的资质证明、劳动部门的质量监检证书、锅炉的焊缝无损探伤检测报告、产品合格证、锅炉必备图纸及安装使用说明书，安全阀、减压阀除合格证外还应有调试报告，四方均确认后，在承包单位填写的《设备开箱检验记录》上签认。

(2) 泵、风机等设备验收，同上述步骤。四方开箱检验，设备符合设计和验收规范要求，外观良好，附件及资料齐全。资料：产品合格证、使用说明书、检测报告；四方均确认后，在承包单位填写的《设备开箱检验记录》上四方签认。

(3) 锅炉运至现场后，对锅炉作外观检查，审核锅炉在运输途中是否有被损坏的情况。

(4) 对锅炉的辅助设备，如送风机、引风机、水泵和水处理设备等，必须审核制造单位的资质、产品合格证、质量保证书和性能测试报告或特性曲线。

根据设备清单对所有设备及零部件进行清点验收。对缺损件应做记录并及时解决。清点后应妥善保管。

(5) 锅炉的辅助设备运至现场后，应进行开箱检查：按设备装箱单清点设备的零、部件和配套件应齐全；主要安装尺寸应与设计相符；设备外露部分各加工面应无锈蚀；主要零、部件的重要部位应无碰伤和明显的变形；设备的风口和管口应有盖板堵盖，以防止尘土和杂物进入。

(6) 供热锅炉及辅助设备的单台机组都必须试运转合格，完成试运转报告后才能确认设备的质量能满足使用要求。

3. 管道材料

(1) 锅炉房内汽水管道的组成件和管道支承件（包括管子、管件、法兰、螺栓连接、垫片、阀门和其他组合件或受压部件等）必须有制造厂的合格证，质量证明书等质量保证资料，其质量不得低于国家现行标准的规定。

(2) 锅炉房内汽水管道的组成件和管道支承件的材质、规格、型号、质量应符合设计要求。

(3) 对锅炉房的管道组成件和管道支承件应按国家现行标准进行外观检验，不合格者不能使用。

(4) 锅炉房汽水管道上装设的阀门应按现行国家标准《工业金属管道工程施工规范》(GB 50235—2010) 进行壳体压力试验和密封试验，不合格者不得使用。

4. 安全附件

(1) 根据清单对所有安全附件及零部件进行清点验收。

(2) 对缺损件应做记录并及时解决。清点后应妥善保管。

(3) 安全阀上必须有下列装置：

1) 杠杆式安全阀有防止重锤自行移动的装置和限制杠杆越出的导架。

2) 弹簧式安全阀要有提升手把和防止随便拧动调整螺丝的装置。

3) 静重式安全阀要有防止重片飞脱装置。

4) 冲量式安全阀的冲量接入导管上的阀门，要保持全开并加铅封。

(4) 安全阀出厂时，应有金属铭牌。铭牌上至少应载明：安全阀型号、制造厂名、产品编号、出厂年月、公称压力（MPa）、阀门喉径（mm）、提升高度（mm）、排放系数。

(5) 压力表应符合下列要求：

1) 压力表精度不应低于2.5级。

2) 压力表表盘刻度极限值应大于或等于工作压力的1.5倍。

3) 表盘直径不得小于100mm。

(6) 压力表有下列情况之一者禁止使用：

1) 有限止钉的压力表在无压力时，指针转动后不能回到限止钉处；没有限止钉的压力表在无压力时，指针离零位的数值超过压力表规定允许偏差。

2) 表盘玻璃破碎或表盘刻度模糊不清。

3) 封印损坏或超过校验有效期限。

4) 表内泄漏或指针跳动。

5) 其他影响压力表的准确指示的缺陷。

(7) 水位计应有下列装置：

1) 为防止水位计（表）损坏伤人，玻璃管式水位表应有防护装置（如保护罩、快关阀、自动闭球锁等），但不得妨碍观察真实水位。

2) 水位计（表）应有放水阀门和接到安全地点的放水管。

(8) 水位计（表）结构应符合下列要求：

1) 锅炉运行中能够吹洗和更换玻璃板（管）、云母片。

2) 旋塞内径及玻璃管的内径都不得小于8mm。

3.11.2 锅炉本体、辅助设备及管道安装监理要点

(1) 焊接锅炉受压元件的焊口，必须由持有锅炉压力容器焊工合格证的焊工焊接，且合格证在有效期内。

(2) 锅炉及附属设备的基础；核对混凝土的配合比；检查混凝土的保养期。设备就位前，应对基础进行复查，重新测量基础的纵向、横向中心线、标高基准点。检查基础外形是否有裂纹等缺陷。如发现尺寸和混凝土质量不符合设计要求，应经整修达到要求后，才能安装。

(3) 锅炉及附属设备的找平；用测量工具检查初次安装和经校正后的就位水平度和中心线垂直度。锅炉本体的就位水平度和中心线垂直度偏差值是否过大，是否超过规范允许的规定值。

(4) 锅炉本体安装应按设计或产品说明书要求布置坡度并坡向排污阀。

(5) 锅炉由炉底送风的风室及锅炉底座与基础之间必须封、堵严密。

(6) 检查组装链条炉排及往复炉排安装，试运行，监理工程师签认设备单机试运转记录。

(7) 管道焊接监理检查要点：

1) 锅炉房的蒸汽管道和排污管道必须采用无缝钢管，法兰连接。

2) 对设计压力大于 1MPa 或设计压力小于等于 1MPa 且设计温度大于 186℃的蒸汽和热水管道阀门应逐个进行壳体压力试验和密封试验，不合格者，不得使用。

3) 对设计压力小于等于 1MPa 且设计温度为 186℃及以下的蒸汽和热水管道阀门，应从每批中抽查 10%，且不得少于 1 个，进行壳体压力试验和密封试验。当不合格时，应加倍抽查，仍不合格时，该批阀门不得使用。

4) 管道、设备和容器的保温，应在防腐和水压试验合格后进行。

5) 保温的设备和容器，应采用粘接保温钉固定保温层，其间距一般为 200mm。当需采用焊接勾钉固定保温层时，其间距一般为 250mm。

(8) 送（鼓）风及引风机转动灵活、无卡碰，有安全防护。试运转后，专业监理工程师签认设备单机试运转记录。

(9) 水泵试运转，监理工程师签认设备单机试运转记录。

3.11.3 安全附件、换热站安装监理要点

(1) 安全附件，如安全阀、锅炉压力表及水位表的验收、检测及取样正确性。

(2) 锅炉附件安装前的试验：分水缸水压、敞口箱（罐）的满水试验，直埋油罐的气密性试验、阀门的强度及严密性试验。

(3) 软化水系统、换热站系统、锅炉系统水压试验。

1) 分汽缸（分水器、集水器）安装前应进行水压试验，试验压力为工作压力的 1.5 倍，但不得小于 0.6MPa。试验压力下 10min 内无压降、无渗漏。

2) 热交换器应以最大工作压力的 1.5 倍作水压试验。蒸汽部分应不低于蒸汽供汽压力加 0.3MPa；热水部分应不低于 0.4MPa。在试验压力下，保持 10min 压力不降。

3.11.4 锅炉、煮炉和试运行监理要点

(1) 锅炉火焰烘炉应符合下列规定：

1) 火焰应在炉膛中央燃烧，不应直接烧烤炉墙及炉拱。

2) 烘炉时间一般不少于 4d，升温应缓慢，后期烟温不应高于 160℃，且持续时间不应少于 24h。

3) 链条炉排在烘炉过程中应定期转动。

4) 烘炉的中、后期应根据锅炉水水质情况排污。

(2) 烘炉结束后应符合下列规定：

1) 炉墙经烘烤后没有变形、裂纹及塌落现象。

2) 炉墙砌筑砂浆含水率达到 7%以下。

(3) 锅炉在烘炉、煮炉合格后。应进行 48h 的带负荷连续试运行。同时应进行安全阀的热状态定压检验和调整。

(4) 煮炉时间一般应为 2～3d，如蒸汽压力较低，可适当延长煮炉时间。非砌筑或浇

注保温材料保温的锅炉，安装后可直接进行煮炉。煮炉结束后，锅筒和集箱内壁应无油垢，擦去附着物后金属表面应无锈斑。

3.11.5 工程检测和试验项目

1. 锅炉的水压测试

锅炉本体及其附属装置安装完毕后，必须进行水压试验。

(1) 水压试验应报请当地技术监督局有关部门参加。

(2) 试验前的准备工作：

1) 将锅筒、集箱内部清理干净后，封闭人孔、手孔。

2) 检查锅炉本体的管道、阀门有无漏加垫片，漏装螺栓和未紧固等现象。

3) 应关闭排污阀、主汽阀和上水阀。

4) 安全阀的管座应用盲板封闭，并在一个管座的盲板上安装放气管和放气阀，放气管的长度应超出锅炉的保护壳。

5) 锅炉试压管道和进水管道接在锅炉的副汽阀上为宜。

6) 应打开锅炉的前后烟箱和烟道的检查门，试压时便于检查。

7) 打开排汽阀和放气阀。

8) 至少应装两块经计量部门校验合格的压力表，并将其旋塞转到相通位置。

(3) 试验时对环境温度的要求：

1) 水压试验应在环境温度（室内）高于5℃时进行。

2) 在气温低于5℃的环境中进行水压试验时，必须有可靠的防冻措施。

(4) 试验时对水温的要求：

1) 水温一般应在20～70℃。

2) 水压试验应使用软化水，应保持高于周围环境露点的温度以防锅炉表面结露。

3) 无软化水时可用自来水试压；当施工现场无热源时，要等锅炉筒内水温与周围气温较为接近或无结露时，方可进行水压试验。

(5) 水压试验步骤和验收标准：

1) 向炉内上水。打开自来水阀门向炉内上水，待锅炉最高点放气管见水而无气后，关闭放气阀，最后把自来水阀门关闭。

2) 用试压泵缓慢升压至0.3～0.4MPa时，应暂停升压，进行一次检查和必要的紧固螺栓工作。

3) 待升至工作压力时，应停泵检查各处有无渗漏或异常现象，再升至试验压力后停泵，锅炉应在试验压力下保持20min，然后降至工作压力进行检查。检查期间压力保持不变。达到下列要求为试验合格：

① 压力不降、不渗、不漏。

② 观察检查，不得有残余变形。

③ 受压元件金属壁和焊缝上不得有水珠和水雾。

④ 胀口处不滴水珠。

4) 水压试验结束后，应将炉内水全部放净，以防冻，并拆除所加的全部盲板。

5) 水压试验结束后，应作好记录，并有参加验收人员签字，最后存档。

6）水压试验还应符合地方技术监督局的有关规定。

2. 炉排冷态试运转

（1）清理炉膛、炉排，尤其是容易卡住炉排的铁块、焊渣、焊条头和铁钉等必须清理干净。然后将炉排各部位的油杯加满润滑油。

（2）机械炉排安装完毕后应做冷态运转试验。炉排冷运转连续不少于 8h，试运转速度最少应在两级以上，并进行检查和调整。

（3）检查炉排有无卡住和拱起现象，如炉排有拱起现象可通过调整炉排前轴的拉紧螺栓消除。

（4）检查炉排有无跑偏现象，要钻进炉膛内检查两侧主炉排片与两侧板的距离是否基本相等。不等时说明跑偏，应调整前轴相反一侧的拉紧螺栓（拧紧），使炉排走正，如拧到一定程度后还不能纠偏时，还可以稍松另一侧的拉紧螺栓，使炉排走正。

（5）检查炉排长销轴与两侧板的距离是否大致相等，通过一字形检查孔，用手锤间接打击过长的，使长销轴与两侧板的距离相等。同时还要检查有无漏装垫圈和开口销。

（6）检查主炉排片与链轮啮合是否良好，各链轮齿是否同位，如有严重不同位时，应与制造厂联系解决。

（7）检查炉排片有无断裂，有断裂时等到炉排转到一字形检查孔的位置时，停炉排把备片换上再运转。

（8）检查煤闸板吊链的长短是否相等，检查各风室的调节门是否灵活。

（9）冷态试运行结束后应填好记录，甲乙方、监理方签字。

3. 锅炉房汽、水管道水压试验

锅炉房的汽、水管道安装完毕后，必须进行水压试验。水压试验的压力为设计压力的 1.5 倍。

（1）水压试验时应缓慢升压，待达到试验压力后，稳压 10min，再将试验压力降至设计压力，停压 30min，以压力不降、无渗漏为合格。

（2）试验结束后，应及时拆除盲板、膨胀节限位设施，排尽积液。排液时应防止形成负压，并不得随地排放。

（3）当试验过程发现泄漏时，不得带压处理，应泄压消除缺陷后，重新进行试验。

4　通风与空调工程施工监理

4.1　基　本　规　定

通风与空调工程施工质量的检查、验收，应符合现行国家标准《建筑工程施工质量验收统一标准》（GB 50300—2013）、《通风与空调工程施工质量验收规范》（GB 50243—2002）以及相关标准的规定。

4.1.1　验收规范的规定

1. 一般规定

（1）当通风与空调工程作为建筑工程的分部工程施工时，其分部与分项工程的划分应按表 4-1 的规定执行。当通风与空调工程为单位工程独立验收时，子分部上升为分部，分项工程的划分同上。

通风与空调分部工程的子分部划分　　　　表 4-1

子分部工程	分项工程
送风系统	风管与配件制作，部件制作，风管系统安装，风机与空气处理设备安装，风管与设备防腐，旋流风口、岗位送风口、织物（布）风管安装，系统调试
排风系统	风管与配件制作，部件制作，风管系统安装，风机与空气处理设备安装，风管与设备防腐，吸风罩及其他空气处理设备安装，厨房、卫生间排风系统安装，系统调试
防排烟系统	风管与配件制作，部件制作，风管系统安装，风机与空气处理设备安装，风管与设备防腐，排烟风阀（口）、常闭正压风口、防火风管安装，系统调试
除尘系统	风管与配件制作，部件制作，风管系统安装，风机与空气处理设备安装，风管与设备防腐，除尘器与排污设备安装，吸尘罩安装，高温风管绝热，系统调试
舒适性空调系统	风管与配件制作，部件制作，风管系统安装，风机与空气处理设备安装，风管与设备防腐，组合式空调机组安装，消声器、静电除尘器、换热器、紫外线灭菌器等设备安装，风机盘管、变风量与定风量送风装置、射流喷口等末端设备安装，风管与设备绝热，系统调试
恒温恒湿空调系统	风管与配件制作，部件制作，风管系统安装，风机与空气处理设备安装，风管与设备防腐，组合式空调机组安装，电加热器、加湿器等设备安装，精密空调机组安装，风管与设备绝热，系统调试
净化空调系统	风管与配件制作，部件制作，风管系统安装，风机与空气处理设备安装，风管与设备防腐，净化空调机组安装，消声器、静电除尘器、换热器、紫外线灭菌器等设备安装，中、高效过滤器及风机过滤器单元等末端设备清洗与安装，洁净度测试，风管与设备绝热，系统调试

续表

子分部工程	分项工程
地下人防通风系统	风管与配件制作，部件制作，风管系统安装，风机与空气处理设备安装，风管与设备防腐，过滤吸收器、防爆波活门、防爆超压排气活门等专用设备安装，系统调试
真空吸尘系统	风管与配件制作，部件制作，风管系统安装，风机与空气处理设备安装，风管与设备防腐，管道安装，快速接口安装，风机与滤尘设备安装，系统压力试验及调试
冷凝水系统	管道系统及部件安装，水泵及附属设备安装，管道冲洗，管道、设备防腐，板式热交换器，辐射板及辐射供热、供冷地埋管，热泵机组设备安装，管道、设备绝热，系统压力试验及调试
空调（冷、热）水系统	管道系统及部件安装，水泵及附属设备安装，管道冲洗，管道、设备防腐，冷却塔与水处理设备安装，防冻伴热设备安装，管道、设备绝热，系统压力试验及调试
冷却水系统	管道系统及部件安装，水泵及附属设备安装，管道冲洗，管道、设备防腐，系统灌水渗漏及排放试验，管道、设备绝热
土壤源热泵换热系统	管道系统及部件安装，水泵及附属设备安装，管道冲洗，管道、设备防腐，埋地换热系统与管网安装，管道、设备绝热，系统压力试验及调试
水源热泵换热系统	管道系统及部件安装，水泵及附属设备安装，管道冲洗，管道、设备防腐，地表水源换热管及管网安装，除垢设备安装，管道、设备绝热，系统压力试验及调试
蓄能系统	管道系统及部件安装，水泵及附属设备安装，管道冲洗，管道、设备防腐，蓄水罐与蓄冰槽、罐安装，管道、设备绝热，系统压力试验及调试
压缩式制冷（热）设备系统	制冷机组及附属设备安装，管道、设备防腐，制冷剂管道及部件安装，制冷剂灌注，管道、设备绝热，系统压力试验及调试
吸收式制冷设备系统	制冷机组及附属设备安装，管道、设备防腐，系统真空试验，溴化锂溶液加灌，蒸汽管道系统安装，燃气或燃油设备安装，管道、设备绝热，试验及调试
多联机（热泵）空调系统	室外机组安装，室内机组安装，制冷剂管路连接及控制开关安装，风管安装，冷凝水管道安装，制冷剂灌注，系统压力试验及调试
太阳能供暖空调系统	太阳能集热器安装，其他辅助能源、换热设备安装，蓄能水箱、管道及配件安装，防腐，绝热，低温热水地板辐射采暖系统安装，系统压力试验及调试
设备自控系统	温度、压力与流量传感器安装，执行机构安装调试，防排烟系统功能测试，自动控制及系统智能控制软件调试

（2）通风与空调工程施工现场的质量管理应有相应的施工技术标准、健全的质量管理体系、施工质量检验制度和综合施工质量水平评定考核制度。

（3）通风与空调工程的施工，应把每一个分项施工工序作为工序交接检验点，并形成相应的质量记录。

（4）通风与空调工程的施工应按规定的程序进行，并与土建及其他专业工种互相配合；与通风空调系统有关的土建工程施工完毕后，应由建设或总承包、监理、设计及施工单位共同会检，会检的组织宜由建设、监理或总承包单位负责。

（5）通风与空调工程分项工程施工质量的验收，应按规范对应分项的具体条文规定执行。子分部中的各个分项，可根据施工工程的实际情况一次验收或数次验收。

（6）通风与空调工程中的隐蔽工程，在隐蔽前必须经监理人员验收及认可签证。

（7）通风与空调工程竣工的系统调试，应在建设和监理单位的共同参与下进行，施工企业应具有专业检测人员和符合有关标准规定的测试仪器。

（8）通风与空调工程施工质量的保修期限，自竣工验收合格日起计算为二个采暖期、供冷期。在保修期内发生施工质量问题的，施工企业履行保修职责，责任方承担相应的经济责任。

（9）分项工程检验批验收合格质量应符合下列规定：

1）具有施工单位相应分项合格质量的验收记录。

2）主控项目的质量抽样检验应全数合格。

3）一般项目的质量抽样检验，除有特殊要求外，计数合格率不应小于 80%，且不得有严重缺陷。

2. 检验批质量验收

（1）分项工程可由一个或若干个检验批组成。检验批可根据施工及质量控制和专业验收需要按楼层、施工段、变形缝等进行划分。

（2）工程竣工时，监理单位应组织对工程检验批质量验收。由监理工程师（建设单位项目技术负责人）组织施工单位项目专业质量（技术）负责人等参加。

（3）检查工作按建设合同、设计图纸和规范要求进行。

（4）检验批合格质量应符合下列规定：

1）主控项目和一般项目的质量经抽样检验合格。

2）具有完整的施工操作依据，质量检查记录。

检验批质量验收是工程质量验收中的重要环节，监理方和施工方参加人员在检查工程质量问题时必须认真仔细，不放过一个问题。

（5）验收工作完成后，监理方应完成检验批质量验收报告，并将工程中存在的质量问题整理成整改通知单送交施工单位限期整改。施工方整改后由监理方复查。整改与复查的过程可能重复多次，直至存留问题完全解决为止。整改工作结束后，由施工方和监理方在检验批质量验收记录表上分别填写检查评定记录和验收记录。

3. 分项工程质量验收

（1）检验批合格质量验收后，应组织分项工程质量验收。由监理工程师（建设单位项目技术负责人）组织施工单位项目专业质量（技术）负责人等参加。

（2）检验工作按建设合同、设计图纸和规范要求进行。

（3）检查单位：检验批部位、区、段。

（4）分项工程质量验收合格应符合下列规定：

1）分项工程所含检验批均应符合合格质量的规定。

2）分项工程所含的检验批的质量验收记录应完整。

（5）验收工作完成后，监理方应完成分项工程质量验收报告，并将验收中发现的工程中的质量问题整理成整改通知单送交施工单位限期整改。

（6）整改工作结束后，由施工方和监理方在分项工程质量验收记录表上分别填写检查评定结果和验收结论。

4. 分部（子分部）工程质量验收

（1）分项工程质量验收后，应组织分部（子分部）工程质量验收。由总监理工程师（建设单位项目负责人）组织施工单位项目负责人和技术、质量负责人等进行验收；地基与基础、主体结构分部工程的勘察、设计单位工程项目负责人和施工单位技术、质量部门负责人也应参加相关分部工程验收。

（2）检查工作按建设合同、设计图纸和规范要求进行。

（3）分部（子分部）工程质量验收合格应符合下列规定：

1）分部（子分部）工程所含分项工程的质量均应验收合格。

2）质量控制资料应完整。

3）地基与基础、主体结构和设备安装等分部工程有关安全及功能的检验和抽样检测应符合有关规定。

（4）验收中再次发现的工程质量问题仍由监理单位整理和发出整改通知单，由施工单位整改。

（5）验收工作完成后，施工单位应在《子分部工程质量验收记录表》上填写检查评定意见；总监理工程师（建设单位项目负责人）将综合参加验收单位（建设单位、监理单位、设计单位、勘察单位、施工单位、分包单位）的意见在子分部工程质量验收记录表上填写验收意见。

4.1.2 竣工验收要求

通风与空调工程的竣工验收分为检验批质量、分项和分部（子分部）工程验收。按验收时间可分为中间验收和竣工验收。

工程的中间验收是指在施工过程中或竣工时将被隐蔽的工程，在隐蔽前进行的工程验收。通风与空调工程的隐蔽工程是指工程竣工时将被直埋在地下或结构中的，暗敷于沟槽、管井、吊顶内的管道或由于装饰工程的需要，暗敷在吊顶、立柱、侧墙和地板夹层内的风管系统。这些隐蔽工程如果在施工中存在缺陷，在工程验收时也被疏忽，直至建筑物投入使用时才被发现，将会带来较大的经济损失和严重的后果。

通风与空调工程的竣工验收，是在工程施工质量得到有效监控的前提下，通过对通风与空调系统进行质量观感、设备单机试运转和无生产负荷联合试运转检查，按规范将质量合格的分部工程移交建设单位的验收过程。竣工验收应由建设单位负责，组织施工、设计、监理等单位共同进行，合格后即应办理竣工验收手续。

1. 隐蔽工程的质量检查

隐蔽工程检查应在工程被隐蔽之前，按设计、规范和标准的要求对全部将被隐蔽的工程分部位、区、段和分系统全部检查，进行观察、实测或检查试验记录。

隐蔽工程首先应由施工单位项目专业质量（技术）负责人组织工长、班组长和质量检查员自检合格后，由监理工程师（建设单位项目技术负责人）组织施工单位项目专业质量（技术）负责人等，必要时也请设计单位的代表共同进行检查，并会签隐蔽工程检查记录单。

隐蔽工程检查中查出的质量问题必须立即整改，并经监理复查合格，在隐蔽前必须经监理人员验收及认可签证。

通风与空调工程隐蔽工程检查部位及检查内容包括下列主要方面：

（1）绝热的风管和水管。检查内容应包括管道、部件、附件、阀门、控制装置等的材质与规格尺寸，安装位置，连接方式；管道防腐；水管道坡度；支吊架形式及安装位置，防腐处理；水管道强度及严密性试验，冲洗试验；风管严密性试验等。

（2）封闭竖井内、吊顶内及其他暗装部位的风管、水管和相关设备。风管及水管的检查内容同上；设备检查内容包括设备型号、安装位置、支吊架形式、设备与管道连接方式、附件的安装等。

（3）暗装的风管、水管和相关设备的绝热层及防潮层。检查内容包括绝热材料的材质、规格及厚度，绝热层与管道的粘贴，绝热层的接缝及表面平整度，防潮层与绝热层的粘贴，穿套管处绝热层的连续性等。

（4）出外墙的防水套管。检查内容包括套管形式、做法、尺寸及安装位置。

2. 通风与舒适性空调系统观感质量检查

（1）风管的规格、尺寸必须符合设计要求；风管表面应平整、无损坏；风管接管合理，包括风管的连接以及风管与设备或消声装置的连接。

（2）风口表面应平整，颜色一致；风口安装位置应正确，使室内气流组织合理；风口可调节部位应能正常动作；风口处不应产生气流噪声。

（3）各类调节装置的制作和安装应正确牢固，调节灵活，操作方便；防火阀及排烟阀等关闭严密，动作可靠，安装方向正确，检查孔的位置必须设在便于操作的部位。

（4）制冷及空调水管系统的管道、阀门、仪表及工作压力、管道系统的工艺流向、坡度、标高、位置必须符合设计要求，安装位置应正确；系统无渗漏。

（5）风管、部件及管道的支、吊架型式，规格、位置、间距及固定必须符合设计和规范要求，严禁设在风口、阀门及检视门处。

（6）风管、管道的软性接管位置应符合设计要求，接管正确，牢固，自然无强扭；防排烟系统柔性短管的制作材料必须为不燃材料。

（7）通风机、制冷机、水泵、风机盘管机组的安装应正确牢固，底座应有隔振措施，地脚螺栓必须拧紧，垫铁不超过3块。

（8）组合式空调箱机组外表平整光滑，接缝严密，组装顺序正确，喷水室外表面无渗漏；与风口及回风室的连接必须严密；与进、出水管的连接严禁渗漏；凝结水管的坡度必须符合排水要求。

（9）除尘器的规格和尺寸必须符合设计要求；除尘器、积尘室安装应牢固，接口严密。

（10）消声器的型号、尺寸及制作所用的材质、规格必须符合设计要求，并标明气流方向。

（11）风管、部件、管道及支架的油漆应附着牢固，漆膜厚度均匀；油漆品种、漆层遍数、油漆颜色与标志符合设计要求。

（12）绝热层的材质、规格、厚度及防火性能应符合设计要求；表面平整，无断裂和脱落；室外防潮层或保护壳应顺水搭接，无渗漏；风管、水管与空调设备接头处以及产生凝结水部位必须保温良好，严密无缝隙。

3. 净化空调系统的观感质量检查

（1）空调机组、风机、净化空调机组、风机过滤器单元和空气吹淋室等安装位置应正确，固定牢固，连接严密，其偏差应符合规范要求。

（2）风管、配件、部件和静压箱的所有接缝都必须严密不漏。

（3）高效过滤器与风管、风管与设备的连接处应有可靠密封。

（4）净化空调系统柔性短管所采用的材料必须不产尘，不漏气，内壁光滑；柔性短管与风管、设备的连接必须严密不漏。

（5）净化空调机组、静压箱、风管及送回风口清洁无积尘。

（6）装配式洁净室的内墙面、吊顶和地面应光滑，平整，色泽均匀，不起灰尘；地板静电值应低于设计规定。

（7）送（回）风口、各类末端装置以及各类管道等与洁净室内表面的连接处密封处理应可靠，严密。

4.2 风管制作监理要点

4.2.1 材料（设备）质量控制

（1）检查合格证、检验报告，若为成品必须提供产品合格证明文件和测试报告；若现场加工，必须有国家或当地省市空调通风检测机构的风管强度和漏风量测试报告。

（2）进场材料外观质量检查。

（3）防火风管的本体、框架与固定材料、密封材料必须为不燃材料，其耐火等级应符合设计的规定。

（4）金属风管制作使用的材料品种、规格、性能与厚度等应符合设计和现行国家产品标准的规定。

（5）非金属风管的材料品种、规格、性能与厚度应符合设计和现行国家产品标准的规定。复合材料风管的覆面材料必须为不燃材料，内部的绝热材料应为不燃或难燃 B_1 级，且对人体无害的材料。

（6）无机玻璃钢风管板材表面不得出现返卤或严重泛霜。

（7）用于高压风管系统的非金属风管厚度应按设计规定。

4.2.2 金属风管

金属风管与配件制作质量检查，见表 4-2。

金属风管与配件制作质量检查 表 4-2

序号	检查内容	判定标准	检查方法
1	金属风管材料种类、规格	符合设计要求	查验材料质量证明文件、检测报告，尺量，观察检查

续表

序号	检查内容	判定标准	检查方法
2	板材的拼接	（1）风管板材拼接的咬口缝应错开，不应形成十字形交叉缝。 （2）洁净空调系统风管不应采用横向拼缝。 （3）风管板材拼接采用铆接连接时，应根据风管板材的材质选择铆钉。 （4）空气洁净度等级为1～5级的洁净风管不应采用按扣式咬口连接，铆接时不应采用抽芯铆钉。 （5）板厚大于1.5mm的风管可采用电焊、氩弧焊等。 （6）焊接前，应采用点焊的方式将需要焊接的风管板材进行成型固定。 （7）焊接时宜采用间断跨越焊形式，间距宜为100～150mm，焊缝长度宜为30～50mm，依次循环。焊材应与母材相匹配，焊缝应满焊、均匀。焊接完成后，应对焊缝除渣、防腐，板材校平	尺量、观察检查
3	不锈钢板或铝板连接件防腐措施	防腐良好，无锈蚀	观察检查
4	管口平面度、表面平整度、允许偏差	（1）表面应平整，无明显扭曲及翘角，凹凸不应大于10mm。 （2）风管边长（直径）小于或等于300mm时，边长（直径）的允许偏差为±2mm；风管边长（直径）大于300mm时，边长（直径）的允许偏差为±3mm。 （3）管口应平整，其平面度的允许偏差为2mm。 （4）矩形风管两条对角线长度之差不应大于3mm；圆形风管管口任意正交两直径之差不应大于2mm	尺量、观察检查
5	风管的连接形式	（1）法兰连接：焊缝应熔合良好、饱满，无夹渣和孔洞；矩形法兰四角处应设螺栓孔，孔心应位于中心线上。同一批量加工的相同规格法兰，其螺栓孔排列方式、间距应统一，且应具有互换性。 （2）不锈钢风管与法兰铆接：应采用不锈钢铆钉；法兰及连接螺栓为碳素钢时，其表面应采用镀铬或镀锌等防腐措施。 （3）铝板风管与法兰连接时，宜采用铝铆钉；法兰为碳素钢时，其表面应按设计要求作防腐处理。 （4）矩形风管C形、S形插条连接： 1）插条与风管插口连接处应平整、严密。水平插条长度与风管宽度应一致，垂直插条的两端各延长不应少于20mm，插接完成后应折角。 2）铝板矩形风管不宜采用C形、S形平插条连接。 （5）矩形风管采用立咬口或包边立咬口连接：其立筋的高度应大于或等于角钢法兰的高度，同一规格风管的立咬口或包边立咬口的高度应一致，咬口采用铆钉紧固时，其间距不应大于150mm。 （6）圆形风管连接采用芯管连接：芯管板厚度应大于或等于风管壁厚度，芯管外径与风管内径偏差应小于3mm	尺量、观察检查

续表

序号	检查内容	判定标准	检查方法
6	薄钢板法兰风管的接口及连接件、附件固定，端面及缝隙	（1）薄钢板法兰与风管连接时，宜采用冲压连接或铆接。低、中压风管与法兰的铆（压）接点间距宜为120～150mm；高压风管与法兰的铆（压）接点间距宜为80～100mm。 （2）薄钢板法兰弹簧夹的材质应与风管板材相同，形状和规格应与薄钢板法兰相匹配，厚度不应小于1.0mm，长度宜为130～150mm。 （3）薄钢板法兰风管连接端面接口处应平整，接口四角处应有固定角件。固定角件与法兰连接处应采用密封胶进行密封。 （4）薄钢板法兰可采用铆接或本体压接进行固定。中压系统风管铆接或压接间距宜为120～150mm；高压系统风管铆接或压接间距宜为80～100mm。低压系统风管长边尺寸大于1500mm、中压系统风管长边尺寸大于1350mm时，可采用顶丝卡连接。顶丝卡宽度宜为25～30mm，厚度不应小于3mm，顶丝宜为M8镀锌螺钉	尺量、观察检查
7	风管加固	风管加固应符合下列规定： （1）风管可采用管内或管外加固件、管壁压制加强筋等形式进行加固。矩形风管加固件宜采用角钢、轻钢型材或钢板折叠；圆形风管加固件宜采用角钢。 （2）矩形风管边长大于或等于630mm、保温风管边长大于或等于800mm，其管段长度大于1250mm或低压风管单边面积大于1.2m²，中、高压风管单边面积大于1.0m²时，均应采取加固措施。边长小于或等于800mm的风管宜采用压筋加固。边长在400～630mm之间，长度小于1000mm的风管也可采用压制十字交叉筋的方式加固。 （3）圆形风管（不包括螺旋风管）直径大于或等于800mm，且其管段长度大于1250mm或总表面积大于4m²时，均应采取加固措施。 （4）中、高压风管的管段长度大于1250mm时，应采用加固框的形式加固。高压系统风管的单咬口缝应有防止咬口缝胀裂的加固措施。 （5）洁净空调系统的风管不应采用内加固措施或加固筋，风管内部的加固点或法兰铆接点周围应采用密封胶进行密封。 （6）风管加固应排列整齐，间隔应均匀对称，与风管的连接应牢固，铆接间距不应大于220mm。风管压筋加固间距不应大于300mm，靠近法兰端面的压筋与法兰间距不应大于200mm；风管管壁压筋的凸出部分应在风管外表面。 （7）风管采用镀锌螺杆内支撑时，镀锌加固垫圈应置于管壁内外两侧。正压时密封圈置于风管外侧，负压时密封圈置于风管内侧，风管四个壁面均加固时，两根支撑杆交叉成十字状。采用钢管内支撑时，可在钢管两端设置内螺母。 （8）铝板矩形风管采用碳素钢材料进行内、外加固时，应按设计要求作防腐处理；采用铝材进行内、外加固时，其选用材料的规格及加固间距应进行校核计算	观察和尺量检查

续表

序号	检查内容	判定标准	检查方法
8	风管弯头导流叶片的设置	(1) 边长大于或等于500mm，且内弧半径与弯头端口边长比小于或等于0.25时，应设置导流叶片，导流叶片宜采用单片式、月牙式两种类型。 (2) 导流叶片内弧应与弯管同心，导流叶片应与风管内弧等弦长。 (3) 导流叶片间距 L 可采用等距或渐变设置的方式，最小叶片间距不宜小于200mm，导流叶片的数量可采用平面边长除以500的倍数来确定，最多不宜超过4片。导流叶片应与风管固定牢固，固定方式可采用螺栓或铆钉	尺量、观察检查
9	洁净空调风管与配件制作	符合现行国家标准《通风与空调工程施工质量验收规范》(GB 50243—2002) 的有规定	观察检查、尺量
10	风管工艺性验证	现场加工风管进行风管强度和严密性试验	查验检测报告

4.2.3　非金属与复合风管制作监理要点

1. 聚氨酯铝箔、酚醛铝箔、玻璃纤维复合风管及配件制作质量检查

聚氨酯铝箔、酚醛铝箔、玻璃纤维复合风管及配件制作质量检查，见表4-3。

聚氨酯铝箔、酚醛铝箔、玻璃纤维复合风管及配件制作质量检查　　表4-3

序号	检查内容	判定标准	检查方法
1	风管材料品种、规格、性能等参数	符合设计要求	查验材料质量证明文件、性能检测报告，尺量、观察检查
2	外观质量	折角应平直，两端面平行，风管无明显扭曲；风管内角缝均采用密封胶密封，外角缝铝箔断开处采用铝胶带封贴；外覆面层没有破损	尺量、观察检查
3	风管与配件尺寸	符合设计或规范规定	尺量检查
4	风管两端连接口制作	玻璃纤维复合风管采用承插阶梯粘接形式时，承接口应在风管外侧，插接口应在风管内侧。承、插口均应整齐，长度为风管板材厚度；插接口应预留宽度为板材厚度的覆面层材料。 复合风管采用插接或法兰连接时，其插接连接件或法兰材质、规格应符合设计或规范的规定；连接应牢固可靠，其绝热层不应外露	观察检查

续表

序号	检查内容	判定标准	检查方法
5	加固与导流叶片安装	(1) 聚氨酯铝箔和酚醛铝箔复合风管加固。 1) 风管宜采用直径不小于 8mm 的镀锌螺杆做内支撑加固，内支撑件穿管壁处应密封处理。内支撑的横向加固点数和纵向加固间距应符合设计和规范的规定。 2) 风管采用外套角钢法兰或C形插接法兰连接时，法兰处可作为一加固点；风管采用其他连接形式，其边长大于 1200mm 时，应在连接后的风管一侧距连接件 250mm 内设横向加固。 3) 矩形弯头导流叶片宜采用同材质的风管板材或镀锌钢板制作，其设置应按设计或规范规定，并应安装牢固。 (2) 风管加固与导流叶片安装应符合下列规定： 1) 矩形风管宜采用直径不小于 6mm 的镀锌螺杆做内支撑加固。风管长边尺寸大于或等于 1000mm 或系统设计工作压力大于 500Pa 时，应增设金属槽形框外加固，并应与内支撑固定牢固。负压风管加固时，金属槽形框应设在风管的内侧。内支撑件穿管壁处应密封处理。 2) 风管的内支撑横向加固点数及金属槽型框纵向间距应符合设计和规范的规定。 3) 风管采用外套角钢法兰或C形插接法兰连接时，法兰处可作为一加固点；风管采用其他连接方式，其边长大于 1200mm 时，应在连接后的风管一侧距连接件 150mm 内设横向加固；采用承插阶梯粘接的风管，应在距粘接口 100mm 内设横向加固。 4) 矩形弯头导流叶片可采用 PVC 定型产品或采用镀锌钢板弯压制成，并应安装牢固	尺量、观察检查

2. 玻镁复合风管与配件制作质量检查

玻镁复合风管与配件制作质量检查内容和判定标准，见表 4-4。

玻镁复合风管与配件制作质量检查　　表 4-4

序号	检查内容	判定标准	检查方法
1	风管材料品种、规格、性能等参数	符合设计要求	查验材料质量证明文件、性能检测报告，尺量、观察检查
2	外观质量	玻镁复合板应无分层、裂纹、变形等现象，折角应平直；两端面平行，风管无明显扭曲；外覆面层无破损	尺量、观察检查
3	风管与配件尺寸	符合设计或规范要求	尺量检查
4	加固与导流叶片安装	(1) 矩形风管宜采用直径不小于 10mm 的镀锌螺杆做内支撑加固，内支撑件穿管壁处应密封处理。负压风管的内支撑高度大于 800mm 时，应采用镀锌钢管内支撑。 (2) 风管内支撑横向加固数量应符合设计或规范的规定，风管加固的纵向间距应小于或等于 1300mm。 (3) 距风机 5m 内的风管，应按设计的规定增加支撑数量。 (4) 矩形弯头导流叶片宜采用镀锌钢板弯压制成，其设置应符合设计或规范的规定，并应安装牢固	尺量、观察检查

续表

序号	检查内容	判定标准	检查方法
5	伸缩节的制作	水平安装风管长度每隔30m时，应设置1个伸缩节。伸缩节长宜为400mm，内边尺寸应比风管的外边尺寸大3～5mm，伸缩节与风管中间应填塞3～5mm厚的软质绝热材料，且密封边长尺寸大于1600mm的伸缩节中间应增加内支撑加固，内支撑加固间距按1000mm布置，允许偏差±20mm。	尺量、观察检查

3. 硬聚氯乙烯风管与配件制作质量检查

硬聚氯乙烯风管与配件制作质量检查内容和判定标准，见表4-5。

硬聚氯乙烯风管与配件制作质量检查　　表4-5

序号	检查内容	判定标准	检查方法
1	风管材料品种、规格、性能参数	符合设计要求	查验材料质量证明文件、性能检测报告，尺量、观察检查
2	外观质量要求	风管两端面应平行，无明显扭曲；煨角圆弧应均匀；焊缝应饱满，焊条排列应整齐，无焦黄、断裂现象	尺量、观察检查
3	风管与配件尺寸	符合设计的规定	尺量检查
4	风管加固	风管加固宜采用外加固框形式，加固框的设置应符合设计的规定，并应采用焊接将同材质加固框与风管紧固	尺量、观察检查
5	伸缩节或软接头制作	风管直管段连续长度大于20m时，应按设计要求设置伸缩节或软接头	尺量、观察检查

4.2.4 工程检测和试验项目

风管批量制作前，对风管制作工艺进行验证试验时，应进行风管强度与严密性试验。风管系统安装完成后，应对安装后的主、干风管分段进行严密性试验，应包括漏光检测和漏风量检测。

风管强度与严密性试验应按风管系统的类别和材质分别制作试验风管，均不应少于3节，并且不应小于15m^2。制作好的风管应连接成管段，两端口进行封堵密封，其中一端预留试验接口。

(1) 风管严密性试验采用测试漏风量的方法，应在设计工作压力下进行。漏风量测试可按下列要求进行：

1）风管组两端的风管端头应封堵严密，并应在一端留有两个测量接口，分别用于连接漏风量测试装置及管内静压测量仪。

2）将测试风管组置于测试支架上，使风管处于安装状态，并安装测试仪表和漏风量测试装置。

3）接通电源、启动风机，调整漏风量测试装置节流器或变频调速器，向测试风管组内注入风量，缓慢升压，使被测风管压力示值控制在要求测试的压力点上，并基本保持稳定，记录漏风量测试装置进口流量测试管的压力或孔板流量测试管的压差。

4）记录测试数据，计算漏风量；应根据测试风管组的面积计算单位面积漏风量；计算允许漏风量；对比允许漏风量判定是否符合要求。实测风管组单位面积漏风量不大于允许漏风量时，应判定为合格。

（2）风管强度试验宜在漏风量测试合格的基础上，继续升压至设计工作压力的1.5倍进行试验。在试验压力下接缝应无开裂，弹性变形量在压力消失后恢复原状为合格。

4.3 风管部件与消声器制作监理要点

4.3.1 材料（设备）质量控制

（1）制作风阀与部件的材料应符合设计及相关技术文件的要求。

（2）选用的成品风阀及部件应具有合格的质量证明文件。

（3）防排烟系统柔性短管的制作材料必须为不燃材料。

（4）空调系统的柔性短管应选用防腐、防潮、不透气、不易霉变的柔性材料，并有防止结露的措施；用于净化空调系统的还应采用内壁光滑，不易产生尘埃的材料。

（5）风管部件外购产品必须是合格的产品。

4.3.2 风管部件制作监理要点

1. 风阀制作

（1）成品风阀质量应符合下列规定：

1）风阀规格应符合产品技术标准的规定，并应满足设计和使用要求。

2）风阀应启闭灵活，结构牢固，壳体严密，防腐良好，表面平整，无明显伤痕和变形，并不应有裂纹、锈蚀等质量缺陷。

3）风阀内的转动部件应为耐磨、耐腐蚀材料，转动机构灵活，制动及定位装置可靠。

4）风阀法兰与风管法兰应相匹配。

（2）手动调节阀应以顺时针方向转动为关闭，调节开度指示应与叶片开度相一致，叶片的搭接应贴合整齐，叶片与阀体的间隙应小于2mm。

（3）电动、气动调节风阀应进行驱动装置的动作试验，试验结果应符合产品技术文件的要求，并应在最大设计工作压力下工作正常。

（4）防火阀和排烟阀（排烟口）应符合国家现行有关消防产品技术标准的规定。执行机构应进行动作试验，试验结果应符合产品说明书的要求。

（5）止回风阀应检查其构件是否齐全，并应进行最大设计工作压力下的强度试验，在关闭状态下阀片不变形，严密不漏风；水平安装的止回风阀应有可靠的平衡调节机构。

（6）插板风阀的插板应平整，并应有可靠的定位固定装置；斜插板风阀的上下接管应成一直线。

（7）三通调节风阀手柄开关应标明调节的角度；阀板应调节方便，且不与风管相碰擦。

（8）风阀可按表 4-6 进行质量检查。

风阀质量检查　　表 4-6

序号	检查内容	判定标准	检查方法
1	风阀材质	符合设计要求	对照施工图和产品技术标准
2	手动调节阀调节是否灵活	应以顺时针方向转动为关闭，其调节范围及开启角度指示应与叶片开启角度相一致	扳动手轮或扳手
3	电动、气动调节风阀的驱动装置	动作应可靠，在最大设计工作压力下工作正常	测试
4	防火阀和排烟阀（排烟口）的防火性能	应符合有关消防产品技术标准的规定，并具有相应的产品质量证明文件	核查
5	止回风阀	止回阀风阀应进行最大设计工作压力下的强度试验，在关闭状态下阀片不变形，严密不漏风	测试
6	设计工作压力大于 1000Pa 的调节风阀的强度试验	调节灵活，壳体不变形	核查检测报告

2. 风罩和风帽

（1）风罩与风帽制作时，应根据其形式和使用要求，按施工图对所选用材料放样后，进行下料加工，可采用咬口连接、焊接等连接方式，制作方法可按“金属风管与配件制作”的有关规定执行。

（2）现场制作的风罩尺寸及构造应满足设计及相关产品技术文件要求，并应符合下列规定：

1）风罩应结构牢固，形状规则，内外表面平整、光滑，外壳无尖锐边角。

2）厨房锅灶的排烟罩下部应设置集水槽；用于排出蒸汽或其他潮湿气体的伞形罩，在罩口内侧也应设置排出凝结液体的集水槽；集水槽应进行通水试验，排水畅通，不渗漏。

3）槽边侧吸罩、条缝抽风罩的吸入口应平整，转角处应弧度均匀，罩口加强板的分隔间距应一致。

4）厨房锅灶排烟罩的油烟过滤器应便于拆卸和清洗。

（3）现场制作的风帽尺寸及构造应满足设计及相关技术文件的要求，风帽应结构牢固。内、外形状规则，表面平整，并应符合下列规定：

1）伞形风帽的伞盖边缘应进行加固，支撑高度一致。

2）锥形风帽锥体组合的连接缝应顺水，保证下部排水畅通。

3）筒形风帽外筒体的上下沿口应加固，伞盖边缘与外筒体的距离应一致，挡风圈的位置应正确。

4）三叉形风帽支管与主管的连接应严密，夹角一致。

（4）风罩与风帽可按表 4-7 进行质量检查。

风罩与风帽质量检查 **表 4-7**

序号	检查内容	判定标准	检查方法
1	材质	符合设计要求	对照施工图核查
2	外形尺寸及配置	风罩、风帽尺寸正确，连接牢固，形状规则，表面平整光滑，外壳不应有尖锐边角；配置附件满足使用功能要求	

3. 风口

(1) 成品风口应结构牢固，外表面平整，叶片分布均匀，颜色一致，无划痕和变形，符合产品技术标准的规定。表面应经过防腐处理，并应满足设计及使用要求。风口的转动调节部分应灵活、可靠，定位后应无松动现象。

(2) 百叶风口叶片两端轴的中心应在同一直线上，叶片平直，与边框无碰擦。

(3) 散流器的扩散环和调节环应同轴，轴向环片间距应分布均匀。

(4) 孔板风口的孔口不应有毛刺，孔径一致，孔距均匀，并应符合设计要求。

(5) 旋转式风口活动件应轻便灵活，与固定框接合严密，叶片角度调节范围应符合设计要求。

(6) 球形风口内外球面间的配合应松紧适度、转动自如、定位后无松动。

(7) 风口可按表 4-8 进行质量检查。

风口质量检查 **表 4-8**

序号	检查内容	判定标准	检查方法
1	外观	风口的外装饰面应平整，叶片或扩散环的分布应匀称，颜色应一致，无明显的划伤和压痕，焊点应光滑牢固	观察检查
2	机械性能	风口的活动零件动作自如、阻尼均匀，无卡死和松动。导流片可调或可拆卸的部分，应调节、拆卸方便和可靠，定位后无松动	手动检查
3	调节装置	转动应灵活、可靠，定位后应无明显自由松动	手动试验
4	风口尺寸	符合《通风与空调工程施工质量验收规范》(GB 50243—2002) 的要求	尺量

4. 软接风管

(1) 软接风管包括柔性短管和柔性风管，软接风管接缝连接处应严密。

(2) 软接风管材料的选用应满足设计要求，并应符合下列规定：

1) 应采用防腐、防潮、不透气、不易霉变的柔性材料。

2) 软接风管材料与胶粘剂的防火性能应满足设计要求。

3) 用于空调系统时，应采取防止结露的措施，外保温软管应包覆防潮层。

4) 用于洁净空调系统时，应不易产尘、不透气、内壁光滑。

(3) 柔性短管制作应符合下列规定：

1) 柔性短管的长度宜为 150～300mm，应无开裂、扭曲现象。

2) 柔性短管不应制作成变径管，柔性短管两端面形状应大小一致，两侧法兰应平行。

3) 柔性短管与角钢法兰组装时，可采用条形镀锌钢板压条的方式，通过铆接连接。压条翻边宜为 6～9mm，紧贴法兰，铆接平顺；铆钉间距宜为 60～80mm。

4）柔性短管的法兰规格应与风管的法兰规格相同。

（4）柔性风管的截面尺寸、壁厚、长度等应符合设计及相关技术文件的要求。

（5）软接风管可按表4-9进行质量检查。

软接风管质量检查　　**表4-9**

序号	检查内容	判定标准	检查方法
1	材质	防腐、防潮、不透气、不易霉变，防火性能同该系统风管要求；用于洁净空调系统的材料应不易产生尘、不透气、内壁光滑；用于空调系统时，应采取防止结露的措施	观察，检查材质检测报告
2	外观尺寸	柔性短管长度为150～300mm，无开裂、无扭曲、无变径	观察
3	制作情况	柔性材料搭接宽度20～30mm，缝制或粘接严密、牢固	观察
4	与法兰的连接	压条材质为镀锌钢板，翻边尺寸符合要求，铆钉间距为（60～80）mm，与法兰连接处应严密、牢固可靠	观察、尺量

5. 过滤器

成品过滤器应根据使用功能要求选用。过滤器的规格及材质应符合设计要求；过滤器的过滤速度、过滤效率、阻力和容尘量等应符合设计及产品技术文件要求；框架与过滤材料应连接紧密、牢固，并应标注气流方向。

过滤器可按表4-10进行质量检查。

过滤器质量检查　　**表4-10**

序号	主要检查内容	判定标准	检查方法
1	材质	符合设计要求	观察
2	性能	核查检测报告，过滤精度、过滤效率、过滤材料、风量、滤芯材质、表面处理等性能应符合设计及相关技术文件要求	核查
3	框架	尺寸应正确，框架与过滤材料连接紧密、牢固，标识清楚	观察、尺量

6. 风管内加热器

（1）加热器的加热形式、加热管用电参数、加热量等应符合设计要求。

（2）加热器的外框应结构牢固、尺寸正确，与加热管连接应牢固，无松动。

（3）加热器进场应进行测试，加热管与框架之间应绝缘良好，接线正确。

（4）风管内加热器可按表4-11进行质量检查。

风管内加热器质量检查　　**表4-11**

序号	主要检查内容	判定标准	检查方法
1	材质	符合设计及相关技术文件的要求	观察
2	用电参数、加热量	符合设计要求	观察
3	接线情况	加热管与框架之间经测试绝缘良好，接线正确，符合有关电气安全标准的规定	观察

4.3.3 消声器、消声风管、消声弯头及消声静压箱安装监理要点

（1）消声器、消声风管、消声弯头及消声静压箱的制作应符合设计要求，根据不同的形式放样下料，宜采用机械加工。

（2）外壳及框架结构制作应符合下列规定：

1）框架应牢固，壳体不漏风；框、内盖板、隔板、法兰制作及铆接、咬口连接、焊接等可按有关规定执行；内外尺寸应准确，连接应牢固，其外壳不应有锐边。

2）金属穿孔板的孔径和穿孔率应符合设计要求。穿孔板孔口的毛刺应锉平，避免将覆面织布划破。

3）消声片单体安装时，应排列规则，上下两端应装有固定消声片的框架，框架应固定牢固，不应松动。

（3）消声材料应具备防腐、防潮功能，其卫生性能、密度、导热系数、燃烧等级应符合国家有关技术标准的规定。消声材料应按设计及相关技术文件要求的单位密度均匀敷设，需粘贴的部分应按规定的厚度粘贴牢固，拼缝密实，表面平整。

（4）消声材料填充后，应采用透气的覆面材料覆盖。覆面材料的拼接应顺气流方向、拼缝密实、表面平整、拉紧，不应有凹凸不平。

（5）消声器、消声风管、消声弯头及消声静压箱的内外金属构件表面应进行防腐处理，表面平整。

（6）消声器、消声风管、消声弯头及消声静压箱制作完成后，应进行规格、方向标识，并通过专业检测。

（7）消声器可按表 4-12 进行质量检查。

消声器质量检查 表 4-12

序号	主要检查内容	判定标准	检查方法
1	外形尺寸	制作尺寸准确，框架与外壳连接牢固，内贴覆面固定牢固，外壳不应有锐边	对照施工图
2	性能	应有产品质量证明文件，其性能满足设计及产品技术标准的要求	核查
3	标识	出厂产品应有规格、型号、尺寸、方向的标识	观察
4	内部构造	消声弯头的平面边长大于 800mm 时，应加设吸声导流叶片；消声器内直接迎风面布置的覆面层应有保护措施；洁净空调系统消声器内的覆面应为不易产尘的材料	观察

4.3.4 工程检测和试验

消声器漏风量测试：测得消声器的漏风量，应小于风管工艺性检测的严密性要求的漏风量。

观察检查漏风点，记录；完成漏风量试验报告。

4.4 风管系统安装监理要点

4.4.1 材料（设备）质量控制

1. 支吊架制作与安装

（1）支、吊架形式应根据建筑物结构和固定位置确定，并应符合设计要求。

（2）风管支、吊架的型钢材料应按风管、部件、设备的规格和重量选用，并应符合设计要求。

（3）水管支、吊架的型钢材料应按水管、附件、设备的规格和重量选用，并应符合设计要求。

（4）支、吊架的固定方式及配件的使用应满足设计要求，并应符合下列规定：

1）支、吊架应满足其承重要求。

2）支、吊架应固定在可靠的建筑结构上，不应影响结构安全。

3）严禁将支、吊架焊接在承重结构及屋架的钢筋上。

4）埋设支架的水泥砂浆应在达到强度后，再搁置管道。

（5）空调风管和冷热水管的支、吊架选用的绝热衬垫应满足设计要求，并应符合下列规定：

1）绝热衬垫厚度不应小于管道绝热层厚度，宽度应大于支、吊架支承面宽度，衬垫应完整，与绝热材料之间应密实、无空隙。

2）绝热衬垫应满足其承压能力，安装后不变形。

3）采用木质材料作为绝热衬垫时，应进行防腐处理。

4）绝热衬垫应形状规则，表面平整，无缺损。

2. 风管与部件安装

（1）审核承包单位提交的法兰材料报审表及附件（数量清单、质量证明文件、自检结果）。

（2）对法兰施工工艺现场检查

1）一般通风、空调系统，其法兰厚度为3～5mm，法兰垫料应尽量减少接头，接头必须采用梯形或榫形连接。

2）净化空调系统风管法兰垫料应为不产尘、不易老化和具有一定强度和弹性的材料，厚度为5～8mm，不得采用乳胶海绵；法兰垫片应尽量减少拼接，并不允许直缝对接连接，严禁在垫料表面涂涂料。

（3）输送温度低于70℃的空气时，可采用橡胶板、闭孔海绵橡胶板、密封胶带或其他闭孔弹性材料；输送温度高于70℃的空气时，应采用耐高温材料。

（4）防、排烟系统应采用不燃材料。

（5）输送含有腐蚀性介质的气体，应采用耐酸橡胶板或软聚乙烯板。

（6）法兰垫料厚度宜为3～5mm。

4.4.2　支吊架制作与安装监理要点

1. 一般规定

（1）支、吊架的预埋件位置应正确、牢固可靠，埋入结构部分应除锈、除油污，并不应涂漆，外露部分应做防腐处理。

（2）支、吊架焊接应采用角焊缝满焊，焊缝高度应与较薄焊接件厚度相同，焊缝饱满、均匀，不应出现漏焊、夹渣、裂纹、咬肉等现象。采用圆钢吊杆时，与吊架根部焊接长度应大于6倍的吊杆直径。

（3）支、吊架制作与安装的成品保护措施应包括下列内容：

1）支、吊架制作完成后，应用钢刷、砂布进行除锈，并应清除表面污物，再进行刷漆处理。

2）支、吊架明装时，应涂面漆。

3）管道成品支、吊架应分类单独存放，做好标识。

（4）支、吊架制作与安装的安全和环境保护措施应包括下列内容：

1）支、吊架安装进行电锤操作时，严禁下方站人。

2）安装支、吊架用的梯子应完好、轻便、结实、稳固，使用时应有人扶持。

3）脚手架应固定牢固，作业前应检查脚手板的固定。

2. 支吊架制作质量检查

支吊架制作可按表4-13进行质量检查。

支吊架制作质量检查　　**表4-13**

序号	主要检查内容	判定标准	检查方法
1	支、吊架材质的选型、规格和强度	应符合设计要求	目测，查验材料质量证明文件
2	支、吊架的焊接	焊接牢固，焊缝饱满，无夹渣	目测
3	支、吊架的防腐	防锈漆涂刷均匀，无漏刷	目测

3. 支吊架安装质量检查

支吊架安装可按表4-14进行质量检查。

支吊架安装质量检查　　**表4-14**

序号	检查内容	判定标准	检查方法
1	固定支架、导向支架安装	符合设计要求	目测，尺量，按设置区域检查
2	支、吊架设置间距	支、吊架定位放线时，应按施工图中管道、设备等的安装位置，弹出支、吊架的中心线，确定支、吊架的安装位置。严禁将管道穿墙套管作为管道支架。 支、吊架的最大允许间距应满足设计要求	目测、尺量

续表

序号	检查内容	判定标准	检查方法
3	固定件安装	(1) 采用膨胀螺栓固定支、吊架时，应符合膨胀螺栓使用技术条件的规定，螺栓至混凝土构件边缘的距离不应小于8倍的螺栓直径；螺栓间距不小于10倍的螺栓直径。 (2) 支、吊架与预埋件焊接时，焊接应牢固，不应出现漏焊、夹渣、裂纹、咬肉等现象。 (3) 在钢结构上设置固定件时，钢梁下翼宜安装钢梁夹或钢吊夹，预留螺栓连接点、专用吊架型钢；吊架应与钢结构固定牢固，并应不影响钢结构安全	观察检查
4	风管系统支、吊架	(1) 风机、空调机组、风机盘管等设备的支、吊架应按设计要求设置隔振器，其品种、规格应符合设计及产品技术文件要求。 (2) 支、吊架不应设置在风口、检查口处以及阀门、自控机构的操作部位，且距风口不应小于200mm。 (3) 圆形风管U形管卡圆弧应均匀，且应与风管外径相一致。 (4) 支、吊架距风管末端不应大于1000mm，距水平弯头的起弯点间距不应大于500mm，设在支管上的支吊架距干管不应大于1200mm。 (5) 吊杆与吊架根部连接应牢固。吊杆采用螺纹连接时，拧入连接螺母的螺纹长度应大于吊杆直径，并应有防松动措施。吊杆应平直，螺纹完整、光洁。安装后，吊架的受力应均匀，无变形。 (6) 边长（直径）大于或等于630mm的防火阀宜设独立的支、吊架；水平安装的边长（直径）大于200mm的风阀等部件与非金属风管连接时，应单独设置支、吊架。 (7) 水平安装的复合风管与支、吊架接触面的两端，应设置厚度大于或等于1.0mm，宽度宜为60～80mm，长度宜为100m～120mm的镀锌角形垫片。 (8) 垂直安装的非金属与复合风管，可采用角钢或槽钢加工成“井”字形抱箍作为支架。支架安装时，风管内壁应衬镀锌金属内套，并应采用镀锌螺栓穿过管壁将抱箍与内套固定。螺孔间距不应大于120mm，螺母应位于风管外侧。螺栓穿过的管壁处应进行密封处理。 (9) 消声弯头或边长（直径）大于1250mm的弯头、三通等应设置独立的支、吊架。 (10) 长度超过20m的水平悬吊风管，应设置至少1个防晃支架。 (11) 不锈钢板、铝板风管与碳素钢支、吊架的接触处，应采取防电化学腐蚀措施	目测、尺量
5	水管系统支、吊架	(1) 设有补偿器的管道应设置固定支架和导向支架，其形式和位置应符合设计要求。 (2) 支、吊架安装应平整、牢固，与管道接触紧密。支、吊架与管道焊缝的距离应大于100mm。 (3) 管道与设备连接处，应设独立的支、吊架，并应有减振措施。 (4) 水平管道采用单杆吊架时，应在管道起始点、阀门、弯头、三通部位及长度在15m内的直管段上设置防晃支、吊架。 (5) 无热位移的管道吊架，其吊杆应垂直安装；有热位移的管道吊架，其吊架应向热膨胀或冷收缩的反方向偏移安装，偏移量为1/2的膨胀值或收缩值。 (6) 塑料管道与金属支、吊架之间应有柔性垫料。 (7) 沟槽连接的管道，水平管道接头和管件两侧应设置支吊架，支、吊架与接头的间距不宜小于150mm，且不宜大于300mm	同上

续表

序号	检查内容	判定标准	检查方法
6	制冷剂系统管道支、吊架	（1）与设备连接的管道应设独立的支、吊架。 （2）管径小于或等于 20mm 的铜管道，在阀门处应设置支、吊架。 （3）不锈钢管、铜管与碳素钢支、吊架接触处应采取防电化学腐蚀措施	同上
7	对支、吊架进行调整和固定	支、吊架安装后，应按管道坡向对支、吊架进行调整和固定，支、吊架纵向应顺直、美观	同上

4.4.3 风管与部件安装监理要点

1. 一般规定

（1）洁净系统风管检查开口处包封是否完好，如破损要求风管重新清洁后再安装。

（2）非金属材料制作的风管是否脱皮、破损或破裂。

（3）密封材料选用应符合设计及规范。

（4）密封材料设置是否合理。

（5）风管吊、支和托架防晃动设置应符合规范。

（6）风阀安装方向是否正确。

（7）风管安装底部不宜设置纵向咬口缝或焊接缝。

（8）在输送气体会产生凝结水的风管安装中应具有一定的坡度。

2. 金属风管安装质量检查

金属风管安装可按表 4-15 进行质量检查。

金属风管安装质量检查 **表 4-15**

序号	检查内容	判定标准	检查方法
1	风管安装位置及标高、坐标	符合设计要求及《通风与空调工程施工质量验收规范》（GB 50243—2002）的规定	对照施工图检查，尺量
2	风管表面平整情况	表面平整、无坑瘪	目测，尺量
3	风管连接垫料	风管连接的密封材料应根据输送介质温度选用，并应符合该风管系统功能的要求，其防火性能应符合设计要求，密封垫料应安装牢固，密封胶应涂抹平整、饱满，密封垫料的位置应正确，密封垫料不应凸入管内或脱落。 当设计无要求时，法兰垫料材质及厚度应符合下列规定： （1）输送温度低于 70℃的空气时，可采用橡胶板、闭孔海绵橡胶板、密封胶带或其他闭孔弹性材料；输送温度高于 70℃的空气时，应采用耐高温材料。 （2）防、排烟系统应采用不燃材料。 （3）输送含有腐蚀性介质的气体，应采用耐酸橡胶板或软聚乙烯板。 （4）法兰垫料厚度宜为 3～5mm	目测

续表

序号	检查内容	判定标准	检查方法
4	绝热衬垫的厚度及防腐情况	与保温层厚度一致，防腐良好，无遗漏	目测，尺量
5	法兰连接螺栓	螺母应在同一侧	目测
6	薄钢板法兰连接的弹簧夹数量、间距	中间采用弹簧夹或顶丝卡等连接件，其间距不应大于150mm，最外端连接件距风管边缘不应大于100mm	目测，尺量
7	支、吊架安装	符合上述4.4.2中3	目测
8	风管严密性	符合4.4.4中1	查看试验记录

3. 非金属风管安装质量检查

非金属风管安装可按表4-16进行质量检查。

非金属风管安装质量检查　　表4-16

序号	主要检查内容	判定标准	检查方法
1	风管安装位置及标高、坐标	符合《通风与空调工程施工质量验收规范》（GB 50243—2002）的规定	对照施工图检查，尺量
2	伸缩节设置		目测，按系统逐个风管进行检查
3	风管表面应无裂纹、分层、明显泛霜且光洁		目测
4	风管的连接垫料		目测
5	法兰连接螺栓	螺母应在同一侧	目测
6	支、吊架安装	符合上述4.4.2中3	目测、尺量
7	风管严密性	符合下述4.4.4中1	查看试验记录

4. 复合风管安装质量检查

复合风管安装可按表4-17的规定进行质量检查。

复合风管安装质量检查　　表4-17

序号	检查内容	判定标准	检查方法
1	风管安装位置及标高、坐标	符合设计要求及《通风与空调工程施工质量验收规范》（GB 50243—2002）的规定	对照施工图检查、尺量
2	玻镁复合风管伸缩节设置	水平安装风管长度每隔30m时，应设置1个伸缩节	目测，按系统逐个风管进行检查
3	风管支、吊架安装	符合《通风与空调工程施工质量验收规范》（GB 50243—2002）的规定	目测、尺量
4	风管严密性	符合《通风与空调工程施工质量验收规范》（GB 50243—2002）的规定	查看试验记录

4.4.4 工程检测和试验

1. 风管系统严密性试验

（1）风管系统严密性试验，应按不同压力等级和不同材质分别进行，并应符合下列规定：

1）低压系统风管的严密性试验，宜采用漏光法检测。漏光检测不合格时，应对漏光点进行密封处理，并应做漏风量测试。

2）中压系统风管的严密性试验，应在漏光检测合格后，对系统漏风量进行测试。

3）高压系统风管的严密性试验应为漏风量测试。

4）1～5 级洁净空调系统风管的严密性试验应按高压系统风管的规定执行；6～9 级洁净空调系统风管的严密性试验应按中压系统风管的规定执行。

（2）风管系统漏光检测要求：

1）风管系统漏光检测时，移动光源可置于风管内侧或外侧，其相对侧应为暗黑环境。

2）检测光源应沿着被检测风管接口、接缝处作垂直或水平缓慢移动，检查人在另一侧观察漏光情况。

3）有光线射出，应作好记录，并应统计漏光点。

4）应根据检测风管的连接长度计算接口缝长度值。

5）系统风管的检测，宜采用分段检测、汇总分析的方法。系统风管的检测应以总管和主干管为主。低压系统风管每 10m 接缝，漏光点不大于 2 处，且 100m 接缝平均不大于 16 处为合格；中压系统风管每 10m 接缝，漏光点不大于 1 处，且 100m 接缝平均不大于 8 处为合格。

（3）风管系统漏风量测试要求：

1）风管分段连接完成或系统主干管已安装完毕。

2）系统分段、面积测试应已完成，试验管段分支管口及端口已密封。

3）按设计要求及施工图上该风管（段）风机的风压，确定测试风管（段）的测试压力。

2. 高效过滤器检漏

对于安装在送、排风末端的高效过滤器，应用扫描法进行过滤器安装边框和全断面检漏。检验方法按应符合现行国家标准《洁净室施工及验收规范》（GB 50591—2010）的规定进行。

由受检过滤器下风侧测到的漏泄浓度换算成的透过率，对于高效过滤器，应不大于过滤器出厂合格透过率的 3 倍，对于超高效过滤器，应不大于出厂合格透过率的 2 倍。完成高效过滤器检漏报告。

4.4.5 观感质量综合检查

1. 观感质量综合检查项目

（1）风管接管合理；风管的连接以及风管与设备或调节装置的连接，无明显缺陷。

（2）风口表面应平整、颜色一致，安装位置正确；风口可调节部件应能正常动作。

（3）各类调节装置的安装应正确牢固，调节灵活，操作方便。

(4) 风管、部件支、吊架型式、位置及间距应符合规范的要求。

(5) 风管、管道的软性接管位置应符合设计要求，接管正确、牢固，自然无强扭。

(6) 除尘器、积尘室安装应牢固、接口严密。

(7) 消声器安装方向正确，外表面应平整无损坏。

2. 净化空调风管系统的观感质量检查项目

(1) 高效过滤器与风管、风管与设备的连接处应有可靠密封。

(2) 静压箱、风管及送回风口清洁无灰尘。

(3) 送回风口、各类末端装置与洁净室内表面的连接处密封处理应可靠、严密。

4.5 通风与空调设备安装监理要点

4.5.1 通风机安装监理要点

1. 材料（设备）质量控制

(1) 通风机运抵现场应进行开箱检查，必须有装箱清单、设备说明书、产品质量合格证书和产品性能检测报告等随机文件，进口设备还应具备商检合格的证明文件。

通风机的型号、规格应符合设计规定和要求，根据装箱清单核对叶轮、机壳和其他部位的主要尺寸，进出风口位置方向应与设计相符合。

(2) 橡胶减振垫：使用前，应作外观检查，厚度必须一致，圆柱形的凸台间距应均匀，形状规则，表面无损伤。

(3) 橡胶减振器：安装前应检查橡胶与金属部件组合的部位是否有脱胶，将减振器放在平板上检查底座是否平整。

(4) 弹簧减振器：安装前应打开外壳检查弹簧是否有严重的锈蚀，上下壳体是否变形碰擦。

(5) 垫铁：铸铁垫铁厚度在20mm以上，钢垫铁厚度为0.3～20mm。垫铁的形式有平垫铁和斜垫铁。

(6) 地脚螺栓：通常应随机配套带来，地脚螺栓的规格应符合施工图纸或设备技术文件的规定。若没有相关文件，地脚螺栓的长度为埋入基础的深度（一般为其直径的12～25倍）再加上外露部分的长度。

(7) 机械油：通风机的轴承经清洗后，轴承箱内应注入清洁的机械油。

2. 钢筋混凝土基础

设备就位前应对其基础进行验收，基础的位置、标高、预留螺栓孔的位置、深度应符合设计要求，验收合格后方能安装。

3. 钢制支、吊架基础

用型钢制作的减振支、吊架，其结构形式和外形尺寸应符合设计要求或设备技术文件的规定，焊接应平整牢固，焊缝应饱满、均匀，螺栓孔的直径应与风机、电动机一致，不得用气割开孔。

4. 减振器安装

安装减振器的地面应平整，各组减振器承受荷载的压缩量应均匀，高度误差应小于2mm，安装结束至使用之前这段时间应对减振器采取保护措施。

5. 风机的拆卸、清洗和装配

(1) 将机壳和轴承箱拆开并将叶轮卸下清洗，直联传动的风机可不拆卸清洗。

(2) 清洗和检查调节机构，其转动应灵活。

(3) 叶轮转子与机壳的组装位置应正确，叶轮进风口插入风机机壳进风口或密封圈的深度，应符合设备技术文件的规定，或为叶轮外径的1%。

6. 风机的搬运和吊装

(1) 整体安装的风机，搬运和吊装的绳索不得绑捆在转子和机壳或轴承盖的吊环上。

(2) 现场组装的风机，绳索的捆缚不得损伤机件表面，转子、轴颈和轴封等处均不应作为捆缚部位。

(3) 输送特殊介质的通风机转子和机壳内壁，如涂有保护层，应严加保护，不得损伤。

7. 风机固定

(1) 固定风机的地脚螺栓应拧紧，并应有防松动措施。

(2) 通风机叶轮旋转应平稳，停转后不应每次停留在同一位置上。

(3) 通风机直接放在基础上时，应用成对斜垫铁找平，垫铁应放在地脚螺栓的两侧，并进行固定。

(4) 通风机的机轴应保持水平，通风机与电动机若采用联轴器连接时，两轴中心线应在同一直线上。

8. 风机接口

(1) 通风机出口接管，应顺叶片转向接出直管或弯管。

(2) 通风机进、出口接管由于条件限制时，可加以改进或增加导流叶片以改善涡流区。

(3) 通风机传动装置的外露部位以及直通大气的进、出口，必须装设防护罩（网）或采取其他安全设施。

(4) 通风机的进风管、出风管等应有单独的支撑，并与基础或其他建筑物连接牢固；风管与风机连接时，法兰连接面不得硬拉，机壳不应承受其他机件的重量，防止机壳变形。

9. 轴流风机安装

(1) 轴流风机叶片安装角度应一致，达到在同一平面内运转，叶轮与筒体之间的间隙应均匀，水平度允许偏差为1/1000。

(2) 轴流风机安装墙内时，应在土建施工时配合留好预留孔洞和预埋件，墙外应装带钢丝网的45°弯头，或在墙外安装铝制活动百叶窗。

(3) 轴流风机悬吊安装时，应设双吊架，并有防止摆动的固定点。

10. 风机安装质量检查

风机安装可按表4-18进行质量检查。

风机安装质量检查　　表 4-18

序号	检查内容	判定标准	检查方法
1	风机安装位置	符合设计要求	观察检查
2	叶轮转子试转	停转后，不应每次停留在同一位置上，并不应碰撞外壳	手盘动、目测
3	风机减振	减振装置符合设计及产品技术要求；压缩量均匀，高度误差<2mm，且不应偏心，有防止移位的保护措施	检查、尺量
4	轴水平度偏差	符合现行国家标准《风机、压缩机、泵安装工程施工及验收规范》(GB 50275—2010) 的有关规定	测量

11. 工程检测和试验项目

通风机安装完毕后应进行单机试运转，检查设备运转方向是否正确，有无碰擦、噪声及振动，轴承温升是否正常，单机试运转时间不小于 2h。需测试项目如下：

(1) 测试通风机出口及吸口的全压、静压和动压，一般用毕托管和微压计测定。

(2) 风量：由通风机前后测出的动压值计算风速，再由风速及截面积求出风量，风速小的系统也可用热球风速仪测定风速。

(3) 通风机的转速：用转速表测定。

4.5.2 空气处理机组与空气热回收装置安装监理要点

1. 材料（设备）质量控制

(1) 风机盘管的开箱检查要点：

1) 开箱前检查外包装有无损坏和受潮。开箱后认真核对设备及各段的名称、规格、型号、技术条件是否符合设计要求。产品说明书、合格证、随机清单和设备技术文件应齐全。逐一检查主机附件、专用工具、设备配件等是否齐全，设备表面无缺陷、缺损、损坏、锈蚀、受潮的现象。

2) 用手盘动风机叶轮，检查有无与机壳相碰、风机减振部分是否符合要求。

3) 检查表冷器的凝结水部分是否畅通、有无渗漏，加热器及旁通阀是否严密、可靠，过滤器零部件是否齐全，滤料及过滤形式是否符合设计要求。

4) 每台风机盘管上应有耐久性铭牌固定在明显位置，内容包括型号、名称、制造厂名、主要技术参数（风量、供冷量、电压、频率、功率和重量等）、出厂编号及制造日期。

5) 应有标明工作情况的标志，如速度控制开关等运动方向的标志，电气接地标志及电气原理图接线图。

(2) 组合式空调机组的开箱检查要点：

1) 机组各功能段是按各自要求包装的，应有标牌，并固定在正面明显部位，内容包括名称、型号、主要技术参数、外形尺寸、重量、出厂编号、日期、制造厂名称等。

2) 认真检查设备名称、规格、型号是否符合设计图纸要求，产品说明书、合格证是否齐全。

3) 将检验结果做好记录，参与开箱检查责任人员签字盖章，作为交接资料和设备技术档案依据。

2. 风机盘管安装质量检查

风机盘管安装可按表 4-19 进行质量检查。

风机盘管安装质量检查 表 4-19

序号	检查内容	判定标准	检查方法
1	规格及安装位置	符合设计要求	观察
2	盘管与管道连接	冷热水管道与风机盘管连接采用金属软管，凝结水管采用透明胶管	观察
3	阀门与部件	管道及阀门保温齐全、无遗漏	观察
4	保温	管道及阀门均保温	观察
5	凝结水盘水平度	凝结水盘水平度保证凝结水全部排放	测量
6	与风管、回风箱接缝的严密性	连接严密、无缝隙	观察
7	吊架及隔振	符合设计及产品技术文件的要求	对照施工图及产品技术文件观察

3. 组合式空调机组安装质量检查

组合式空调机组安装可按表 4-20 进行质量检查。

组合式空调机组安装质量检查 表 4-20

序号	检查内容	判定标准	检查方法
1	功能段连接面的密封	结合严密、无缝隙	观察
2	凝结水封高度	符合产品技术文件要求	尺量
3	组对顺序	符合设计要求	与施工图对照检查
4	机组接管	连接正确、阀门、部件及仪表安装齐全	与施工图对照检查
5	机组水平度	符合现行国家标准《通风与空调工程施工质量验收规范》(GB 50243—2002) 的有关规定	测量
6	换热器、加热器有无损坏	无损坏	观察
7	与加热段结合面的密封胶材质	耐热密封	查材质说明书
8	现场组装机组的漏风率测试	符合现行国家标准《组合式空调机组》(GB/T 14294—2008) 的有关规定	查看试验报告

4. 空气热回收装置安装质量检查

空气热回收装置安装可按表 4-21 进行质量检查。

空气热回收装置安装质量检查 表 4-21

序号	主要检查内容	判定标准	检查方法
1	管路接口的密封	结合严密、无缝隙	观察
2	保护元件	压力保护、并联时设置的止回阀、排污阀、放气阀等齐全	观察
3	安装位置	符合设计要求	对照施工图检查
4	管路坡度	符合设计要求	对照施工图检查
5	机组水平度	符合现行国家标准《通风与空调工程施工质量验收规范》(GB 50243—2002) 的有关规定	测量
6	换热器有无损坏	无损坏	观察

5. 工程检测和试验项目

(1) 现场组装的组合式空调机组应做漏风量测试。漏风量必须符合现行国家有关标准的规定。

(2) 表面式热交换器凡具有合格证明，并在技术文件规定的期限内，表面无损伤，安装前可不作水压试验。否则应作水压试验，试验压力为系统最高工作压力的1.5倍，同时不得小于0.4MPa，水压试验的观察时间为2～3min，压力不下降为合格。

(3) 金属空气处理室喷水池安装完毕后应作渗漏检测，在水池焊缝的外表面涂上石灰粉，水池内表面焊缝处涂刷煤油，如水池外表面焊缝上的石灰粉无油痕，则说明水池为合格，也可灌水检漏。

(4) 风机盘管机组安装前宜进行单机三速试运转及水压检漏试验。试验压力为系统工作压力的1.5倍，试验观察时间为2min，不渗漏为合格。

(5) 风机盘管水压试验：

1) 试验压力应为设计工作压力的1.5倍。

2) 应将风机盘管进、出水管道与试压泵连接，开启进水阀门向风机盘管内充水，同时打开放气阀，待水灌满后，关闭放气阀。

3) 应缓慢升压至风机盘管的设计工作压力，检查无渗漏后，再升压至规定的试验压力值，关闭进水阀门，稳压2min，观察风机盘管各接口无渗漏、压力无下降为合格。

4.5.3 净化空调设备安装监理要点

1. 材料（设备）质量控制

(1) 净化空调工程要求风管材料不能产生尘埃和积聚尘埃，因此材料表面应化学性能稳定、不氧化、不脱落、光滑、无麻点、不起皮，如设计无特殊要求，通常应优先采用优质的镀锌钢板。

(2) 核对型号、规格及附件数量。

(3) 外形应规则、平直，圆弧形表面应平整无明显偏差，结构应完整，焊缝应饱满，无缺损和孔洞。

(4) 金属设备的构件表面应作除锈和防腐处理．外表面的色调应一致，且无明显的划伤、锈斑、伤痕、气泡和剥落现象。

(5) 非金属设备的构件材质应符合使用场所的环境要求，表面保护涂层应完整。

(6) 设备的进出口应封闭良好，随机的零部件应齐全无缺损。

2. 巡视要点

(1) 监理员在巡视过程中，要注意检查净化设备的成品保护，运输过程中严禁剧烈振动和碰撞，应存放在较清洁的房间内并注意防潮。

(2) 装配式洁净室的安装，应在装饰工程完成后的室内进行，施工安装时，应首先进行吊挂、锚固件等与主体结构和楼面、地面的连接件的固定，壁板安装前必须严格放线，墙角应垂直交接，壁板的垂直度偏差不应大于0.2%，安装缝隙必须用密封胶密封。

(3) 生物安全柜的排风管道的连接方式，必须以更换排风过滤器方便确定。

(4) 空气净化设备包括各类洁净工作台、空气自净器、洁净干燥箱等及空气吹淋室、余压阀等设备的单机试运转应符合设备技术文件的有关规定。

(5) 单机试运转合格后，必须进行带冷、热源的联合试运转，并不少于 8h。系统中各项设备部件联动运转必须协调，动作正确，无异常现象。

3. 高效过滤器

(1) 高效过滤器应在洁净室及净化空调系统进行全面清扫和系统连续试车 12h 以上后，在现场拆开包装并进行安装。

(2) 安装前需进行外观检查和仪器检漏。目测不得有变形、脱落、断裂等破损现象，仪器抽检检漏应符合产品质量文件的规定。

(3) 安装方向必须正确，安装后的高效过滤器四周及接口，应严密不漏，在调试前应进行扫描检漏。

(4) 高效过滤器采用机械密封时，须采用密封垫料，其厚度为 6～8mm，并定位贴在过滤器边框上，安装后垫料的压缩应均匀，压缩率为 25%～50%。

(5) 高效过滤器采用液槽密封时，槽架安装应水平，不得有渗漏现象，槽内无污物和水分，槽内密封液高度宜为 2/3 槽深，密封液的熔点宜高于 50℃。

(6) 安装过滤器的静压箱必须严密，内表面应清洁无尘。框架平整、吊杆螺栓及固定板应镀锌，螺栓应均匀拧紧，保持垫料压缩率一致。静压箱应设单独支架固定，与吊架接触处应垫以密封垫料，边缘涂抹密封膏。孔板风口应在过滤器检漏合格后安装。

4. 工程检测和试验项目

(1) 测试准备

1) 净化空调系统的检测和调整应在系统进行全面清扫，且已定位 24h 以上达到稳定后进行。室内洁净度检测，人员不宜多于 3 个，且必须穿着与洁净室洁净度等级相适应的洁净工作服。

2) 系统调试所使用的仪器、仪表性能应稳定可靠，其精度等级及最小分度值应能满足测定要求，并应符合国家有关计量法规和规定。

3) 系统调试应由施工单位负责，监理单位监督，设计单位与建设单位参与和配合。

4) 系统调试前，施工单位应按设计要求编制相应的调试方案，报经监理单位批准，并且备好相应调试记录资料。

(2) 风量或风速的检测

1) 对于单向流洁净室，采用室截面平均风速和截面积乘积的方法确定送风量。距离高效过滤器 0.3m，垂直于气流的截面作为采样测试截面，截面上测点间距不宜大于 0.6m，测点数不少于 5 个，以所有测点风速度数的算术平均值作为平均风速。

2) 对于非单向流洁净室，采用风口法或风管法确定送风量，做法如下：

①风口法是在安装有高效过滤器的风口处，根据风口形状连接辅助风管进行测量。即用镀锌钢板或其他不产尘材料做成与风口形状及内截面相同，长度等于 2 倍风口长边长的直管段，连接于风口外部。在辅助风管出口平面上，按最小测点数不少于 6 点均匀布置，使用热球式风速仪测定各测点之风速。然后，以求取的风口截面平均风速乘以风口净截面积求取测定风量。

②对于风口上风侧有较长的支管段，且已经或可以钻孔时，可以用风管法确定风量。测量断面应位于大于或等于局部阻力件前 3 倍管径或边长，局部阻力件后 5 倍管径或边长

的部位。

3）对于矩形风管，是将测定截面分割成若干个相等的小截面。每个小截面尽可能接近正方形，边长不应大于200mm，测点应位于小截面中心，但整个截面上的测点数不宜小于3个。

4）对于圆形风管，应根据管径大小，将截面划分成若干个面积相同的同心圆环，每个圆环测4点。根据管径确定圆环数量，不宜少于3个。

（3）静压差的检测

1）静压差的测定应在所有的门关闭的条件下，由高压向低压，由平面布置上与外界最远的里间房间开始，依次向外测定。

2）采用的微差压力计，其灵敏度不应小于2.0Pa。

3）有孔洞相通的不同等级相邻的洁净室，其洞口处应有合理的气流流向。洞口的平均风速大于等于0.2m/s时，可用热球风速仪检测。

（4）室内空气洁净度等级的检测

1）空气洁净度等级的检测应在设计指定的占用状态（空态、静态、动态）下进行。

2）在检测仪器的选用上，应使用采样速率大于1L/min的光学粒子计数器，在仪器选用时应考虑粒径鉴别能力，粒子浓度适用范围和计数效率。仪表应有有效的标定合格证书。

（5）每次测试应做记录，并提交性能合格或不合格的测试报告。测试报告应包括以下内容：

1）测试机构的名称、地址。

2）测试日期和测试者签名。

3）执行标准的编号及标准实施日期。

4）被测试的洁净区或洁净区的地址、采样点的特定编号及坐标图。

5）被测洁净室或洁净区的空气洁净度等级、被测粒径（或沉降菌、浮游菌）、被测洁净室所处的状态、气流流型和静压差。

6）测量用的仪器的编号和标定证书；测试方法细则及测试中的特殊情况。

7）测试结果包括在全部采样点坐标图上注明所测的粒子浓度（沉降菌、浮游菌的菌落数）。

8）对异常测试值进行说明及数据处理。

4.5.4 除尘器制作与安装监理要点

1. 材料（设备）质量控制

（1）除尘器所使用的主要材料、设备、成品或半成品应有出厂合格证或质量保证书。

（2）材料、设备的型号、规格、方向及技术参数应符合设计要求。

2. 旋风除尘器

（1）除尘器的型号、规格、进出口方向及用料规格应符合设计要求，旋风除尘器由外筒、内筒和锥体等部分组成，筒体的外形尺寸偏差不应大于5/1000，内筒插入深度尺寸应符合设计要求，内外筒及锥体应圆弧均匀，不圆度不应大于1%。

(2) 外筒与锥体的错位不得大于板材厚度的1/4。

3. 双级涡旋除尘器

(1) 惯性壳的立面与顶板、底板的组装应在叶片固定后焊接。卸灰口的尺寸和位置应正确，边口光滑无毛刺。

(2) 固定叶片弧度应正确、高度一致，组装焊接应牢固，间距符合设计要求，固定叶片的中心线应与上下口同心。

4. 湿式除尘器

(1) 筒体应圆整，允许不圆度不大于8/1000，焊缝外不应有明显的凹陷和凸起。焊缝表面无烧穿、裂纹、夹渣、气孔及结瘤等缺陷。

(2) 空气出口的挡水板间距应均匀、连接牢固，空气通过时不应发生松动的声响。观察孔、检查孔处不得渗水，供水管及溢流管标高、位置正确。

5. 静电除尘器

(1) 阳极板组合后的阳极排平面度允许偏差为5mm，其对角线允许偏差为10mm。

(2) 阴极小框架组合后主平面的平面度允许偏差为5mm，其对角线允许偏差为10mm。

(3) 阴极大框架的整体平面度允许偏差为15mm，整体对角线允许偏差为10mm。

(4) 阳极板高度小于或等于7m的电除尘器，阴、阳极间距允许偏差为5mm。阳极板高度大于7m的电除尘器，阴、阳极间距允许偏差为10mm。

(5) 振打锤装置的固定应可靠，振打锤的转动应灵活。锤头方向应正确，振打锤头与振打砧之间应保持良好的线接触状态，接触长度应大于锤头厚度的0.7倍。

6. 袋式除尘器

(1) 外壳应严密、不漏，布袋接口应牢固。

(2) 分室反吹袋式除尘器的滤袋安装必须平直。每条滤袋的拉紧力应保持在25～35N/m；与滤袋连接接触的短管和袋帽应无毛刺。

(3) 机械回转扁袋式除尘器的旋臂，转动应灵活可靠，净气室上部的顶盖应密封不漏气，旋转应灵活，无卡阻现象。

(4) 脉冲袋式除尘器的喷吹孔应对准文丘里管的中心，同心度允许偏差为2mm。

7. 除尘器的安装

(1) 型号、规格、进出口方向必须符合设计要求。

(2) 布袋除尘器、静电除尘器的壳体及辅助设备接地应可靠。

(3) 除尘器的安装位置应正确、牢固平稳，允许误差应符合设计或相关标准的规定。

(4) 除尘器的活动或转动部件的动作应灵活、可靠，并应符合设计要求。

(5) 除尘器的排灰阀、卸料阀、排泥阀的安装应严密，并便于操作与维护修理。

8. 工程检测和试验项目

(1) 现场组装的除尘器壳体应做漏风量检测，在设计工作压力下允许漏风率为5%，其中离心式除尘器为3%。

(2) 静电除尘器安装后成进行绝缘电阻、接地电阻及耐压试验。

4.6 空调制冷系统安装监理要点

4.6.1 空调冷热源与辅助设备安装

1. 材料（设备）质量控制

（1）根据设备装箱清单说明书、合格证、检验记录和必要的装配图和其他技术文件，核对型号、规格、包装箱号、箱数并检查包装情况。

（2）检查随机技术资料、全部零部件、附属材料和专用工具是否齐全。

（3）制冷设备、制冷附属设备、管道、管件及阀门的型号、规格、性能及技术参数等必须符合设计要求。设备机组的外表应无损伤、密封应良好，随机文件和配件应齐全。

（4）检查主体和零、部件等表面有无缺损和锈蚀等现象。

（5）设备充填的保护气体应无泄漏，油封应完好。

（6）与制冷机组配套的蒸汽、燃油、燃气供应系统和蓄冷系统的安装，还应符合设计文件、有关消防规范与产品技术文件的规定。

（7）设备的搬运和吊装必须符合产品说明书的有关规定，并应做好设备的保护工作，防止因搬运和吊装而造成设备损伤。

2. 冷热源与辅助设备安装

冷热源与辅助设备安装可按表4-22进行质量检查。

热源与辅助设备安装质量检查　　表4-22

序号	检查内容	判定标准	检查方法
1	设备安装位置、管口方向	符合设计要求	对照施工图，目测，尺量
2	整体安装的制冷机组机身纵横向水平度；辅助设备的水平度或垂直度	允许偏差为1/1000	水准仪或经纬仪测量，拉线，尺量检查
3	设有弹簧隔振的制冷机组、燃油系统油泵和蓄冷系统载冷剂泵的定位装置、纵、横向水平度、联轴器两轴心偏差	应设有防止机组运行时水平位移的定位装置；纵、横向水平度允许偏差为1/1000；轴向允许偏差为0.2/1000	水准仪或经纬仪测量，拉线，尺量检查
4	设备隔振器的安装位置，偏差	检查安装位置应正确，各个隔振器的压缩量应均匀一致，偏差不应大于2mm	观察、尺量
5	制冷系统吹扫、排污	采用压力为0.6MPa的干燥压缩空气或氮气，将浅色布放在出风口检查5min，无污物为合格；系统吹扫干净后，应将系统中阀门的阀芯拆下清洗干净	观察或查阅记录

续表

序号	检查内容	判定标准	检查方法
6	模块式冷水机组单元多台并联组合	接口牢固、严密不漏；连接后机组的外表平整、完好，无明显的扭曲	尺量、观察检查

3. 工程检测和试验项目

（1）制冷压缩机单机试运转。

（2）制冷机无负荷单机试运转。

4.6.2 空调制冷剂管道与附件安装监理要点

1. 材料（设备）质量控制

（1）管子、管件、阀门必须具有出厂合格证明书，其各项指标应符合现行国家或部颁技术标准。

（2）氨系统制冷剂管道及管件应用无缝钢管。氟利昂制冷剂系统当管道直径大于或等于25mm时，可采用无缝钢管；当直径小于25mm时，应采用紫铜管。

（3）管子、管件在使用前应进行外观检查：无裂纹、缩孔、夹渣、折叠、重皮等缺陷，无超过壁厚允许偏差的锈蚀或凹陷，螺纹密封面良好，精度及光洁度应达到设计要求或制造标准。

（4）铜管内外表面应光滑、清洁，不应有针孔、裂纹、起皮、气泡、粗拉道、夹杂物和绿锈，管材不应有分层，管子的端部应平整无毛刺。铜管在加工、运输、储存过程中应无划伤、压入物、碰伤等缺陷。

（5）管道法兰密封面应光洁，不得有毛刺及径向沟槽，带有凹凸面的法兰应能自然嵌合，凸面的高度不得小于凹槽的深度。

（6）螺栓及螺母的螺纹应完整，无伤痕、毛刺、残断丝等缺陷。螺栓螺母配合良好，无松动或卡涩现象。

（7）非金属垫片应质地柔韧，无老化变质或分层现象，表面不应有折损、皱纹等缺陷。

2. 制冷剂管道安装质量检查

空调制冷剂管道安装可按表4-23进行质量检查。

制冷剂管道安装质量检查　表4-23

序号	主要检查内容	判定标准	检查方法
1	管道坡度、位置	符合设计要求及规范的有关规定	对照施工图
2	支吊架位置、间距，防腐情况		目测，按系统逐个进行检查
3	制冷剂管道材质及连接方式		观察
4	制冷管道绝热及防腐情况	与绝热层厚度一致，防腐良好，没有遗漏	目测，尺量

续表

序号	主要检查内容	判定标准	检查方法
5	法兰连接螺栓	螺母应在同一侧	目测
6	液体管道安装是否易形成气囊；气体管道是否易形成液囊	无气囊和液囊形成	目测
7	管道分支开口	符合设计及以下要求： (1) 制冷剂管道：液体干管引出支管时，应从干管底部或侧面接出；气体干管引出支管时，应从干管上部或侧面接出。有两根以上的支管从干管引出时，连接部位应错开，间距不应小于支管管径的2倍，且不应小于200mm。 (2) 分体式空调制冷剂管道，有两根以上的支管从干管引出时，连接部位应错开，分歧管间距不应小于200mm	实地观察
8	管道吹污试验、气密性试验、抽真空试验	符合设计及本章的相关规定	查看试验记录

3. 阀门与附件安装质量检查

阀门与附件安装完成后，可按表4-24进行质量检查。

阀门与附件安装质量检查　　表4-24

序号	主要检查内容	判定标准	检查方法
1	阀门及附件规格、尺寸	符合设计要求	目测，对照施工图
2	阀门安装位置	符合设计要求	目测，按系统逐个进行检查
3	阀门强度及严密性	符合本章的相关规定	查看试验记录
4	仪表安装	便于观察	目测

4. 工程检测和试验项目

(1) 系统吹污

制冷系统安装后应采用洁净干燥的空气对整个系统进行吹污，将残存在系统内部的污物吹净，制冷系统吹污应符合下列规定：

1) 管道吹污前，应将孔板、喷嘴、滤网、阀门的阀芯等拆掉，妥善保管或采取流经旁路方法。

2) 对不允许参加吹污的仪表及管道附件应采取安全可靠的隔离措施。

3) 吹污前应选择在系统的最低点设排污口，采用压力为0.6MPa的干燥空气或氮气进行吹扫；系统管道较长时，可采用几个排污口进行分段排污，用白布检查，5min无污物为合格。

(2) 气密性试验

系统内污物吹净后，应对整个系统（包括设备、阀件）进行气密性试验。系统气密性试验应符合下列规定：

1）制冷剂为氨的系统，应采用压缩空气进行试验。制冷剂为氟利昂的系统，应采用瓶装压缩氮气进行试验，较大的制冷系统可采用经干燥处理后的压缩空气进行试验。

2）应采用肥皂水对系统所有焊缝、阀门、法兰等连接部件进行涂抹检漏。

3）试验过程中发现泄漏时，应做好标记，应在泄压后进行检修，禁止带压修补。

4）应在试验压力下，经稳压24h后观察压力值，压力无变化为合格。因环境温度变化而引起的压力误差应进行修正。记录压力数值时，应每隔1h记录一次室温和压力值。

5）制冷系统气密性试验压力应符合表4-25的规定。

制冷系统气密性试验压力 **表4-25**

制冷剂	R717/R502	R22	R12/R134a	R11/R123
低压系统	1.8	1.8	1.2	0.3
高压系统	2.0	2.5	1.6	0.3

注：1. 低压系统：指自节流阀起，经蒸发器到压缩机吸入口。
2. 高压系统：指自压缩机排出口起，经冷凝器到节流阀。

6）溴化锂吸收式制冷系统的气密性试验应符合产品技术文件要求。无要求时，气密性试验正压为0.2MPa（表压力）保持24h，压力下降不大于66.5Pa为合格。

（3）真空试验

1）氨制冷系统真空试验的剩余压力不应高于8kPa。保持24h，氟利昂系统压力回升不大于0.53kPa为合格，氨系统压力无变化为合格。

2）氨制冷系统的真空试验应采用真空泵进行。无真空泵时，应将压缩机的专用排气阀（或排气口）打开，抽空时将气体排放到大气中，通过压缩机的吸气管道使整个系统抽空。

3）溴化锂吸收式制冷系统真空试验应符合产品技术文件要求，设计无要求时，真空气密性试验的绝对压力应小于66.5Pa，持续24h，升压不大于25Pa为合格。

（4）制冷系统充制冷剂

1）系统充制冷剂时，可采用由压缩机低压吸气阀侧充灌制冷剂或在加液阀处充灌制冷剂。

2）由压缩机低压吸气阀侧充灌制冷剂时，应先将压缩机低压吸气阀逆时针方向旋转到底，关闭多用通道口，并应卸下多用通道口上的丝堵，然后接上三通接头，一端接真空压力表，另一端通过紫铜管与制冷剂钢瓶连接。稍打开制冷剂阀门，使紫铜管内充满制冷剂，再稍拧松三通接头上的接头螺母，将紫铜管内的空气排出。拧紧接头螺母，并开大制冷剂钢瓶阀门，在磅秤上读出重量，做好记录。再将压缩机低压吸气阀顺时针方向旋转，使多用通道和低压吸气端处于连通，制冷剂即可进入系统。

3）在加液阀处充灌制冷剂时，出液阀应关闭，其他阀门均应开启，操作方法与低压吸气阀侧充灌制冷剂相同。

4）当系统压力升至0.2MPa时，应对系统再次进行检漏。氨系统使用酚酞试纸，氟利昂系统使用卤素检漏仪。如有泄漏应在泄压后修理。

4.7 空调水系统管道与设备安装监理要点

4.7.1 空调水系统设备安装监理要点

1. 材料（设备）质量控制

（1）空调水系统的设备必须具有中文质量合格证明文件，以及设备说明书等，规格、型号、性能检测报告应符合国家技术标准或设计要求，进场时应做检查验收，经监理工程师核查确认，并应形成相应的质量记录。

（2）所有设备进场时，应对品种、规格、外观等进行验收，包装应完好，表面无划痕及外力冲击破损。

（3）设备运到安装现场后，应进行开箱检查，主要是检查外表，初步了解设备的完整程度，零部件、备品是否齐全；而对设备的性能、参数、运转质量标准的全面检测，则应根据设备类型的不同进行专项检查和测试。

（4）对于水泵，应确保不应有缺件，损坏和锈蚀等情况，管口保护物和堵盖应完好。盘车应灵活，无阻滞，卡住现象，无异常声音。

2. 空调水系统设备安装监理检查要点

（1）各种设备安装完毕后所进行的水压式验、满水试验、试车及系统调试等必须符合设计和施工规范要求。

（2）空调水系统设备的材质、型号、规格和技术参数必须符合设计的规定。

（3）由于冷却塔的玻璃钢外壳及塑料波纹片或蜂窝片大都是易燃品。因此在安装施工过程中，必须注意严格遵守施工防火安全管理的规定。

（4）在水泵、冷却塔等设备进行设备安装验收时，应强调安装的固定质量和连接质量。

（5）空调水系统设备安装质量可按表4-26进行质量检查。

空调水系统设备安装质量检查 **表4-26**

序号	检查内容	判定标准	检查方法
1	设备基础	（1）型钢或混凝土基础的规格和尺寸应与机组匹配。 （2）基础表面应平整，无蜂窝、裂纹、麻面和露筋。 （3）基础应坚固，强度经测试满足机组运行时的荷载要求。 （4）混凝土基础预留螺栓孔的位置、深度、垂直度应满足螺栓安装要求；基础预埋件应无损坏，表面光滑平整。 （5）基础四周应有排水设施。 （6）基础位置应满足操作及检修的空间要求	对照施工图，目测，尺量
2	设备安装位置、管口方向	符合设计要求	对照施工图，目测，尺量
3	设备隔振器的安装位置，偏差	检查安装位置应正确，各个隔振器的压缩量应均匀一致，偏差不应大于2mm	观察、尺量

续表

序号	检查内容	判 定 标 准	检查方法
4	冷却塔清理和密闭性检查	冷却塔水盘、过滤网处的污物清理干净，塔脚的密闭良好，水盘水位符合使用要求，喷水量和吸水量应平衡，补给水和集水池的水位正常	观察或查阅试验记录

3. 工程检测和试验项目

各种设备安装完毕后所进行的水压试验、满水试验、试车及系统调试。

(1) 水箱、集水器、分水器、储水罐的满水试验或水压试验。

开式水箱（罐）进行满水试验时，应先封堵开式水箱（罐）最低处的排水口，再向开式水箱（罐）内注水至满水。灌满水后静置24h，检查开式水箱（罐）及接口有无渗漏，无渗漏为合格。

密闭容器进行水压试验时，试验压力应满足设计要求，设计无要求时，按设计工作压力的1.5倍进行试验，换热器试验压力不应小于0.6MPa，密闭容器试验压力不应小于0.4MPa。水压试验可按下列步骤进行。

1) 试压管道连接后，应开启进水阀门向密闭容器或换热器内充水，同时打开放气阀，待水灌满后，关闭放气阀。

2) 应缓慢升压至设计工作压力，检查无渗漏后，再升压至规定的试验压力值，关闭进水阀门，稳压10min，观察各接口无渗漏、压力无下降为合格。

3) 排水时应先打开放气阀。

(2) 水泵、冷却塔、水箱、集水器、分水器、储冷罐等设备安装的检测。

(3) 水泵、冷却塔等设备的试运转。

4.7.2 空调水系统管道与附件安装监理要点

1. 材料（设备）质量控制

空调水系统的管道主要有金属管道和非金属管道两大类，其中金属管道有钢管和钢塑复合管等。非金属管道有建筑用硬聚氯乙烯（PVC-U）、聚丙烯（PP-R）、聚丁烯（PB）与交联聚乙烯等有机材料管道。

管材选择首先应根据管内介质的种类、压力及温度确定，并按管道的安装位置、敷设方式等因素进行选择。

(1) 空调水系统管道所使用的原材料、成品、半成品等必须具有中文质量合格证明文件，其规格、型号、性能、检测报告应符合国家技术标准或设计要求。进场时，必须对其验收。经监理工程师确认，并形成相应的质量记录。

(2) 所有原材料、成品等进场时，应对其品种、规格、外观等进行验收。包装应完好，表面无划痕及外力冲击破坏。

(3) 为了保证管道的防腐效果，镀锌钢管表面的镀锌层以及铜塑复合管内的涂塑层应保持完好，不能破坏。

(4) 管材在使用前应进行外观检查，要求其表面无裂纹、缩孔、夹渣、折叠等缺陷，锈蚀式凹陷不超过壁厚负偏差。

（5）空调水系统管道上的阀门，其外观、铭牌以及质量应符合规范的要求。

2. 监理检查要点

（1）空调水系统的设备与附属设备、管道、管道部件和阀门的材质、型号和规格，必须符合设计的规定。

（2）空调水系统管道有局部埋地或隐蔽铺设时，在为其实施覆土，浇捣混凝土或其他隐蔽工程之前，必须进行水压试验并合格，如有防腐及绝热施工的，则应该完成全部施工，并经过现场监理的认可和签字，办妥手续后，方可进行下道隐蔽工程的施工。

（3）管道与空调设备的连接，应在设备定位和管道冲洗合格后进行。

（4）空调水系统管道水压试验，通水试验冲洗等必须符合设计和施工规范要求。

（5）空调水系统中的阀门质量，是系统工程验收的一个重要项目。

（6）空调水系统管道安装完成后，必须进行水压试验（凝结水系统除外）试验压力应符合相关规定。

（7）管道的焊接要符合规范要求。

（8）镀锌铜管表面的镀锌层，钢塑复合管的涂塑层应保持完好，不应有破坏。铜塑管螺纹连接深度及连接配件应符合规范要求。

（9）管道系统支、吊架的间距和要求，应符合规范规定。

（10）热水系统的非金属管道，其强度与温度成反比，故安装时应增加其支、吊架支承面的面积，一般宜加倍。

（11）风机盘管冷冻送回水管及凝结水管不宜采用塑料管。这是因为这些管道主要是水平管，支、吊架太小，安装较困难。

（12）空调水系统管道安装可按表 4-27 进行质量检查。

空调水系统管道安装质量检查 **表 4-27**

序号	检查内容	判定标准	检查方法
1	管道安装位置	符合设计要求	对照施工图
2	支吊架位置、间距及每个支路防晃支架的设置情况，防腐情况	符合设计要求	目测，按系统逐个进行检查
3	管道的材质及连接方式	符合设计要求	目测
4	隔热垫的厚度及防腐情况	与绝热层厚度一致，防腐良好，无遗漏	目测，尺量
5	管道变径	应有利于排气和泄水	目测
6	管道水压试验、通水试验、冲洗试验	参见本章相关内容	查看试验记录

（13）阀门与附件安装可按表 4-28 进行质量检查。

阀门与附件安装质量检查 **表 4-28**

序号	检查内容	判定标准	检查方法
1	阀门与附件规格	符合设计要求	目测，对照施工图
2	阀门安装位置	符合设计要求	目测，按系统逐个管道进行检查

续表

序号	检查内容	判定标准	检查方法
3	补偿器安装	补偿器的补偿量和安装位置应满足设计及产品技术文件的要求，并注意以下几点： （1）补偿器的预拉伸或预压缩。 （2）固定支架和导向支架的结构形式和固定位置应符合设计要求。 （3）管道系统水压试验后，应及时使补偿器处于自由状态。 （4）“Π”形补偿器水平安装时，垂直臂应呈水平，平行臂应与管道坡向一致；垂直安装时，应有排气和泄水阀	查看安装记录
4	仪表安装	位置正确，便于观察	目测
5	过滤器及其他附件安装	数量齐全，位置正确	目测

3. 工程检测和试验项目

（1）水系统阀门水压试验

1）阀门进场检验时，设计工作压力大于 1.0MPa 及在主干管上起切断作用的阀门应进行水压试验（包括强度和严密性试验），合格后再使用。其他阀门不单独进行水压试验，可在系统水压试验中检验。阀门水压试验应在每批（同牌号、同规格、同型号）数量中抽查 20%，且不应少于 1 个。安装在主干管上起切断作用的阀门应全数检查。

2）阀门强度试验应符合下列规定：

①试验压力应为公称压力的 1.5 倍。

②试验持续时间应为 5min。

③试验时，应把阀门放在试验台上，封堵好阀门两端，完全打开阀门启闭件。从一端口引入压力（止回阀应从进口端加压），打开上水阀门，充满水后，及时排气。然后缓慢升至试验压力值。到达强度试验压力后，在规定的时间内，检查阀门壳体无破裂或变形，压力无下降，壳体（包括填料函及阀体与阀盖连接处）不应有结构损伤，强度试验为合格。

3）阀门严密性试验应符合下列规定：

①阀门的严密性试验压力应为公称压力的 1.1 倍。

②规定介质流通方向的阀门，应按规定的流通方向加压（止回阀除外）。试验时应逐渐加压至规定的试验压力，然后检查阀门的密封性能。在试验持续时间内无可见泄漏，压力无下降，阀瓣密封面无渗漏为合格。

（2）水系统管道水压试验

1）水系统管道水压试验可分为强度试验和严密性试验，包括分区域、分段的水压试验和整个管道系统水压试验。试验压力应满足设计要求，当设计无要求时，应符合下列规定：

①设计工作压力小于或等于 1.0MPa 时，金属管道及金属复合管道的强度试验压力应为设计工作压力的 1.5 倍，但不应小于 0.6MPa；设计工作压力大于 1.0MPa 时，强度试验压力应为设计工作压力加上 0.5MPa。严密性试验压力应为设计工作压力。

②塑料管道的强度试验压力应为设计工作压力的 1.5 倍；严密性试验压力应为设计工作压力的 1.15 倍。

2）分区域分段水压试验应符合下列规定：

①检查各类阀门的开、关状态。试压管路的阀门应全部打开，试验段与非试验段连接处的阀门应隔断。

②打开试验管道的给水阀门向区域系统中注水，同时开启区域系统上各高点处的排气阀，排尽试压区域管道内的空气。待水注满后，关闭排气阀和进水阀。

③打开连接加压泵的阀门，用电动或手压泵向系统加压，宜分2～3次升至试验压力。在此过程中，每加至一定压力数值时，应对系统进行全面检查，无异常现象时再继续加压。先缓慢升压至设计工作压力，停泵检查。观察各部位无渗漏，压力不降后，再升压至试验压力，停泵稳压，进行全面检查。10min内管道压力不应下降且无渗漏、变形等异常现象，则强度试验合格。

④应将试验压力降至严密性试验压力进行试验，在试验压力下对管道进行全面检查，60min内区域管道系统无渗漏，严密性试验为合格。

3）系统管路水压试验应符合下列规定：

①在各分区、分段管道与系统主、干管全部连通后，应对整个系统的管道进行水压试验。最低点的压力不应超过管道与管件的承受压力。

②试验过程同分区域、分段水压试验。管道压力升至试验压力后，稳压10min，压力下降不应大于0.02MPa，管道系统无渗漏，强度试验合格。

③试验压力降至严密性试验压力，外观检查无渗漏，严密性试验为合格。

（3）冷凝水管道通水试验

1）分层、分段进行。

2）封堵冷凝水管道最低处，由该系统风机盘管接水盘向该管段内注水，水位应高于风机盘管接水盘最低点。

3）应充满水后观察15min检查管道及接口；应确认无渗漏后，从管道最低处泄水，排水畅通，同时应检查各盘管接水盘无存水为合格。

（4）管道冲洗试验

1）管道冲洗前，对不允许参加冲洗的系统、设备、仪表及管道附件应采取安全可靠的隔离措施。

2）冲洗试验应以水为介质，温度应在5～40℃之间。

3）检查管道系统各环路阀门，启闭应灵活、可靠，临时供水装置运转应正常，冲洗流速不低于管道介质工作流速；冲洗水排出时有排放条件。

4）首先冲洗系统最低处干管，后冲洗水平干管、立管、支管。在系统入口设置的控制阀前接上临时水源，向系统供水；关闭其他立、支管控制阀门，只开启干管末端最低处冲洗阀门，至排水管道；向系统加压，由专人观察出水口水质、水量情况。以排出口的水色和透明度与入口水目测一致为合格。

5）冲洗出水口处管径宜比被冲洗管道的管径小。

6）冲洗出水口流速，如设计无要求，不应小于1.5m/s，不宜大于2m/s。

7）最低处主干管冲洗合格后，应按顺序冲洗其他各干、立、支管，直至全系统管道冲洗完毕为止。

8）冲洗合格后，应如实填写记录，然后将拆下的仪表等复位。

4.8 防腐与绝热工程监理要点

4.8.1 风管和管道的防腐施工监理要点

1. 材料（设备）质量控制

通风与空调设备和管道工程所用各类油漆材料，使用前应作质量检验。所用油漆如遇下列质量问题便不得使用。

（1）油漆成胶冻状。

（2）油漆沉淀。色漆是颜料与漆料经分散研磨制成。在贮存过程中往往有部分颜料沉在下部，因此使用前应预搅拌。若在底部结成硬块，不易调开，甚至所结的块成干硬无油状，则不能在现场使用.

（3）油漆结皮。油性漆在桶内贮存一段时间后，会在油漆的表面上结一层薄皮，使用时应除去，最好完整取出，不要捣碎，否则混入漆中便成颗粒，影响漆膜质量。如已破碎，使用前必须过滤，否则不得使用。

（4）慢干与返粘的油漆。慢干与返粘是油漆本身的质量问题，也与贮存和使用有关。慢干是油漆干燥超过规定时间仍未全干；返粘是油漆干燥后仍有粘指现象。凡慢干或返粘的油漆均不得使用。

2. 监理检查要点

（1）普通碳素钢板在制作风管前，宜预涂防锈漆一遍。

（2）支、吊架的防腐处理应与风管或管道相一致，其明装部分必须涂面漆。

（3）油漆施工时，应采取防火、防冻、防雨等措施，并不应在低温或潮湿环境下作业。明装部分的最后一遍色漆，宜在安装完毕后进行。

（4）防腐涂料和油漆，必须是在有效保质期限内的合格产品。

（5）喷、涂油漆的漆膜，应均匀，无堆积、皱纹、气泡、掺杂、混色与漏涂等缺陷。

（6）各类空调设备、部件的油漆喷、涂，不得遮盖铭牌标志和影响部件的功能使用。

（7）风管和管道喷涂底漆前，应清除表面的灰尘、污垢与锈斑，并保持干燥。

（8）面漆与底漆漆种宜相同。漆种不同时，施涂前应做亲溶性试验。

（9）空调制冷系统管道的油漆，包括制冷剂、冷冻水（载冷剂）、冷却水及冷凝水管等应符合设计要求。

（10）空调制冷各系统管道的外表面，应按设计规定做色标。

（11）安装在室外的硬聚氯乙烯板风管，外表面宜涂铝粉漆二遍。

（12）管道与设备防腐施工可按表 4-29 进行质量检查。

管道与设备防腐质量检查 表 4-29

序号	检查内容	判定标准	检查方法
1	防腐涂料质量	符合设计要求	核查质量证明文件
2	除锈	不应有残留锈斑和焊渣	目测

续表

序号	检查内容	判 定 标 准	检查方法
3	表面去污	无积尘、水或油污	目测
4	防锈涂层	管道与支吊架的防腐完整无遗漏，不露底，不皱皮；涂层数量符合设计要求	目测
5	面漆	漆种性能和涂层数量（厚度）符合设计要求；面漆完整无遗漏，不露底、色泽一致；表面平整无起泡、皱褶	目测

4.8.2 设备与管道的绝热工程施工监理要点

1. 材料（设备）质量控制

为保证风管及设备的绝热质量和使用功能，其施工用材料、施工技术和质量要求等，必须按设计或国家现行施工规范等标准进行监控。

导热系数小于0.2W/（m·K）和干密度小于1000kg/m^{3}的材料称为隔热材料或保温材料。风管及设备绝热层施工中使用的隔热材料应符合设计要求或国家规定的材料标准。

一般可供选用的隔热材料条件：

（1）能适用于冷热状态：对于通风与空调工程来说应是－5～50℃。

（2）导热系数越小越好。

（3）具有一定强度，耐腐蚀，耐风化。

（4）非燃烧材料。

（5）适应现场施工，价格便宜，容易购到。

2. 监理检查要点

（1）风管与部件及空调设备绝热工程施工应在系统严密性检验合格后进行。

（2）风管和管道的绝热，应采用不燃或难燃材料，其材质、密度、规格与厚度应符合设计要求。如采用难燃材料时，应对其难燃性进行检查，合格后方可使用。

（3）在下列场合必须使用不燃绝热材料：

1）加热器前800mm的风管和绝热层。

2）穿越防火隔墙两侧2m范围内风管、管道和绝热层。

（4）输送介质温度低于周围空气露点温度的管道，当采用非封闭性绝热材料时，隔汽层（防潮层）必须完整，且封闭良好。

（5）位于洁净室内的风管及管道的绝热，不应采用易产尘的材料（如玻璃纤维、短纤维矿棉等）。

（6）风管系统部件的绝热，不得影响其操作功能。

（7）绝热材料层应密实，无裂缝、空隙等缺陷，表面应平整。当采用卷材或板材时，允许偏差为5mm；采用涂抹或其他方式时，允许偏差为10mm。防潮层（包括绝热层的端部）应完整，且封闭良好；其搭接缝应顺水。

（8）空调水系统管道与设备绝热施工可按表4-30进行质量检查。

空调水系统管道与设备绝热质量检查　　表 4-30

序号	检查内容	判定标准	检查方法
1	绝热材料性能	其技术性能（材质、导热率、密度、规格及厚度）参数符合设计要求	核查产品质量证明文件
2	保温钉	保温钉的长度应满足压紧绝热层固定压片的要求，保温钉与管道和设备的粘接应牢固可靠，其数量应满足绝热层固定要求。在设备上粘接固定保温钉时，底面每平方米不应少于16个，侧面每平方米不应少于10个，顶面每平方米不应少于8个；首行保温钉距绝热材料边沿应小于120mm	目测，手扳
3	绝热层	固定牢固，表面平整，无十字形拼缝	目测，测量
4	防潮层	与绝热层固定无位移；搭接缝口顺水，封闭良好	目测，测量
5	保护层	搭接缝顺水，宽度一致；接口平整，外观无明显缺陷；封闭良好	目测，测量

（9）空调风管系统与设备绝热施工可按表 4-31 进行质量检查。

空调风管系统与设备绝热质量检查　　表 4-31

序号	检查内容	判定标准	检查方法
1	绝热材料性能	技术性能（材质、导热率、密度、规格及厚度）参数符合设计要求	核查产品质量证明文件
2	防腐涂层	无遗漏	目测
3	保温钉	保温钉的长度应满足压紧绝热层固定压片的要求，保温钉与管道和设备的粘接应牢固可靠，其数量应满足绝热层固定要求。在设备上粘接固定保温钉时，底面每平方米不应少于16个，侧面每平方米不应少于10个，顶面每平方米不应少于8个；首行保温钉距绝热材料边沿应小于120mm	目测，手扳
4	绝热层	固定牢固；表面平整；无十字形拼缝；厚度为$+0.1\delta$和-0.05δ（δ为绝热层厚度，mm）	目测，测量
5	防潮层	与绝热层固定无位移；搭接缝口顺水，封闭良好；胶带宽度不小于50mm粘贴平整良好	目测，测量
6	保护层	搭接缝顺水，宽度一致；接口平整，外观无明显缺陷；封闭良好	目测，测量

4.9 系统调试与效能试验监理要点

4.9.1 设备单机试运转与调试

通风与空调系统安装完毕投入使用前，必须进行系统的试运行与调试，包括设备单机试运转与调试、系统无生产负荷下的联合试运行与调试。

通风与空调系统试运行与调试应由施工单位负责，监理单位监督，供应商、设计、建设等单位参与配合。试运行与调试也可委托给具有调试能力的其他单位实施。试运行与调试应做好记录，并应提供完整的调试资料和报告。

1. 运行与调试条件

（1）通风与空调系统试运行与调试条件：

1）通风与空调系统安装完毕，经检查合格；施工现场清理干净，机房门窗齐全，可以进行封闭。

2）试运转所需用的水、电、蒸汽、燃油燃气、压缩空气等满足调试要求。

3）测试仪器和仪表齐备，检定合格，并在有效期内；其量程范围、精度应能满足测试要求。

4）调试方案已批准。调试人员已经过培训，掌握调试方法，熟悉调试内容。

（2）洁净空调系统的试运行与调试条件：

1）洁净空调系统试运行前，应全面清扫系统和房间。

2）试运行前应在新风、回风的吸入口处和粗、中效过滤器前设置临时用过滤器，对系统进行保护，待系统稳定后再撤去。

3）调试应在系统试运行24h后，并达到稳定状态时进行。调试人员应穿洁净工作服，无关人员不应进入。

4）洁净室的洁净度检测应在空态或静态下进行。检测时，人员不宜多于3人，且应穿着与洁净室洁净度等级相适应的洁净工作服。

2. 风机

风机试运转与调试可按表4-32的要求进行。

风机试运转与调试要求　　表4-32

项目	方法和要求
试运转前检查	（1）检测风机电机绕组对地绝缘电阻应大于0.5MΩ。 （2）风机及管道内应清理干净。 （3）风机进、出口处柔性短管连接应严密，无扭曲。 （4）检查管道系统上阀门，按设计要求确定其状态。 （5）盘车无卡阻，并关闭所有人孔门
试运转与调试	（1）启动时先“点动”，检查电动机转向正确；各部位应无异常现象，当有异常现象时，应立即停机检查，查明原因并消除。 （2）用电流表测量电动机的启动电流，待风机正常运转后，再测量电动机的运转电流，运转电流值应小于电机额定电流值。 （3）额定转速下的试运转应无异常振动与声响，连续试运转时间不应少于2h。 （4）风机应在额定转速下连续运转2h后，测定滑动轴承外壳最高温度不超过70℃，滚动轴承外壳温度不超过75℃

3. 水泵

水泵试运转与调试可按表4-33的要求进行。

水泵试运转与调试要求 表 4-33

项目	方法和要求
试运转前检查	(1) 各固定连接部位应无松动。 (2) 各润滑部位加注润滑剂的种类和剂量应符合产品技术文件的要求；有预润滑要求的部位应按规定进行预润滑。 (3) 各指示仪表、安全保护装置及电控装置均应灵敏、准确、可靠。 (4) 检查水泵及管道系统上阀门的启闭状态，使系统形成回路阀门应启闭灵活。 (5) 检测水泵电机对地绝缘电阻应大于 0.5MΩ。 (6) 确认系统已注满循环介质
试运转与调试	(1) 启动时先“点动”，观察水泵电机旋转方向应正确。 (2) 启动水泵后，检查水泵紧固连接件有无松动，水泵运行有无异常振动和声响；电动机的电流和功率不应超过额定值。 (3) 各密封处不应泄漏，在无特殊要求的情况下，机械密封的泄漏量不应大于 10mL/h；填料密封的泄漏量不应大于 60mL/h。 (4) 水泵应连续运转 2h 后，测定滑动轴承外壳最高温度不超过 70℃，滚动轴承外壳温度不超过 75℃。 (5) 试运转结束后，应检查所有紧固连接部位，不应有松动

4. 空气处理机组

空气处理机组试运转与调试可按表 4-34 的要求进行。

空气处理机组试运转与调试 表 4-34

项目	方法与要求
试运转前检查	(1) 各固定连接部位应无松动。 (2) 轴承处有足够的润滑油，加注润滑油的种类和剂量应符合产品技术文件的要求。 (3) 机组内及管道内应清理干净。 (4) 用手盘动风机叶轮，观察有无卡阻及碰擦现象，再次盘动，检查叶轮动平衡，叶轮两次应停留在不同位置。 (5) 机组进、出风口处的柔性短管连接应严密，无扭曲。 (6) 风管调节阀门启闭灵活，定位装置可靠。 (7) 检测电机绕组对地绝缘电阻应大于 0.5MΩ。 (8) 风阀、风口应全部开启：三通调节阀应调到中间位置；风管内的防火阀处于开启位置；新风口、一次回风口前的调节阀应开启到最大位置
试运转	(1) 启动时先“点动”，检查叶轮与机壳有无摩擦和异常声响，风机的旋转方向应与机壳上箭头所示方向一致。 (2) 用电流表测量电动机的启动电流，待风机正常运转后，再测量电动机的运转电流，运转电流值应小于电机额定电流值；如运转电流值超过电机额定电流值，应将总风量调节阀逐渐关小，直至降到额定电流值。 (3) 额定转速下的试运转应无异常振动与声响，连续试运转时间不应少于 2h

5. 冷却塔

冷却塔试运转与调试可按表 4-35 的要求进行。

冷却塔试运转与调试要求 表 4-35

项目	方法与要求
试运转前检查	(1) 冷却塔内应清理干净，冷却水管道系统应无堵塞。 (2) 冷却塔和冷却水管道系统已通水冲洗，无漏水现象。 (3) 自动补水阀动作灵活、准确。 (4) 校验冷却塔内补水、溢水的水位。 (5) 检测电机绕组对地绝缘电阻应大于 0.5MΩ。 (6) 用手盘动风机叶片，应灵活，无异常现象
试运转	(1) 启动时先“点动”，检查风机的旋转方向应正确。 (2) 运转平稳后，电动机的运行电流不应超过额定值，连续运转时间不应少于 2h。 (3) 检查冷却水循环系统的工作状态，并记录运转情况及有关数据，包括喷水的偏流状态，冷却塔出、入口水温，喷水量和吸水量是否平衡，补给水和集水池情况。 (4) 测量冷却塔的噪声，在塔的进风口方向，离塔壁水平距离为一倍塔体直径（当塔形为矩形时，取当量直径：$D=1.13\sqrt{a\cdot b}$，a、b 为塔的边长）及离地面高度 1.5m 处测量噪声，其噪声应低于产品铭牌额定值。 (5) 试运行结束后，应清洗冷却塔集水池及过滤器

6. 风机盘管机组

风机盘管机组试运转与调试可按表 4-36 的要求进行。

风机盘管机组试运转与调试要求 表 4-36

项目	方法与要求
试运转前检查	(1) 电机绕组对地绝缘电阻成大于 0.5MΩ。 (2) 温控（三速）开关、电动阀、风机盘管线路连接正确
试运转与调试	(1) 启动时先“点动”，检查叶轮与机壳有无摩擦和异常声响。 (2) 将绑有绸布条等轻软物的测杆紧贴风机盘管的出风口，调节温控器高、中、低档转速送风，目测绸布条迎风飘动角度，检查转速控制是否正常。 (3) 调节温控器，检查电动阀动作是否正常，温控器内感温装置是否按温度要求正常动作

7. 水环热泵机组

水环热泵机组试运转与调试可按表 4-37 的要求进行。

水环热泵机组试运转与调试 表 4-37

项目	方法与要求
试运转前检查	(1) 冷凝水管道通水试验合格，排水畅通。 (2) 冷却塔、辅助热源及循环水泵已完成单机试运转。 (3) 分体式水环热泵机组制冷剂管道的高、低压阀门关闭。 (4) 循环水系统相关阀门按设计处于相应的开闭位置

续表

项目	方法与要求
试运转	(1) 旋松制冷剂管道低压侧阀门接头锁母，微开高压侧阀门，通过低压侧阀门接头锁母排气，直到手感冷气吹出，拧紧锁母，离低压侧阀门全开，并用肥皂水或制冷剂专用检漏仪检查气阀、液阀及阀管连接处是否有泄漏现象。 (2) 按产品技术文件要求启动水环热泵机组，运行 10min 以上，观察有无异常现象。 (3) 测试压缩机的吸气压力与排气压力是否与技术文件及当时气温相适应。 (4) 检查运行电流是否正常。 (5) 测试机组循环水流量与进、出口温差是否正常，作好记录。 (6) 机组正常运行后，设定风速，关闭门窗，不应有外界和室内噪声干扰，测定噪声不应超过设计值。 (7) 在出风口与回风口处分别测试温度，并计算出温差值，当回风温度不低于 25℃时，温差值应大于 7℃

8. 蒸汽压缩式制冷（热泵）机组

蒸汽压缩式制冷（热泵）机组试运转与调试可按表 4-38 的要求进行。

蒸汽压缩式制冷（热泵）机组试运转与调试要求　　表 4-38

项目	方法与要求
试运转前检查	(1) 冷冻（热）水泵、冷却水泵、冷却塔、空调末端装置等相关设备已完成单机试运转与调试。 (2) 机组启动当天，应具有足够的冷（热）负荷，满足调试需要。 (3) 电气系统工作正常
试运转	(1) 制冷（热泵）机组启动顺序：冷却水泵→冷却塔→空调末端装置→冷冻（热）水泵→制冷（热泵）机组。 (2) 制冷（热泵）机组关闭顺序：制冷（热泵）机组→冷却塔→冷却水泵→空调末端装置→冷冻（热）水泵。 (3) 各设备的开启和关闭时间应符合制冷（热泵）机组的产品技术文件要求。 (4) 运行过程中，检查设备工作状态是否正常，有无异常的噪音、振动、阻滞等现象。 (5) 记录机组运转情况及主要参数，应符合设计及产品技术文件的要求，包括制冷剂液位、压缩机油位、蒸发压力和冷凝压力、油压、冷却水进/出口温度及压力、冷冻（热）水进/出口温度及压力、冷凝器出口制冷剂温度、压缩机进气和排气温度等。 (6) 正常运转不少于 8h
注意事项	(1) 加制冷剂时，机房应通风良好。 (2) 采取措施确保调试过程中的人身安全及设备安全。机组通电前，应关闭好启动柜和控制箱的柜门；检查机组前，应拉开启动柜上方的隔离开关，切断电源；进行带电线路检查和测试工作时，应有专人监护，并采取防护措施。 (3) 机组不应反向运转；机组启动前应对供电电源进行相序测定，确定供电相位是否符合要求。 (4) 试运转过程中，出现突然停水，发生保护措施失灵，压力温度超过允许范围，发生异常响声，离心式压缩机发生喘振等特殊情况时，应作紧急停机处理。 (5) 压缩机渐渐减速至完全停止的过程中，注意倾听是否有异常声音从压缩机或齿轮箱中传出

9. 吸收式制冷机组

吸收式制冷机组试运转与调试可按表4-39的要求进行。

吸收式制冷机组试运转与调试　　表4-39

项目	方法与要求
试运转前检查	(1) 冷冻(热)水泵、冷却水泵、冷却塔、空调末端装置等相关设备已完成单机试运转与调试。 (2) 燃油、燃气、蒸汽、热水等供能系统已安装调试完毕，验收合格。 (3) 主机启动的当天，应具有足够的冷负荷。 (4) 燃油、燃气、蒸汽、热水等能源供应充足，满足连续试运转要求。 (5) 检查机组内屏蔽泵、真空泵、真空压力表、电控柜、变频器、燃烧机、仪表、阀门及电缆等是否正常。 (6) 机组气密性检查已经完成。 (7) 机组已经完成溴化锂溶液和冷剂水的充注。 (8) 机房泄爆与事故通风等安全系统处于正常状态
试运转与调试	(1) 启动冷却水泵和冷冻水泵，水温均不应低于20℃，水量应符合产品技术文件的要求。 (2) 启动发生器泵、吸收器泵及真空泵，使溶液循环。 (3) 机组电气系统通电试验：将外部电源接入电控柜内，合上空气开关，按"通电"按钮，观察各指示灯及各温度、液位、压力、流量检测点是否正常。 (4) 向机组少量供应运行所需能源，先使机组在较低负荷状态下运转，无异常现象后，逐渐将能源供应量提高到产品技术文件的规定值，并调节机组，使其正常运转。 (5) 运转时，系统应始终保持规定的真空度：冷剂水的相对密度不应超过1.1；屏蔽泵工作稳定，无阻塞、过热、异常声响等现象；各类仪表指示正常。 (6) 记录机组运转情况及主要参数，应符合设计及产品技术文件的要求，包括稀溶液、浓溶液、混合溶液的浓度和温度，冷却水、冷冻水的水量、水温和进出口温度差，加热蒸汽的压力、温度和流量，冷剂系统各点温度等。 (7) 正常运转不少于8h
注意事项	(1) 燃烧机运行过程中，机房应通风良好。 (2) 调试地点照明充足，道路畅通，防止安全阀动作后蒸汽喷出伤人，无关人员禁止在旁逗留。 (3) 发生器停止供能后，冷却水泵、冷冻水泵、吸收器泵、发生器泵、蒸发器泵继续运转直到发生器浓溶液和吸收器稀溶液浓度平衡。 (4) 试运转结束后，若系统停止运转时间较长且环境温度低于15℃时，应将蒸发器中的冷剂水排到吸收器中，避免结晶。 (5) 紧急停机时，立即停止向燃烧室供油、供气，停用燃烧器

10. 电动调节阀、电动防火阀、防排烟风阀(口)

电动调节阀、电动防火阀、防排烟风阀(口)调试可按表4-40的要求进行。

电动调节阀、电动防火阀、防排烟风阀(口)调试要求　　表4-40

项目	方法与要求
调试前检查	(1) 执行机构和控制装置应固定牢固。 (2) 供电电压、控制信号和阀门接线方式符合系统功能要求，并应符合产品技术文件的规定

续表

项目	方法与要求
调试	（1）手动操作执行机构，无松动或卡涩现象。 （2）接通电源，查看信号反馈是否正常。 （3）终端设置指令信号，查看并记录执行机构动作情况，执行机构动作应灵活、可靠，信号输出、输入正确

4.9.2 系统无生产负荷联合试运行及调试监理要点

通风与空调系统无生产负荷下的联合试运行与调试应在设备单机试运转与调试合格后进行。通风系统的连续试运行不应少于 2h，空调系统带冷（热）源的连续试运行不应少于 8h。联合试运行与调试不在制冷期或采暖期时，仅做不带冷（热）源的试运行与调试，并应在第一个制冷期或采暖期内补做。

1. 试运行与调试前的检查

系统无生产负荷下的联合试运行与调试前的检查可按表 4-41 进行。

系统调试前的检查内容　　表 4-41

类型	检查内容
监测与控制系统	（1）监控设备的性能应符合产品技术文件要求。 （2）电气保护装置应整定正确。 （3）控制系统应进行模拟动作试验
风管系统	（1）通风与空调设备和管道内清理干净。 （2）风量调节阀、防火阀及排烟阀的动作正常。 （3）送风口和回风口（或排风口）内的风阀、叶片的开度和角度正常。 （4）风管严密性试验合格。 （5）空调设备及其他附属部件处于正常使用状态
空调水系统	（1）管道水压试验、冲洗合格。 （2）管道上阀门的安装方向和位置均正确，阀门启闭灵活。 （3）冷凝水系统已完成通水试验，排水通畅
供能系统	提供通风与空调系统运行所需的电源、燃油、燃气等供能系统及辅助系统已调试完毕，其容量及安全性能等满足调试使用要求

2. 监测与控制系统的检验、调整与联动运行

监测与控制系统的检验、调整与联动运行可按表 4-42 的要求进行。

监测与控制系统的检验、调整与联动运行要求　　表 4-42

步骤	内容
控制线路检查	（1）核实各传感器、控制器和调节执行机构的型号、规格和安装部位是否与施工图相符。 （2）仔细检查各传感器、控制器、执行机构接线端子上的接线是否正确

续表

步骤	内容
调节器及检测仪表单体性能校验	(1) 检查所有传感器的型号、精度、量程与所配仪表是否相符，并应进行刻度误差校验和动特性校验，均应达到产品技术文件要求。 (2) 控制器应作模拟试验，模拟试验时宜断开执行机构，调节特性的校验及动作试验与调整，均应达到产品技术文件要求。 (3) 两节阀和其他执行机构应作调节性能模拟试验，测定全行程距离与全行程时间，调整限位开关位置，标出满行程的分度值，均应达到产品技术文件要求
监测与控制系统联动调试	(1) 调试人员应熟悉各个自控环节（如温度控制、相对湿度控制、静压控制等）的自控方案和控制特点；全面了解设计意图及其具体内容，掌握调节方法。 (2) 正式调试之前应进行综合检查。检查控制器及传感器的精度、灵敏度和量程的校验和模拟试验记录；检查反/正作用方式的设定是否正确；全面检查系统在单体性能校验中拆去的仪表，断开的线路应恢复；线路应无短路、断路及漏电等现象。 (3) 正式投入运行前应仔细检查连锁保护系统的功能，确保在任何情况下均能对空调系统起到安全保护的作用。 (4) 自控系统联动运行应按以下步骤进行： 1) 将控制器手动一自动开关置于手动位置上，仪表供电，被测信号接到输入端开始工作。 2) 手动操作，以手动旋钮检查执行机构与调节机构的工作状况，应符合设计要求。 3) 断开执行器中执行机构与调节机构的联系，使系统处于开环状态，将开关无扰动地切换到自动位置上。改变给定值或加入一些扰动信号，执行机构应相应动作。 4) 手动施加信号，检查自控连锁信号和自动报警系统的动作、顺序，连锁保护应可靠，人为逆向不能启动系统设备；模拟信号超过设定上下限时自动报警系统发出报警信号，模拟信号回到正常范围时应解除报警。 5) 系统各环节工作正常，应恢复执行机构和调节机构的联系

3. 系统风量的测定和调整

系统风量的测定和调整包括通风机性能的测定，风口风量的测定，系统风量测定和调整，可按表 4-43、表 4-44、表 4-45 的要求进行。

通风机性能测定 **表 4-43**

项目	检测方法
风压和风量的测定	(1) 通风机风量和风压的测量截面位置应选择在靠近通风机出口而气流均匀的直管段上，按气流方向，宜在局部阻力之后大于或等于 4 倍矩形风管长边尺寸（圆形风管直径），及局部阻力之前大于或等于 1.5 倍矩形风管长边尺寸（圆形风管直径）的直管段上。当测量截面的气流不均匀时，应增加测量截面上测点数量。 (2) 测定风机的全压时，应分别测出风口端和吸风口端测定截面的全压平均值。 (3) 通风机的风量为风机吸入口端风量和出风端风量的平均值，且风机前后的风量之差不应大于 5%，否则应重测或更换测量截面

续表

项目	检 测 方 法
转速的测定	(1) 通风机的转速测定宜采用转速表直接测量风机主轴转速，重复测量三次，计算平均值。 (2) 现场无法用转速表直接测风机转速时，宜根据实测电动机转速按下式换算出风机的转速： $n_1 = n_2 \cdot D_2/D_1$ 式中 n_1——通风机的转速（rpm）。 n_2——电动机的转速（rpm）。 D_1——风机皮带轮直径（mm）。 D_2——电动机皮带直径（mm）
输入功率的测定	(1) 宜采用功率表测试电机输入功率。 (2) 采用电流表、电压表测试时，应按下式计算电机输入功率： $p=\sqrt{3} \cdot V \cdot I \cdot \eta/1000$ 式中 P——电机输入功率（kW）。 V——实测线电压（V）。 I——实测线电流（A）。 V——电机功率因素，取 0.8～0.85。 (3) 输入功率应小于电机额定功率，超过时应分析原因，并调整风机运行工况到达设计点

送（回）风口风量的测定　表 4-44

项目	检 测 方 法
送（回）风口风量的测定	(1) 百叶风口宜采用风量罩测试风口风量。 (2) 可采用辅助风管法求取风口断面的平均风速，再乘以风口净面积得到风口风量值；辅助风管的内截面应与风口相同，长度等于风口长边的 2 倍。 (3) 采用叶轮风速仪贴近风口测定风量时，应采用匀速移动测量法或定点测量法，匀速移动法不应少于 3 次，定点测量法的测点不应少于 5 个

系统风量的测定和调整　表 4-45

项目	检测步骤与方法
系统风量的测定和调整步骤	(1) 按设计要求调整送风和回风各干、支管道及各送（回）风口的风量。 (2) 在风量达到平衡后，进一步调整通风机的风量，使其满足系统的要求。 (3) 调整后各部分调节阀不变动，重新测定各处的风量。应使用红油漆在所有风阀的把柄处作标记，并将风阀位置固定
绘制风管系统草图	根据系统的实际安装情况，绘制出系统单线草图供测试时使用。草图上，应标明风管尺寸、测定截面位置、风阀的位置、送（回）风口的位置以及各种设备规格、型号等。在测定截面处，应注明截面的设计风量、面积

续表

项目	检测步骤与方法
测量截面的选择	风管的风量宜用热球式风速仪测量。测量截面的位置应选择在气流均匀处，按气流方向，应选择在局部阻力之后大于或等于5倍矩形风管长边尺寸（圆形风管直径），及局部阻力之前大于或等于2倍矩形风管长边尺寸（圆形风管直径）的直管段上。当测量截面上的气流不均匀时，应增加测量截面上的测点数量
测量截面内测点的位置与数目选择	应按现行国家标准《通风与空调工程施工质量验收规范》（GB 50243—2001）、《洁净室施工及验收规范》（GB 50591—2010），现行行业标准《公共建筑节能检测标准》（JGJ/T 177—2009）执行
风管内风量的计算	通过风管测试截面的风量可按下式确定： $Q=3600\cdot F\cdot V$ 式中 Q——风管风量（m^3/h）。 F——风管测试截面的面积（m^2）。 V——测试截面内平均风速（m/s）

4. 空调水系统流量的测定与调整

空调水系统流量的测定与调整应符合下列规定：

（1）主干管上设有流量计的水系统，可直接读取冷热水的总流量。

（2）采用便携式超声波流量计测定空调冷热水及冷却水的总流量以及各空调机组的水流量时，应按仪器要求选择前后远离阀门或弯头的直管段。当各空调机组水流量与设计流量的偏差大于20%时，或冷热水及冷却水系统总流量与设计流量的偏差大于10%时，需进行平衡调整。

（3）采用便携式超声波流量计测试空调水系统流量时，应先去掉管道测试位置的油漆，并用砂纸去除管道表面铁锈，然后将被测管道参数输入超声波流量计中，按测试要求安装传感器；输入管道参数后，得出传感器的安装距离，并对传感器安装位置作调校；检查流量计状态，信号强度、信号质量、信号传输时间比等反映信号质量参数的数值应在流量计产品技术文件规定的正常范围内，否则应对测试工序进行重新检查；在流量计状态正常后，读取流量值。

5. 变制冷剂流量多联机系统联合试运行与调试

变制冷剂流量多联机系统联合试运行与调试可按表4-46的要求进行。

变制冷剂流量多联机系统联合试运行与调试要求　　表4-46

项目	内　容
试运行与调试前检查	(1) 熟悉和掌握调试方案及产品技术文件要求。 (2) 电源线路、控制配线、接地系统应与设计和产品技术文件一致。 (3) 冷媒配管、绝热施工应符合设计与产品技术文件要求： (4) 系统气密性试验和抽真空试验合格。 (5) 冷媒追加量应符合设计与产品技术文件的要求。 (6) 截止阀应按要求开启

续表

项目	内容
试运行与调试步骤	(1) 系统通电预热6h以上，确认自检正常。 (2) 控制系统室内机编码，确保每台室内机控制器可与主控制器正常通信。 (3) 选定冷暖切换优先控制器，按照工况要求进行设定。 (4) 按照产品技术文件的要求，依次运行室内机，确认相应室外机组能进行运转，确认室内机是否吹出冷风（热风），调节控制器的风量和风向按钮，检查室内机组是否动作。 (5) 所有室内机开启运行60min后，测试主机电源电压和运转电压、运转电流、运转频率、制冷系统运转压力、吸排风温差、压缩机吸排气温度、机组噪声等，应符合设计与产品技术文件要求

6. 变风量（VAV）系统联合试运行与调试

变风量（VAV）系统联合试运行与调试可按表4-47的要求进行。

变风量（VAV）系统联合试运行与调试要求 **表4-47**

项目	内容
试运行与调试前检查	(1) 空调系统上的全部阀门灵活开启。 (2) 清理机组及风管内的杂物，保证风管的通畅。 (3) 检查变风量末端装置的各控制线是否连接可靠，变风量末端装置与风口的软管连接是否严密。 (4) 空调箱冷热源供应正常
试运行与调试步骤	(1) 逐台开启变风量末端装置，校验调节器及检测仪表性能。 (2) 开启空调箱风机及该空调箱所在系统全部变风量末端装置，校验自控系统及检测仪表联动性能。 (3) 所有的空调风阀置于自动位置，接通空调箱冷热源。 (4) 每个房间设定合理的温度值，使变风量末端装置的风阀处在中间开启状态。 (5) 按“系统风量的测定和调整”的要求进行系统风量的调整，确保空调箱送至变风量末端各支管风量的平衡及回风量与新风量的平衡。 (6) 测定与调整空调箱的性能参数及控制参数，确保风管系统的控制静压合理

7. 室内空气参数的测定

室内空气参数的测定，包括空调房间的干、湿球温度的测定，室内噪声的测定，房间之间静压差的测定，应按国家现行有关标准的规定执行。

8. 防排烟系统测定和调整

防排烟系统测定和调整可按表4-48的要求进行。

防排烟系统的测定和调整 **表4-48**

项目	内容
测定与调整前检查	(1) 检查风机、风管及阀部件安装符合设计要求。 (2) 检查防火阀、排烟防火阀的型号、安装位置、关闭状态，检查电源、控制线路连接状况、执行机构的可靠性。 (3) 送风口、排烟口的安装位置、安装质量、动作可靠性

续表

项目	内　容
机械正压送风系统测试与调整	(1) 若系统采用砖或混凝土风道，测试前应检查风道严密性，内表面平整，无堵塞、无孔洞、无串井等现象。 (2) 关闭楼梯间的门窗及前室或合用前室的门（包括电梯门），打开楼梯间的全部送风口。 (3) 在大楼选一层作为模拟火灾层（宜选在加压送风系统管路最不利点附近），将模拟火灾层及上、下层的前室送风阀打开，将其他各层的前室送风阀关闭。 (4) 启动加压送风机，测试前室、楼梯间、避难层的余压值；消防加压送风系统应满足走廊——前室——楼梯间的压力呈递增分布；测试楼梯间内上下均匀选择3～5个测试点，重复不少于3次的平均静压；静压值应达到设计要求；测试开启送风口的前室的一个点，重复次数不少于3次的静压平均值，测定前室、合用前室、消防楼梯前室、封闭避难层（间）与走道之间的压力差应达到设计要求；测试是在门全部关闭下进行，压力测点的具体位置应视门、排烟口、送风口等的布置情况而定，应该远离各种洞口等气流通路。 (5) 同时打开模拟火灾层及其上、下层的走道——前室——楼梯间的门，分别测试前室通走道和楼梯间通前室的门洞平面处的平均风速，应符合设计要求；测试时，门洞风速测点布置应均匀，可采用等小矩形面法，即将门洞划分为若干个边长为（200～400）的小矩形网格，每个小矩形网格的对角线交点即为测点。 (6) 以上（4）、（5）两项可任选其一进行测试
机械排烟系统测试与调整	(1) 走道（廊）排烟系统：打开模拟火灾层及上、下一层的走道排烟阀，启动走道排烟风机，测试排烟口处平均风速，根据排烟口截面（有效面积）及走道排烟面积计算出每平方米面积的排烟量，应符合设计要求；测试宜与机械加压送风系统同时进行，若系统采用砖或混凝土风道，测试前还应对风道进行检查；平均风速测定可采用匀速移动法或定点测量法，测定时，风速仪应贴近风口，匀速移动法不小于3次，定点测量法的测点不少于4个。 (2) 中庭排烟系统，启动中庭排烟风机，测试排烟口处风速，根据排烟口截面计算出排烟量（若测试排烟口风速有困难，可直接测试中庭排烟风机风量），并按中庭净空换算成换气次数应符合设计要求。 (3) 地下车库排烟系统：若与车库排风系统合用，须关闭排风口，打开排烟口。启动车库排烟风机，测试各排烟口处风速，根据排烟口截面计算出排烟量，并按车库净空换算成换气次数，应符合设计要求。 (4) 设备用房排烟系统：若排烟风机单独担负一个防烟分区的排烟时，应把该排烟风机所担负的防烟分区中的排烟口全部打开；如排烟风机担负两个以上防烟分区时，则只需把最大防烟分区及次大的防烟分区中的排烟口全部打开，其他关闭。启动机械排烟风机，测定通过每个排烟口的风速，根据排烟口截面计算出排烟量符合设计要求为合格

4.9.3 综合效能试验监理要点

通风与空调工程交工前，并已具备生产试运行的条件下，可由建设单位负责，设计、施工单位配合，进行带生产负荷的综合效能试验测定与调整。

综合效能试验与调整的项目，应由建设单位根据工程性质、工艺和设计要求进行确定。

1. 试验项目

(1) 通风、除尘系统综合效能试验包括下列项目：

1) 室内空气中含尘浓度或有害气体浓度与排放浓度的测定。

2) 吸气罩罩口气流特性的测定。

3）除尘器阻力和除尘效率的测定。

4）空气油烟、酸雾过滤装置净化效率的测定。

（2）空调系统综合效能试验包括下列项目：

1）送回风口空气状态参数的测定与调整。

2）空气调节机组性能参数的测定与调整。

3）室内噪声的测定。

4）室内空气温度和相对湿度的测定与调整。

5）对气流有特殊要求的空调区域做气流速度的测定。

（3）恒温恒湿空调系统除应包括空调系统综合效能试验项目外，尚应包括下列项目：

1）室内静压的测定和调整。

2）空调机组各功能段性能的测定与调整。

3）室内温度、相对湿度场的测定与调整。

4）室内气流组织的测定。

（4）净化空调系统除应包括恒温恒湿空调系统综合效能试验项目外，尚应包括下列项目：

1）生产负荷状态下室内空气洁净度等级的测定。

2）室内浮游菌和沉降菌的测定。

3）室内自净时间的测定。

4）空气洁净度高于5级的洁净室，除应进行净化空调系统综合效能试验项目外，尚应做设备泄漏控制、防止污染扩散等特定项目的测定。

5）洁净度等级高于等于5级的洁净室，可进行单向气流流线平行度的检测，在工作区内气流流向偏离规定方向的角度不大于15%。

（5）防排烟系统综合效能试验的测定项目，为模拟状态下安全区正压变化测定及烟雾扩散试验等。

2. 试验过程质量控制内容及要点

（1）系统总风压、风量及风机转数的测定

1）测定截面应设在气流均匀而稳定的部位，即在按气流方向位于局部阻力之后，大于或等于4倍直径（矩形风管大边）的直管段上。

2）矩形风管测点布置要求各小截面积不能太大，并尽量形成方形，圆形风管截面上测点分布在将圆面积分成等面积的几个圆环上。

3）风机风压、风量的测定一般使用毕托管和微压计，风速小的系统时用热球风速仪测定风速，测定时，系统阀风口全开，三通调节阀处于中间位置。

4）风机转速的测定可在风机叶轮的皮带盘中心孔位置用转速表测出。

5）实测总风量与设计风量偏差不应大于10%。

（2）风量测定调整一般从风机最远的支干管开始。

（3）各风口风量实测值与设计值偏差不大于15%。

（4）室内温度、相对湿度测定

1）室内空气温度和相对湿度测定之前，净化空调系统应已经连续运行至少24h，对有恒温要求的场所，根据对温度和相对湿度波动范围的要求，测定宜连续进行8～48h，每次测定间隔不大于 30min。

2）室内测点一般布置在：

①送、回风口处。

②恒温工作区内具有代表性的地点。

③室中心位置。

④敏感元件处。

所有测点宜设在同一高度，离地面 0.5～1.5m 处，测点距围护结构内表面应大于 0.5m。

3）根据温度和相对湿度的波动范围，应选相应的具有足够精度的仪表进行测定，可采用棒状温度计、通风温湿度计等，测量仪器的测头应有支架固定，不得用手持测头。

（5）室内洁净度的检测

1）测定室内洁净度时，每个采样点采样次数不少于 3 次，各点采样次数可以不同。

2）对于单向流洁净室，采样口应对着气流方向，对于乱流洁净室，采样口应向上，采样速度均应尽可能接近室内气流速度。

3）洁净度测点布置原则：

①多于 5 点时可分层布置，但每层不少于 5 点。

②5 点或 5 点以下时可布置在离地面 0.8m 高平面的对角线上，或该平面上的两个过滤器之间的地点，也可以设在认为需要布点的其他地方。

（6）室内噪声的检测

1）测噪声仪器为带倍频程分析仪的声级计，一般只测 A 声级的数值，必要时测倍频程声压级，测量稳态噪声应使用声级计“慢档”时间特性，一次测量应取内的平均读数。

2）测点可布置在房间中心离地面高度为 1.2m 处，较大面积空调房间测定应按设计要求。

（7）室内气流流型的测定宜采用发烟器或悬挂单线的方法逐点观察，并应在测点布置图上标出气流方向。

（8）风管内温度的测定在一般情况下可只测定中心点温度，测温仪器可采用棒状温度计或工业用热电偶、电阻温度计。

（9）自动调节系统应作参数整定，自动调节仪表应达到技术文件规定的精度要求，经调整后检测元件、调节器、执行机构、调节机构和反馈应能协调一致，准确联动。

（10）通风、除尘系统的综合效能试验：

1）除尘器前后的同一参数测定应同时进行。

2）除尘器进、出口管道内的含尘浓度及气体压力的测定，应符合现行国家标准《锅炉烟尘测试方法》（GB/T 5468—1991）中的有关规定。

5　建筑电气工程施工监理

5.1 基 本 规 定

建筑电气工程施工质量检查、验收，应符合现行国家标准《建筑工程施工质量验收统一标准》(GB 50300—2013)、《建筑电气工程施工质量验收规范》(GB 50303—2015) 以及相关标准的规定。

5.1.1　建筑电气工程分部（子分部）工程、分项工程划分

建筑电气工程分部（子分部）工程、分项工程可按表 5-1 划分。

建筑电气工程分部（子分部）工程、分项工程划分　　表 5-1

分部工程	子分部工程	分项工程
建筑电气	室外电气	变压器、箱式变电所安装，成套配电柜、控制柜（屏、台）和动力、照明配电箱（盘）及控制柜安装，梯架、支架、托盘和槽盒安装，导管敷设，电缆敷设，管内穿线和槽盒内敷线，电缆头制作、导线连接和线路绝缘测试，普通灯具安装，专用灯具安装，建筑照明通电试运行，接地装置安装
	变配电室	变压器、箱式变电所安装，成套配电柜、控制柜（屏、台）和动力、照明配电箱（盘）安装，母线槽安装，梯架、支架、托盘和槽盒安装，电缆敷设，电缆头制作、导线连接和线路绝缘测试，接地装置安装，接地干线敷设
	供电干线	电气设备试验和试运行，母线槽安装，梯架、支架、托盘和槽盒安装，导管敷设，电缆敷设，管内穿线和槽盒内敷线，电缆头制作、导线连接和线路绝缘测试，接地干线敷设
	电气动力	成套配电柜、控制柜（屏、台）和动力配电箱（盘）安装，电动机、电加热器及电动执行机构检查接线，电气设备试验和试运行，梯架、支架、托盘和槽盒安装，导管敷设，电缆敷设，管内穿线和槽盒内敷线，电缆头制作、导线连接和线路绝缘测试
	电气照明	成套配电柜、控制柜（屏、台）和照明配电箱（盘）安装，梯架、支架、托盘和槽盒安装，导管敷设，管内穿线和槽盒内敷线，塑料护套线直敷布线，钢索配线，电缆头制作、导线连接和线路绝缘测试，普通灯具安装，专用灯具安装，开关、插座、风扇安装，建筑照明通电试运行
	备用和不间断电源	成套配电柜、控制柜（屏、台）和动力、照明配电箱（盘）安装，柴油发电机组安装，不间断电源装置及应急电源装置安装，母线槽安装，导管敷设，电缆敷设，管内穿线和槽盒内敷线，电缆头制作、导线连接和线路绝缘测试，接地装置安装
	防雷及接地	接地装置安装，防雷引下线及接闪器安装，建筑物等电位连接，浪涌保护器安装

5.1.2　材料（设备）质量控制

1. 一般规定

(1) 主要设备、材料、成品和半成品进场检验结论应有记录，确认符合现行国家标准《建筑电气工程施工质量验收规范》(GB 50303—2015) 的规定，才能在施工中应用。

主要设备、材料、成品和半成品进场检验工作，是施工管理的停止点，其工作过程、检验结论要有书面证据，所以要有记录，检验工作应有施工单位和监理单位参加，施工单位为主，监理单位确认。

(2) 因有异议选有资质试验室进行抽样检测，试验室应出具检测报告。确认符合现行国家标准《建筑电气工程施工质量验收规范》(GB 50303—2015) 和相关技术标准规定，才能在施工中应用。

因有异议而送有资质的试验室进行检测，检测的结果描述在检测报告中，经异议各方共同确认是否符合要求，符合要求，才能使用，不符合要求应退货或做其他处理。有资质的试验室是指依照法律、法规规定，经相应政府行政主管部门或其授权机构认可的试验室。

(3) 依法定程序批准进入市场的新电气设备、器具和材料进场验收，除符合现行国家标准《建筑电气工程施工质量验收规范》(GB 50303—2015) 的规定外，尚应提供安装、使用、维修和试验要求等技术文件。

(4) 进口电气设备、器具和材料进场验收，除符合现行国家标准《建筑电气工程施工质量验收规范》(GB 50303—2015) 规定外，尚应提供商检证明和中文的质量合格证明文件、规格、型号、性能检测报告以及中文的安装、使用、维修和试验要求等技术文件。

(5) 经批准的免检产品或认定的名牌产品，当进场验收时，可不做抽样检测。

2. 采购、订货

(1) 凡由承包单位负责采购的原材料、半成品或构配件、设备等，在采购订货前，监理工程师应审查建筑材料报验单，对于重要的材料，还应提交样品，供试验或鉴定，有些材料则要求供货单位提交理化试验单，经监理工程师审查认可，发出建筑材料核查认可书后，方可进行订货采购。

(2) 对于永久性设备、器材或构配件，监理工程师应按经过审批认可的设计文件和图纸，审查其质量是否满足有关标准和设计的要求，交货期应满足施工及进度的需要。

(3) 对于设备、器材和构配件的采购、订货，监理工程师可通过判定质量保证计划，详细提出对厂方应达到的质量保证要求。

质量保证计划的主要内容包括：采购的基本原则及所依据的技术规范或标准，设备或器材所用材料性能及所依据的标准或规范，应进行的质量检验项目及要求达到的标准，技术协议应包括一般技术规范、技术参数、特性及保证值，以及有关技术说明、检查、试验和验收等，对设备制造过程中所用的器材的标记、识别和追踪的要求。质量信息传递的途径、方法及要求，对于合格证或产品说明书等质量保证文件的要求，以及是否需要权威性的质量认证等。

(4) 审查供货方应向需方提供的质量保证文件。质量保证文件包括的主要内容：供货总说明、产品合格证及技术说明书、质量检验证明、检测试验者的资格证明、关键工艺操作人员资格证明及操作记录、不合格品或质量问题处理的说明、有关图纸及技术资料，必要时还应附有权威性认证资料。

(5) 对某些材料应要求承包方订货时最好一次备齐，以免由于分批而出现花色差异、质量不一等问题。

3. 材料、设备进场

凡运到施工现场的原材料、半成品及构配件，监理工程师应首先审查是否有产品合格证、出厂检验报告及技术说明书，然后由施工承包单位按规定要求进行复试、检验，并向监理工程师提供检验或试验报告，经监理工程师审查并确认其质量合格后，方准进场。

工地交货的机械设备或器材到场，应有产品出厂合格证及技术说明书，监理工程师应与订货方共同在规定的索赔期内开箱检验，检验合格后，方可验收，若检验发现设备质量不符合要求时，监理工程师不予验收。由于供方质量不合格而造成的损失，应及时向供方索赔。

进口的材料、设备的检查、验收，应会同国家商检部门进行。

4. 材料、设备存放

监理工程师对施工单位对材料、半成品、构配件及永久性设备、器材等的存放、保管条件及时间，应实行监控。根据它们的特点、特性以及对防潮、防晒、防锈、防腐蚀、通风、隔热以及温度等方面的不同要求，进行检查、监控。

对于按要求存放的材料、设备，存入后每隔一定时间，监理工程师应检查一次，随时掌握它们的存放质量情况。

在材料、设备、器材等使用前，监理工程师对其质量再次检查，确认合格后，方可允许使用，对检查不合格者，不准使用或降低等级使用。

5. 新材料、新设备

对于新材料、新型设备或装置的应用，应事先提交可靠的技术鉴定及有关试验和实际应用的报告，经监理工程师审查确认和批准后，方可在工程中应用。

5.2 变压器、箱式变电所安装监理要点

5.2.1 材料（设备）质量控制

（1）变压器、箱式变电所的容量、规格及型号必须符合设计要求。查验合格证和随带技术文件，变压器有出厂试验记录。

（2）外观检查：有铭牌，附件齐全，绝缘件无缺损、裂纹，充油部分不渗漏，充气高压设备气压指示正常，涂层完整、无损伤，有通风口的风口防护网完好

（3）附件、备件齐全，油浸变压器油位正常，无渗油现象。干式变压器温度计及温控仪表安装正确，指示值正常，整定值符合要求。油式变压器的气体继电器安装方向应正确，打气试验接点动作要正确。

（4）高压套管及硬母线相色漆应正确，套管瓷件应完好、清洁，接地小套管应接地。变压器接地应良好，接地电阻应合格。避雷器、跌落开关等附属设备安装应正确。高低压熔断器的位置安装应正确，熔丝符合要求。

（5）变压器控制系统二次回路的接线应正确，经试操作情况良好。保护按整定值整定。变压器引出线连接应良好，相位，相序符合要求。

（6）变压器基础的轨道应水平，轨距与轮距应配合，装有气体继电器的变压器顶盖，沿气体继电器的气流方向有1.0％～1.5％的升高坡度。

（7）变压器线圈对低压线圈之间的绝缘电阻和高压线对地的绝缘电阻均不得小于100MΩ（用2500V摇表测）。低压线圈对地绝缘电阻和穿心螺杆对地绝缘电阻均不得小于500MΩ（用1000V摇表测）。

（8）用交流变频耐压仪对变压器进行工频耐压试验；施加工频电压按现行国家标准《电气装置安装工程电气设备交接试验标准》（GB 50150—2006）的规定；耐压试验应合格，且变压器没有遗留任何异物。

（9）变压器室、网门和遮拦，以及可攀登接近带电设备的设施，标有符合规定的设备名称和安全警告标志。

（10）变压器、箱式变电所在试运行前，应进行全面检查，确认其符合运行条件时，方可投入试运行。

5.2.2 工序交接要求

变压器、箱式变电所安装应按以下程序进行：

（1）变压器、箱式变电所的基础验收合格，且对埋入基础的电线导管、电缆导管和变压器进、出线预留孔及相关预埋件进行检查，才能安装变压器、箱式变电所。

（2）杆上变压器的支架紧固检查后，才能吊装变压器且就位固定。

（3）变压器及接地装置交接试验合格，才能通电。

5.2.3 变压器安装监理要点

（1）按图纸核对变压器基础安装位置、标高、防振措施。

（2）变压器安装应位置正确、附件齐全，油浸变压器油位正常、无渗油现象。

（3）有载调压开关的传动部分润滑应良好，动作灵活，点动给定位置与开关实际位置一致，自动调节符合产品的技术文件要求。

（4）绝缘件应无裂纹、缺损和瓷件釉面损坏等缺陷，外表清洁、测温仪表指示准确。

（5）装有滚轮的变压器就位后，应将滚轮用能拆卸的制动部件固定。

（6）装有气体继电器的变压器顶盖，沿气体继电器的气流方向有1.0%～1.5%的升高坡度。

（7）按设计文件、产品说明文件及出厂试验记录检查。

（8）检查进、出线与变压器、开关连接。

（9）接地装置引出的接地干线与变压器的低压侧中性点直接连接；接地干线与箱式变电所的N母线和PE母线直接连接；变压器箱体、干式变压器的支架或外壳应接地（PE）。所有连接应可靠，紧固件及防松零件齐全。

（10）变压器必须按《电气装置安装工程电气设备交接试验标准》（GB 50150—2006）的规定交接试验合格。

5.2.4 箱式变电所安装监理要点

（1）按设计图纸核对位置、标高。

（2）基础型钢的型号、规格；基础型钢与接地干线连接。

（3）接地装置引出的接地干线与变压器的低压侧中性点直接连接；接地干线与箱式变

电所的 N 母线和 PE 母线直接连接；变压器箱体、干式变压器的支架或外壳应接地（PE）。所有连接应可靠，紧固件及防松零件齐全。

（4）箱式变电所及落地式配电箱的基础应高于室外地坪，周围排水通畅。用地脚螺栓固定的螺帽齐全、拧紧牢固；自由安放的应垫平放正。金属箱式变电所及落地式配电箱，箱体应接地（PE）或接零（PEN）可靠，且有标识。

（5）与图纸产品型号核对，接线正确，母线连接用力矩扳手，并达到规定值。

（6）箱式变电所内外涂层完整、无损伤，有通风口的风口防护网完好。

（7）箱式变电所的高低压柜内部接线完整、低压每个输出回路标记清晰，回路名称准确。

（8）箱式变电所的交接试验，必须符合下列规定：

1）由高压成套开关柜、低压成套开关柜和变压器 3 个独立单元组合成的箱式变电所高压电气设备部分，按《电气装置安装工程电气设备交接试验标准》（GB 50150—2006）的规定交接试验合格。

2）高压开关、熔断器等与变压器组合在同一个密闭油箱内的箱式变电所，交接试验按产品提供的技术文件要求执行。

3）低压成套配电柜交接试验符合《电气装置安装工程电气设备交接试验标准》（GB 50150—2006）的规定。

5.2.5 旁站监理项目

（1）箱式变电所、低压成套配电柜的交接试验。

（2）变压器吊芯检查（必要时）。

5.2.6 工程检测和试验项目

变压器、箱式变电所（由高、低压电柜和变压器三个独立单元组成）的高压交接试验，采用高压试验台作工频耐压试验。

对于高压开关、熔断器等与变压器组合在同一个密闭油箱内的箱式变电所，交接试验方法、标准根据产品技术文件要求执行。

变压器试运行前，应进行空载全电压冲击合闸试验，有条件时应从零起升压，且宜从高压侧投入。第一次冲击带电持续时间不少于 10min，变压器应无异常情况，投运前要求做五次冲击合闸试验。

5.3 成套配电柜、控制柜（屏、台）和动力、照明配电箱（盘）安装监理要点

5.3.1 材料（设备）质量控制

（1）对高低压成套配电柜、控制柜（屏、台）及动力、照明配电箱（盘），查验合格证和随带技术文件，实行生产许可证和安全认证制度的产品，有许可证编号和安全认证标志。不间断电源柜有出厂试验记录。

外观检查：有铭牌，柜内元器件无损坏丢失、接线无脱落脱焊，柜、屏、台上的标识器件标明被控设备编号及名称或操作位置，接线端子有编号，且清晰、工整、不易脱色。闭锁装置动作准确、可靠。

（2）盘、柜等在搬运和安装时应采取防震、防潮、防止框架变形和漆面受损等安全措施，必要时可将装置性设备和易损元件拆下单独包装运输。当产品有特殊要求时，尚应符合产品技术文件的规定。

精密的仪表和元件一般应从盘上拆下运输，对于较重的或精密的装置型设备，如高频保护装置、零序保护装置、逆变装置、距离保护装置、重合闸装置等，必要时可拆下单独包装运输，以免损坏或因装置过重使框架受力变形。尤其应注意在二次搬运及安装过程中，应防止倾倒而损坏设备。

（3）盘、柜应存放在室内或能避雨、雪、风、沙的干燥场所。对有特殊保管要求的装置性设备和电气元件，应按规定保管。

对温度、湿度有较严格要求的装置型设备，如微机监控系统，应按规定妥善保管在合适的环境中，待现场具备了设计要求的条件时，再将设备运进现场进行安装调试。

（4）采用的设备和器材，必须是符合国家现行技术标准的合格产品，并有合格证件。设备应有铭牌。不得使用淘汰及高能耗产品，新产品均应经鉴定合格。

5.3.2 工序交接要求

成套配电柜、控制柜（屏、台）和动力、照明配电箱（盘）安装程序要求：

（1）基础槽钢和电缆沟等相关建筑物检查合格，才能安装柜、屏、台。

（2）室内外落地动力配电箱的基础验收合格，且对埋入基础的电线导管、电缆导管进行检查，才能安装箱体。

（3）墙上明装的动力、照明配电箱（盘）的预埋件（金属埋件、螺栓），在抹灰前预留埋；暗装的动力、照明配电箱的预留孔和动力、照明配线的线盒及电线导管等，经检查确认到位，才能安装配电箱（盘）。

（4）接地（PE）或接零（PEN）连接完成后，核对柜、屏、台、箱、盘内的文件规格、型号且交接试验合格，才能投入试运行。

5.3.3 成套配电柜、控制柜（屏、台）安装监理要点

（1）按施工图纸核对基础位置标高、允许偏差；基础型钢型号、规格、基础水泥砂浆强度。

（2）柜、屏、台的金属框架及基础型钢必须接地（PE）或接零（PEN）可靠；装有电器的可开启门、门和框架的接地端子间应用裸编织铜线连接，且有标识。

（3）基础型钢安装应符合 GB 50303—2015 的规定。

（4）按图纸核对柜、屏、台安装位置。

（5）低压成套配电柜、控制柜（屏、台）应有可靠的电击保护。柜（屏、台）内保护导体应有裸露的连接外部保护导体的端子，当设计无要求时，柜（屏、台）内保护导体最小截面积不应小于 GB 50303—2015 的规定。

（6）柜、屏、台相互间或与基础型钢应用镀锌螺栓连接，且防松零件齐全。

(7) 柜、屏、台安装垂直度允许偏差为1.5‰，相互间接缝不应大于2mm。成列盘面偏差不应大于5mm。

(8) 柜、屏、台内检查试验应符合下列规定：

1) 控制开关及保护装置的规格、型号符合设计要求。

2) 闭锁装置动作准确、可靠。

3) 主开关的辅助开关切换动作与主开关动作一致。

4) 柜、屏、台上的标识器件标明被控设备编号及名称，或操作位置，接线端子有编号，且清晰、工整、不易脱色。

5) 回路中的电子元件不应参加交流工频耐压试验；48V及以下回路可不做交流工频耐压试验。

(9) 柜、屏、台间配线：电流回路应采用额定电压不低于750V、芯线截面积不小于2.5mm^{2}的铜芯绝缘电线或电缆；除电子元件回路或类似回路外，其他回路的电线应采用额定电压不低于750V，芯线截面不小于1.5mm^{2}的铜芯绝缘电线或电缆。

二次回路连线应成束绑扎，不同电压等级、交流、直流线路及计算机控制线路应分别绑扎，且有标识；固定后不应妨碍手车开关或抽出式部件的拉出或推入。

(10) 连接柜、屏、台面板上的电器及控制台、板等可动部位的电线应符合下列规定：

1) 用多股铜芯软电线，敷设长度留有适当裕量。

2) 束有外套塑料管等加强绝缘保护层。

3) 与电器连接时，端部绞紧，且有不开口的终端端子或搪锡，不松散、断股。

4) 可转动部位的两端用卡子固定。

(11) 高压试验应由具有相应资质的试验单位进行。

(12) 手车、抽出式成套配电柜推拉应灵活，无卡阻碰撞现象。动触头与静触头的中心线应一致，且触头接触紧密，投入时接地触头先于主触头接触；退出时接地触头后于主触头脱开。

(13) 高压成套配电柜必须按《电气装置安装工程电气设备交接试验标准》(GB 50150—2006)的规定交接试验合格，且应符合下列规定：

1) 继电保护元器件、逻辑元件、变送器和控制用计算机等单体校验合格，整组试验动作正确，整定参数符合设计要求。

2) 凡经法定程序批准，进入市场投入使用的新高压电气设备和继电保护装置，按产品技术文件要求交接试验。

(14) 低压成套配电柜交接试验，必须符合《建筑电气工程施工质量验收规范》GB 50303—2015的规定。

注意：动力配电装置的交流耐压试验电压为1000V。当回路绝缘电阻值在10MΩ以上时，可采用2500V兆欧表代替，试验持续时间1min。

(15) 柜、屏、台、箱、盘间线路的线间和线对地间绝缘电阻值，馈电线路必须大于0.5MΩ；二次回路必须大于1MΩ。

(16) 柜、屏、台间二次回路交流工频耐压试验，当绝缘电阻值大于10MΩ时，用2500V兆欧表摇测1min，应无闪络击穿现象；当绝缘电阻值在1～10MΩ时，做1000V交流工频耐压试验，时间1min，应无闪络击穿现象。

(17) 直流屏试验，应将屏内电子器件从线路上退出，检测主回路线间和线对地间绝缘电阻值应大于0.5MΩ，直流屏所附蓄电池组的充、放电应符合产品技术文件要求，整流器的控制调整和输出特性试验应符合产品技术文件要求。

5.3.4 动力、照明配电箱（盘）安装监理要点

(1) 按图纸核对箱盘位置、标高以及敷设方式（明敷或暗敷）。

(2) 箱盘固定牢固可靠。

(3) 箱、盘的金属框架及基础型钢必须接地（PE）或接零（PEN）可靠；装有电器的可开启门、门和框架的接地端子间应用裸编织铜线连接，且有标识。

(4) 动力、照明配电箱（盘）应有可靠的电击保护。柜（屏、台、箱、盘）内保护导体应有裸露的连接外部保护导体的端子，当设计无要求时，柜（屏、台、箱、盘）内保护导体最小截面积不应小于GB 50303—2015的规定。

(5) 照明配电箱（盘）安装应符合下列规定：

1) 箱（盘）内配线整齐，无绞接现象。导线连接紧密，不伤芯线、不断股。垫圈下螺丝两侧压的导线截面积相同，同一端子上导线连接不多于2根，防松垫圈等零件齐全。

2) 箱（盘）内开关动作灵活可靠，带有漏电保护的回路，漏电保护装置动作电流不大于30mA，动作时间不大于0.1s。

3) 照明箱（盘）内，分别设置零线（N）和保护地线（PE）汇流排，零线和保护地线经汇流排配出。

(6) 箱、盘相互间或与基础型钢应用镀锌螺栓连接，且防松零件齐全。

(7) 箱、盘安装垂直度允许偏差为1.5‰，相互间接缝不应大于2mm。成列盘面偏差不应大于5mm。

(8) 照明配电箱（盘）安装应符合下列规定：

1) 位置正确，部件齐全，箱体开孔与导管管径适配，暗装配电箱箱盖紧贴墙面，箱（盘）涂层完整。

2) 箱（盘）内接线整齐，回路编号齐全，标识正确。

3) 箱（盘）不采用可燃材料制作。

4) 箱（盘）安装牢固，垂直度允许偏差为1.5‰；底边距地面为1.5m，照明配电板底边距地面不小于1.8m。

(9) 箱、盘间线路的线间和线对地间绝缘电阻值，馈电线路必须大于0.5MΩ；二次回路必须大于1MΩ。

(10) 箱、盘间二次回路交流工频耐压试验，当绝缘电阻值大于10MΩ时，用2500V兆欧表摇测1min，应无闪络击穿现象；当绝缘电阻值在1～10MΩ时，做1000V交流工频耐压试验，时间1min，应无闪络击穿现象。

(11) 箱、盘内检查试验应符合下列规定：

1) 控制开关及保护装置的规格、型号符合设计要求。

2) 闭锁装置动作准确、可靠。

3) 主开关的辅助开关切换动作与主开关动作一致。

4) 箱、盘上的标识器件标明被控设备编号及名称，或操作位置，接线端子有编号，

且清晰、工整、不易脱色。

5）回路中的电子元件不应参加交流工频耐压试验；48V 及以下回路可不做交流工频耐压试验。

（12）低压电器组合应符合下列规定：

1）发热元件安装在散热良好的位置。

2）熔断器的熔体规格、自动开关的整定值符合设计要求。

3）切换压板接触良好，相邻压板间有安全距离，切换时，不触及相邻的压板。

4）信号回路的信号灯、按钮、光字牌、电铃、电笛、事故电钟等动作和信号显示准确。

5）外壳需接地（PE）或接零（PEN）的，连接可靠。

6）端子排安装牢固。端子有序号，强电、弱电端子隔离布置，端子规格与芯线截面积大小适配。

（13）箱、盘间配线：电流回路应采用额定电压不低于 750V、芯线截面积不小于 2.5mm^2 的铜芯绝缘电线或电缆；除电子元件回路或类似回路外，其他回路的电线应采用额定电压不低于 750V，芯线截面不小于 1.5mm^2 的铜芯绝缘电线或电缆。

二次回路连线应成束绑扎，不同电压等级、交流、直流线路及计算机控制线路应分别绑扎，且有标识；固定后不应妨碍手车开关或抽出式部件的拉出或推入。

（14）低压成套配电柜交接试验，必须符合《建筑电气工程施工质量验收规范》GB 50303—2015 的规定。

注意：动力配电装置的交流耐压试验电压为 1000V。当回路绝缘电阻值在 10MΩ 以上时，可采用 2500V 兆欧表代替，试验持续时间 1min。

（15）连接箱、盘面板上的电器及控制台、板等可动部位的电线应符合下列规定：

1）用多股铜芯软电线，敷设长度留有适当裕量。

2）束有外套塑料管等加强绝缘保护层。

3）与电器连接时，端部绞紧，且有不开口的终端端子或搪锡，不松散、断股。

4）可转动部位的两端用卡子固定。

5.3.5 旁站监理项目

（1）柜、屏、台、箱、盘的线间和线对地间绝缘电阻测试。

（2）成套配电柜的交接试验。

（3）柜、屏、台、箱、盘二次回路交流工频耐压试验。

（4）照明配电箱、盘内漏电保护装置的模拟动作试验。

（5）直流屏主回路线间和线对地间绝缘电阻测试。

5.3.6 工程检测和试验项目

（1）高压成套配电柜的交接试验按照现行国家标准《电气装置安装工程电气设备交接试验标准》（GB 50150—2006）的规定执行，采用试验仪表为高压试验台、兆欧表等仪器。

（2）漏电保护现场模拟试验采用漏电开关内试验按钮进行，数据检测送有资质的试验室进行。也有大的设备安装单位实验室有检测资质，直接在现场进行检测，采用精度较高的毫安计或光电检流计等仪表检测漏电电流与动作时间，监理应参加试验。

5.4 母线槽及母线安装监理要点

5.4.1 材料（设备）质量控制

（1）所用支架、吊架、固定用膨胀螺栓的型号规格及防腐措施。

（2）设备和器材在安装前的保管期限应为一年。当需长期保管时，应符合产品技术文件中设备和器材保管的有关要求。

设备及器材的保管是安装前的一个重要前期工作。施工前搞好设备及器材的保管有利于以后的施工。

设备及器材的保管要求和措施，因其保管时间的长短而有所不同，规定的是设备到达现场后安装前的保管要求，以不超过一年为限。对于需长期保管的设备及器材，应按产品技术文件中有关保管要求进行保管。

（3）封闭母线和母线槽，现在都是定型产品。母线在运输过程中易受损伤、变形，所以到达现场后，应及时进行外观检查，尤其是接头搭接面的质量应满足要求，否则当通过大电流时，由于接触电阻增大而使接头严重发热。

（4）母线槽开箱验收，应由施工方、监理方、生产方共同参与。母线槽开箱时应检查下列项目：

1）产品合格证和出厂检验报告的对象与实物一致。

2）本体和附件的数量与发货单相符。

3）外观无损坏、变形等缺陷，表面防腐层色泽一致，母线端部绝缘层完整。

4）母线截面符合设计要求。

5）每节母线槽的绝缘电阻不低于 20MΩ。

6）母线槽连接用的穿芯螺栓有可靠的接地措施。

（5）封闭母线、插接母线

1）查验合格证和随带安装技术文件。

2）外观检查：防潮密封良好，各段编号标志清晰，附件齐全，外壳不变形，母线螺栓搭接面平整、镀层覆盖完整、无起皮和麻面；插接母线上的静触头无缺损、表面光滑、镀层完整。

（6）裸母线、裸导线检查要点：

1）查验合格证。

2）外观检查：包装完好，裸母线平直，表面无明显划痕，测量厚度和宽度符合制造标准；裸导线表面无明显损伤，不松股、扭折和断股（线），测量线径符合制造标准。

（7）事先做好检验工作，为顺利施工提供条件。设备和器材到达现场后应及时检查，并应符合下列规定。

1）包装及密封应良好。对有防潮要求的包装应及时检查，发现问题，采取措施，以防受潮。

2）开箱检查清点，规格应符合设计要求，附件、备件应齐全。

3）产品的技术文件应齐全。

4）产品的外观检查应完好。

5.4.2 工序交接要求

母线槽、母线安装应按以下程序进行：

（1）变压器、高低压成套配电柜、穿墙套管及绝缘子等安装就位，经检查合格，才能安装变压器和高低压成套配电柜的母线。

（2）封闭、插接式母线安装，在结构封顶、室内底层地面施工完成或已确定地面标高、场地清理、层间距离复核后，才能确定支架设置位置。

（3）与封闭、插接式母线安装位置有关的管道、空调及建筑装修工程施工基本结束，确认扫尾施工不会影响已安装的母线，才能安装母线。

（4）封闭、插接式母线每段母线组对接续前，绝缘电阻测试合格，绝缘电阻值大于20MΩ，才能安装组对。

（5）母线支架和封闭、插接式母线的外壳接地（PE）或接零（PEN）连接完成，母线绝缘电阻测试和交流工频耐压试验合格，才能通电。

5.4.3 母线槽安装监理要点

（1）母线槽安装前，应完成下列工作：

1）确认母线槽的规格、走向符合设计要求。

2）确认现场复测得出的产品配置条件与产品供货情况一致。

3）验收母线槽产品且合格。

4）安装母线的部位土建施工已结束，环境洁净，配电室的门已安装合格且可上锁。

5）母线槽需穿越楼板和墙壁的孔洞已修正。

6）对需要防水台阶的母线槽，防水台阶已完成。

7）母线槽连接的电气设备已就位。

（2）弹簧支承器安装应符合下列规定：

1）当母线槽垂直安装时，安装弹簧支承器应符合设计规定。当设计无规定时，每层楼安装一副。

2）弹簧支承器安装前应修正楼板孔，保证同一轴线楼板孔的同心度，使母线槽穿越任何一楼板孔时，与孔边保持5～10mm的距离。

3）当弹簧支承器的槽钢底座采用膨胀螺栓固定在楼板上时，每根底座的固定点不应少于两点。

4）出厂时弹簧支承器的弹簧应进行预压缩，并向安装单位提供压缩量与重量的关系式。

5）弹簧支承器的底座应固定牢固，底座与母线槽外壳之间应留有活动间隙。

6）弹簧应与底座垂直，并处于半压缩状态，弹簧的上螺帽应处于松开状态。

（3）母线槽支架安装应满足下列要求：

1）水平敷设时，每一单元母线槽不应少于两个支架，且应可靠固定。

2）垂直敷设时，应在母线槽的分接口处设置防晃支架。

3）支架与母线槽之间采取压紧连接。

4）支架应固定牢固，设置合理。

5）母线槽的分接口处已设置防晃支架，防晃支架应紧贴母线槽外壳。

6）水平安装的支架应高低一致，支架间距不应大于2m，每一单元母线槽的支架不应少于两个。

（4）母线槽安装时土建工程应符合下列规定：

1）安装母线槽的井道中应无渗水，且墙面已完工。

2）母线槽穿越墙壁、楼板的孔洞，不应影响母线槽的水平度和垂直度，洞口宜修整光滑，消防封堵应符合要求。

3）防水台阶应符合防水要求。

（5）母线槽本体的安装位置应符合下列规定：

1）母线槽侧面与墙的距离和并列安装的母线槽之间的距离，应便于施工和维修。

2）母线槽分线口的高度，当设计有规定时，按设计要求进行检查；当设计无规定时，中心高度宜距地面1.3～1.5m。

（6）母线槽外壳的防护等级应符合下列规定：

1）母线槽外壳的防护等级应符合设计和规范的规定。

2）对低于IP54防护等级的外壳应采用相应直径的钢丝进行检查。

3）对不低于IP54防护等级的外壳应检查相应的检测报告。

（7）母线槽连接质量应符合下列规定：

1）安装前必须测量每一单元母线槽相间、相地间、相零间和零地间的绝缘电阻，且不应小于20MΩ。

2）安装时母线槽的连接头应完好，且无机械损伤或异物进入。

3）母线槽接头处的绝缘板应完整无损，规格相符。

4）当母线槽对口插接时，不应采取撞击安装。垂直安装时，可利用母线槽自重插入；水平安装时，可人工拖拉插入。

5）母线槽初步对接就位后，插接部位应清扫干净，装上保护板，并用力矩扳手拧紧穿芯螺栓。

6）当垂直安装的母线槽外壳与弹簧支承器之间连接固定后，应调整支承器弹簧的弹力，使其处于正常状态。

7）应采用线坠检查垂直安装母线槽插接口两侧1m长度范围内的垂直度，并调整弹簧支承器两侧的调整螺母，使垂直度达到要求。

8）水平安装的母线槽，应采用压板将母线槽外壳固定在支架上。压板螺栓不宜拧得过紧。

9）每安装好一个单元母线槽后，应测量母线槽的绝缘电阻。允许总绝缘电阻逐段下降，但不应有突变，且总绝缘电阻不应小于0.5MΩ。

10）母线槽与变压器、低压柜的连接，应走向合理，接触紧密。

11）分接箱与母线槽之间应可靠固定。

12）对母线槽间连接情况的检查，除采用力矩扳手按规定的紧固力矩对穿芯螺栓的紧固力进行复核外，尚应打开连接头盖板，采用塞尺检查母线间的搭接情况。

13）母线槽与电气设备采用螺栓连接时，螺纹宜露出螺帽2～3扣。裸露母线间的电气间隙和爬电距离应符合设计或规范的规定。

(8) 在母线槽经过建筑物的沉降缝或伸缩缝处，应配置母线槽的软连接单元。

(9) 母线槽安装完毕后，应对穿越墙壁和楼板的孔洞进行消防封堵。

(10) 接地检查应符合下列规定：

1) 母线槽的金属壳体、外露穿芯螺栓应可靠接地，与 PE 线间的电阻不应大于 0.1Ω。

2) 母线槽始端金属外壳上设置的接地端子与 PE 排应有可靠明显的连接，接地端子应符合设计或规范的规定。

(11) 检查绝缘质量时应查阅施工绝缘记录数据，并抽查复测。

(12) 通电试运行应符合下列规定：

1) 母线槽安装完毕，并经质量检查合格后，方可通电试运行。

2) 母线槽在空载情况下通电 1h 后，方可测量外壳和穿芯螺栓的温升和各插接箱的空载电压。

3) 空载测量母线槽工作正常后，方可接上负载测量母线槽温升和压降。不应出现温度异常点，各部分的温升值不应超规范的规定。

5.4.4 裸母线安装监理要点

(1) 核对母线敷设全长方向与其他管道距离、上下关系、预留孔洞位置。

(2) 室内裸母线的最小安全净距离应符合规范的规定。

(3) 支、吊架检查

1) 供货厂家配套的支、吊架应符合施工图及产品技术文件。

2) 采购、定制的支吊架钢材规格、防腐。

3) 防振措施。

4) 膨胀螺栓允许拉力、剪力。

5) 支架钢材型号、规格、防腐；膨胀螺栓允许的拉力和剪力；支架吊架固定牢靠。

6) 母线的支架与预埋铁件采用焊接固定时，焊缝应饱满；采用膨胀螺栓固定时，选用螺栓应适配，连接应牢固。

(4) 绝缘子安装前摇测绝缘，6～10kV 支柱绝缘子安装前耐压试验。

(5) 绝缘子底座、套管的法兰、保护网（罩）及母线支架等可接近裸露导体应接地（PE）或接零（PEN）可靠。不应作为接地或接零的接续导体。

(6) 母线弯曲半径检查，母线扭弯、扭转的检查。

(7) 母线与母线或母线与电器接线端子，当采用螺栓搭接连接时，应符合下列规定：

1) 母线的各类搭接连接的钻孔直径和搭接长度应符合 GB 50303—2015 的规定。用力矩扳手拧紧钢制连接螺栓的力矩值应符合 GB 50303—2015 的规定。

2) 母线接触面保持清洁，涂电力复合脂，螺栓孔周边无毛刺。

3) 连接螺栓两侧有平垫圈，相邻垫圈间有大于 3mm 的间隙，螺母侧装有弹簧垫圈或锁紧螺母。

4) 螺栓受力均匀，不使电器的接线端子受额外应力。

(8) 母线与母线、母线与电器接线端子搭接，搭接面的处理应符合下列规定：

1）铜与铜：室外、高温且潮湿的室内搭接面搪锡；干燥的室内不搪锡。

2）铝与铝：搭接面不做涂层处理。

3）钢与钢：搭接面搪锡或镀锌。

4）铜与铝：在干燥室内铜导体搭接面搪锡；在潮湿场所，铜导体搭接面搪锡，且采用铜铝过渡板与铝导体连接。

5）钢或铝：钢搭接面搪锡。

(9) 母线焊接连接的检查：位置、焊缝、焊接方法。

(10) 母线的涂色：

交流：A相为黄色、B相为绿色、C相为红色。

直流：正极为赭色、负极为蓝色；在连接处或支持件边缘两侧10mm以内不涂色。

(11) 母线在绝缘子上安装应符合下列规定：

1）金具与绝缘子间的固定平整牢固，不使母线受额外应力。

2）交流母线的固定金具或其他支持金具不形成铁磁闭合回路。

3）除固定点外，当母线平置时，母线支持夹板的上部压板与母线间有1～1.5mm间隙；当母线立置时，上部压板与母线间有1.5～2mm的间隙。

4）母线的固定点，每段设置1个，设置于全长或两母线伸缩节的中点。

5）母线采用螺栓搭接时，连接处距绝缘子的支持夹板边缘不小于50mm。

(12) 母线的相序排列，当设计无要求时，应符合下列规定：

1）上下布置的交流母线，由上至下排列为；A、B、C相；直流母线正极在上，负极在下。

2）水平布置的交流母线，由盘后向盘前排列为：A、B、C相；直流母线正极在后，负极在前。

3）面对引下线的交流母线，由左至右排列为A、B、C相；直流母线正极在左，负极在右。

(13) 低压母线交接试验应满足：

1）相间和相对地绝缘电阻值应大于0.5MΩ。

2）电气装置的交流工频耐压试验电压为1kV，当绝缘电阻大于10MΩ时，可采用2500V兆欧表摇测替代，试验持续时间1min，无击穿闪络现象。

5.4.5 封闭母线、插接式母线安装监理要点

(1) 核对母线敷设全长方向与其他管道距离、上下关系。预留孔洞位置。

(2) 测相间和相对地间绝缘电阻值应大于0.5MΩ。

(3) 母线的支架与预埋铁件采用焊接固定时，焊缝应饱满；采用膨胀螺栓固定时，选用螺栓应适配，连接应牢固。

(4) 母线与母线或母线与电器接线端子，当采用螺栓搭接连接时，应符合下列规定：

1）母线的各类搭接连接的钻孔直径和搭接长度应符合GB 50303—2015的规定。用力矩扳手拧紧钢制连接螺栓的力矩值应符合GB 50303—2015的规定。

2）母线接触面保持清洁，涂电力复合脂，螺栓孔周边无毛刺。

3）连接螺栓两侧有平垫圈，相邻垫圈间有大于3mm的间隙，螺母侧装有弹簧垫圈

或锁紧螺母。

4）螺栓受力均匀，不使电器的接线端子受额外应力。

（5）封闭、插接式母线安装应符合下列规定：

1）母线与外壳同心，允许偏差为±5mm。

2）当段与段连接时，两相邻段母线及外壳对准连接后不使母线及外壳受额外应力。

3）母线连接方法符合产品技术文件要求。

（6）母线与母线、母线与电器接线端子搭接，搭接面的处理应符合下列规定：

1）铜与铜：室外、高温且潮湿的室内搭接面搪锡；干燥的室内不搪锡。

2）铝与铝：搭接面不做涂层处理。

3）钢与钢：搭接面搪锡或镀锌。

4）铜与铝：在干燥室内铜导体搭接面搪锡；在潮湿场所，铜导体搭接面搪锡，且采用铜铝过渡板与铝导体连接。

5）钢或铝：钢搭接面搪锡。

（7）母线在绝缘子上安装应符合下列规定：

1）金具与绝缘子间的固定平整牢固，不使母线受额外应力。

2）交流母线的固定金具或其他支持金具不形成铁磁闭合回路。

3）除固定点外，当母线平置时，母线支持夹板的上部压板与母线间有1～1.5mm间隙；当母线立置时，上部压板与母线间有1.5～2mm的间隙。

4）母线的固定点，每段设置1个，设置于全长或两母线伸缩节的中点。

5）母线采用螺栓搭接时，连接处距绝缘子的支持夹板边缘不小于50mm。

（8）低压母线交接试验应满足：

1）相间和相对地绝缘电阻值应大于0.5MΩ。

2）电气装置的交流工频耐压试验电压为1kV，当绝缘电阻大于10MΩ时，可采用2500V兆欧表摇测替代，试验持续时间1min，无击穿闪络现象。

5.4.6 旁站监理项目

（1）材料、设备进场检查（开箱检查）。

（2）绝缘电阻测试及工频耐压试验。

5.4.7 工程检测和试验项目

（1）高压母线安装完毕后，应与支承绝缘子、穿墙套管一起进行工频耐压试验，试验电压标准见GB 50150—2006，采用仪器为高压测试专用试验台或高压试验变压器，绝缘介质测试仪等，通常由施工的承包商准备，监理检查测试记录或旁站确认。

（2）低压母线的交接试验应作相间与相对地绝缘电阻测试，测试值应大于0.5MΩ。其交流工频耐压试验电压为1kV，当绝缘电阻值大于10MΩ时，可采用2500V兆欧表摇测替代，试验持续时间1min，无击穿闪络现象。绝缘电阻测试采用500V摇表，耐压试验采用绝缘介质测试仪，监理旁站确认或自行抽测。

（3）插接式母线安装前，每段母线应进行绝缘电阻测试，根据生产厂技术资料绝缘电阻为不小于20MΩ，测试合格后方能连接、固定，整个母线安装完毕后，应进行一次测试，只有相与相，相对地的绝缘电阻值大于 0.5MΩ，才能通电运行。若测试绝缘电阻值小于 0.5MΩ，但仪表读数不为 0，说明插接母线没有短路，绝缘可能受潮，此时可采用烘干或通 36V 安全电压驱潮的措施，直到绝缘电阻测试符合要求后方能通电。若测试时绝缘电阻值为 0，说明已经短路，要认真检查，找出短路点（或异物掉入）进行处理，直到满足规范要求后才能通电。

5.5 导管及电缆敷设监理要点

5.5.1 材料（设备）质量控制

(1) 电缆及其附件到达现场后，应按下列要求及时进行检查：

1) 产品的技术文件应齐全。

2) 电缆型号、规格、长度应符合订货要求，附件应齐全；电缆外观不应受损。

3) 电缆封端应严密。当外观检查有怀疑时，应进行受潮判断或试验。

4) 充油电缆的压力油箱、油管、阀门和压力表应符合要求且完好无损。

(2) 电缆及其有关材料如不立即安装，应按下列要求贮存：

1) 电缆应集中分类存放，并应标明型号、电压、规格、长度。电缆盘之间应有通道。地基应坚实，当受件限制时，盘下应加垫，存放处不得积水。

2) 电缆终端瓷套在贮存时，应有防止受机械损伤的措施。

3) 电缆附件的绝缘材料的防潮包装应密封良好，并应根据材料性能和保管要求贮存和保管。

4) 防火涂料、包带、堵料等防火材料，应根据材料性能和保管要求贮存和保管。

5) 电缆桥架应分类保管，不得因受力变形。

(3) 电缆头部件及接线端子进场检查：

1) 查验合格证。

2) 外观检查：部件齐全，表面无裂纹和气孔，随带的袋装涂料或填料不泄漏。

(4) 电缆桥架、线槽进场检查：

1) 查验合格证。

2) 外观检查：部件齐全，表面光滑、不变形；钢制桥架涂层完整，无锈蚀；玻璃钢制桥架色泽均匀，无破损碎裂；铝合金桥架涂层完整，无扭曲变形，不压扁，表面不划伤。

3) 电缆桥架规格、型号是否符合设计要求，电缆桥架钢板厚度应符合规范要求。

(5) 防火阻燃材料必须具备下列质量资料。

1) 有资质的检测机构出具的检测报告。

2) 出场质量检测报告。

3) 产品合格证。

(6) 各种金属型钢不应有明显锈蚀，管内无毛刺。所有紧固螺栓，均应采用镀锌件。

(7) 膨胀螺栓：应根据允许拉力和剪力进行选择。

5.5.2 电缆管的加工及敷设

（1）电缆管不应有穿孔，裂缝和显著的凹凸不平，内壁应光滑；金属电缆管不应有严重锈蚀。硬质塑料管不得用在温度过高或过低的场所。

在易受机械损伤的地方和在受力较大处直埋时，应采用足够强度的管材。

（2）电缆管的加工应符合下列要求：

1）管口应无毛刺和尖锐棱角，管口宜做成喇叭形。

2）电缆管在弯制后，不应有裂缝和显著的凹瘪现象，其弯扁程度不宜大于管子外径的10%；电缆管的弯曲半径不应小于所穿入电缆的最小允许弯曲半径。

3）金属电缆管应在外表涂防腐漆或涂沥青，镀锌管锌层剥落处也应涂以防腐漆。

（3）每根电缆管的弯头不应超过3个，直角弯不应超过2个。

（4）电缆管明敷时应符合下列要求：

1）电缆管应安装牢固；电缆管支持点间的距离，当设计无规定时，不宜超过3m。

2）当塑料管的直线长度超过30m时，宜加装伸缩节。

（5）电缆管的连接应符合下列要求：

1）金属电缆管连接应牢固，密封应良好，两管口应对准。套接的短套管或带螺纹的管接头的长度，不应小于电缆管外径的2.2倍。金属电缆管不宜直接对焊。

2）硬质塑料管在套接或插接时，其插入深度宜为管子内径的1.1～1.8倍。在插接面上应涂以胶合剂粘牢密封；采用套接时套管两端应封焊。

（6）引至设备的电缆管管口位置，应便于与设备连接并不妨碍设备拆装和进出。并列敷设的电缆管管口应排列整齐。

（7）敷设混凝土、陶土、石棉水泥等电缆管时，其地基应坚实、平整，不应有沉陷。电缆管的敷设应符合下列要求：

1）电缆管的埋设深度不应小于0.7m；在人行道下面敷设时，不应小于0.5m。

2）电缆管应有不小于0.1%的排水坡度。

3）电缆管连接时，管孔应对准，接缝应严密，不得有地下水和泥浆渗入。

5.5.3 电缆支架的配制与安装监理要点

（1）电缆支架的加工应符合下列要求：

1）钢材应平直，无明显扭曲。下料误差应在5mm范围内，切口应无卷边、毛刺。

2）支架应焊接牢固，无显著变形。各横撑间的垂直净距与设计偏差不应大于5mm。

3）金属电缆支架必须进行防腐处理。位于湿热、盐雾以及有化学腐蚀地区时，应根据设计作特殊的防腐处理。

（2）电缆支架的层间允许最小距离，当设计无规定时，应符合规范的规定。但层间净距不应小于两倍电缆外径加10mm，35kV及以上高压电缆不应小于2倍电缆外径加50mm。

（3）电缆支架应安装牢固，横平竖直；托架支吊架的固定方式应按设计要求进行。各支架的同层横挡应在同一水平面上，其高低偏差不应大于5mm。托架支吊架沿桥架走向左右的偏差不应大于10mm。

在有坡度的电缆沟内或建筑物上安装的电缆支架，应有与电缆沟或建筑物相同的坡度。

电缆支架最上层及最下层至沟顶、楼板或沟底、地面的距离，应符合设计规定。

(4) 组装后的钢结构竖井，其垂直偏差不应大于其长度的 2/1000；支架横撑的水平误差不应大于其宽度的 2/1000；竖井对角线的偏差不应大于其对角线长度的 5/1000。

(5) 电缆桥架的配制应符合下列要求：

1) 电缆梯架（托盘）、电缆梯架（托盘）的支（吊）架、连接件和附件的质量应符合现行的有关技术标准。

2) 电缆梯架（托盘）的规格、支吊跨距、防腐类型应符合设计要求。

(6) 梯架（托盘）在每个支吊架上的固定应牢固；梯架（托盘）连接板的螺栓应紧固，螺母应位于梯架（托盘）的外侧。

铝合金梯架在钢制支吊架上固定时，应有防电化腐蚀的措施。

(7) 当直线段钢制电缆桥架超过 30m、铝合金或玻璃钢制电缆桥架超过 15m 时，应有伸缩缝，其连接宜采用伸缩连接板；电缆桥架跨越建筑物伸缩缝处应设置伸缩缝。

(8) 电缆桥架转弯处的转弯半径，不应小于该桥架上的电缆最小允许弯曲半径的最大者。

5.5.4 电缆敷设前的检查

(1) 电缆通道畅通，排水良好。金属部分的防腐层完整。隧道内照明、通风符合要求。

(2) 电缆型号、电压、规格应符合设计。

(3) 电缆外观应无损伤、绝缘良好，当对电缆的密封有怀疑时，应进行潮湿判断；直埋电缆与水底电缆应经试验合格。

(4) 充油电缆的油压不宜低于 0.15MPa；供油阀门应在开启位置，动作应灵活；压力表指示应无异常；所有管接头应无渗漏油；油样应试验合格。

(5) 电缆放线架应放置稳妥，放线钢轴的强度和长度应与电缆盘重量和宽度相配合。

(6) 敷设前应按设计和实际路径计算每根电缆的长度，合理安排每盘电缆，减少电缆接头。

(7) 在带电区域内敷设电缆，应有可靠的安全措施。

(8) 采用机械敷设电缆时，牵引机和导向机构应调试完好。

5.5.5 电缆的敷设要求

(1) 电缆敷设时，不应损坏电缆沟、隧道、电缆井和人井的防水层。

(2) 三相四线制系统中应采用四芯电力电缆，不应采用三芯电缆另加一根单芯电缆或以导线、电缆金属护套作中性线。

(3) 并联使用的电力电缆其长度、型号、规格宜相同。

(4) 电力电缆在终端头与接头附近宜留有备用长度。

(5) 电缆各支持点间的距离应符合设计规定。

(6) 电缆的最小弯曲半径应符合规范的规定。

（7）粘性油浸纸绝缘电缆最高点与最低点之间的最大位差，不应超过规范的规定，当不能满足要求时，应采用适应于高位差的电缆。

（8）电缆敷设时，电缆应从盘的上端引出，不应使电缆在支架上及地面摩擦拖拉。电缆上不得有铠装压扁、电缆绞拧、护层折裂等未消除的机械损伤。

（9）用机械敷设电缆时的最大牵引强度宜符合规范的规定，充油电缆总拉力不应超过 27kN。

5.5.6 电缆导管内电缆的敷设监理要点

（1）在下列地点，电缆应有一定机械强度的保护管或加装保护罩：

1）电缆进入建筑物、隧道、穿过楼板及墙壁处。

2）从沟道引至电杆、设备、墙外表面或屋内行人容易接近处，距地面高度 2m 以下的一段。

3）可能有载重设备已经电缆上面的区段。

4）其他可能受到机械损伤的地方。

（2）管道内部应无积水，且无杂物堵塞。穿电缆时，不得损伤护层，可采用无腐蚀性的润滑剂（粉）。

（3）电缆排管在敷设电缆前，应进行疏通，清除杂物。

（4）穿入管中电缆的数量应符合设计要求；交流单芯电缆不得单独穿入钢管内。

5.5.7 电缆桥架安装和桥架内电缆敷设监理要点

（1）电缆桥架安装和桥架内电缆敷设应按以下程序进行：

1）测量定位，安装桥架的支架，经检查确认，才能安装桥架。

2）桥架安装检查合格，才能敷设电缆。

3）电缆敷设前绝缘测试合格，才能敷设。

4）电缆电气交接试验合格，且对接线去向、相位和防火隔堵措施等检查确认，才能通电。

（2）按施工图核对电缆吊架支架位置，与其他管线距离，预留孔洞位置，安放桥架等与楼板、墙面距离。

（3）桥架支架检查要点：

1）吊架、支架钢材规格、防腐；膨胀螺栓规格。

2）焊接固定处的焊缝防腐。

3）对于钢结构，在土建专业允许或预留的部位焊接安装。

4）当设计无要求时，电缆桥架水平安装的支架间距为 1.5～3m，垂直安装的支架间距不大于 2m。

5）支架与预埋件焊接固定时，焊缝饱满；膨胀螺栓固定时，选用螺栓适配，连接紧固，防松零件齐全。

（4）桥架安装检查要点：

1）直线段钢制电缆桥架长度超过 30m，铝合金或玻璃钢制电缆桥架长度超过 15m 应设有伸缩节，电缆桥架跨越建筑物变形缝处应设置补偿装置。

2）桥架与支架间螺栓、桥架连接板螺栓固定紧固无遗漏，螺母位于桥架外侧；当铝合金桥架与钢支架固定时，有相互间绝缘的防电化腐蚀措施。

3）电缆桥架敷设在易燃易爆气体管道和热力管道的下方，当设计无要求时，与管道的最小净距，

4）从桥架引出引入电缆的连接处能满足电缆最小允许弯曲半径要求。

5）金属电缆桥架及其支架和引入或引出的金属电缆导管必须接地（PE）或接零（PEN）可靠，且必须符合下列规定：

① 金属电缆桥架及其支架全长应不少于2处与接地（PE）或接零（PEN）干线相连接。

② 非镀锌电缆桥架间连接板的两端跨接铜芯接地线，接地线最小允许截面积不小于$4mm^2$。

③ 镀锌电缆桥架间连接板的两端不跨接接地线，但连接板两端不少于2个有防松螺帽或防松垫圈的连接固定螺栓。

（5）敷设电缆前绝缘摇测合格才能敷设。

（6）电缆敷设严禁有绞拧、铠装压扁、护层断裂和表面严重划伤等缺陷。

（7）电缆桥架转弯处的弯曲半径，不小于桥架内电缆最小允许弯曲半径，电缆最小允许弯曲半径见GB 50303—2015的规定。

（8）桥架内电缆敷设应符合下列规定：

1）大于45°倾斜敷设的电缆每隔2m处设固定点。

2）电缆出入电缆沟、竖井、建筑物、柜（盘）、台处以及管子管口处等做密封处理。

3）电缆敷设排列整齐，水平敷设的电缆，首尾两端、转弯两侧及每隔5～10m处设固定点；敷设于垂直桥架内的电缆固定点间距应符合设计或规范的规定。

（9）电缆的首端、末端和分支处应设标志牌。

（10）敷设在竖井内和穿越不同防火区的桥架，按设计要求位置，有防火隔堵措施。

（11）旁站监理项目：电缆桥架穿越防火区的防火隔堵措施；电缆绝缘摇测。

5.5.8 电缆沟内及电缆竖井内电缆敷设监理要点

（1）电缆在沟内、竖井内支架上敷设应按以下程序进行：

1）电缆沟、电缆竖井内的施工临时设施、模板及建筑废料等清除，测量定位后，才能安装支架。

2）电缆沟、电缆竖井内支架安装及电缆导管敷设结束，接地（PE）或接零（PEN）连接完成，经检查确认，才能敷设电缆。

3）电缆敷设前绝缘测试合格，才能敷设。

4）电缆交接试验合格，且对接线去向、相位和防火隔堵措施等检查确认，才能通电。

（2）雨雪天气中不得施工作业，场所环境温度0℃以下不得敷设。

（3）检查电缆沟深度、宽度，沟底夯实。

（4）按施工图核对沟的结构、预埋件距离、防水做法、沟底坡度。

（5）金属电缆支架、电缆导管必须接地（PE）或接零（PEN）可靠。

（6）电缆支架安装应符合下列规定：

1）当设计无要求时。电缆支架最上层至竖井顶部或楼板的距离不小于150～200mm；电缆支架最下层至沟底或地面的距离不小于50～100mm。

2）当设计无要求时，电缆支架层间最小允许距离符合GB 50303—2015的规定。

3）支架与预埋件焊接固定时，焊缝饱满；用膨胀螺栓固定时，选用螺栓适配，连接紧固。防松零件齐全。

（7）电缆的首端、末端和分支处应设标志牌。

（8）电缆敷设前摇测绝缘。

（9）电缆敷设严禁有绞拧、铠装压扁、护层断裂和表面严重划伤等缺陷。

（10）电缆在支架上敷设，转弯处的最小允许弯曲半径应符合GB 50303—2015规定。

（11）电缆敷设固定检查要点：

1）垂直敷设或大于45°倾斜敷设的电缆在每个支架上固定。

2）交流单芯电缆或分相后的每相电缆固定用的夹具和支架不形成闭合铁磁回路。

3）电缆排列整齐，少交叉；当设计无要求时，电缆支持点间距，不大于GB 50303—2015的规定。

（12）敷设电缆的电缆沟和竖井，按设计要求位置，有防火隔堵措施。

（13）电缆的首端、末端和分支处应设标志牌。

5.5.9 电缆头制作、导线连接和线路绝缘测试监理要点

（1）电缆头制作和接线应按以下程序进行：

1）电缆连接位置、连接长度和绝缘测试经检查确认，才能制作电缆头。

2）控制电缆绝缘电阻测试和校对合格，才能接线。

（2）雨雪天气中不得做电缆头、导线连接；电缆头制作的作业场所环境温度0℃以上，相对湿度70％以下。

（3）根据电线电缆电压等级选用兆欧表测量绝缘电阻。

（4）铠装电缆有屏蔽层电缆焊接地线：

1）检查保护地线型号、规格，检查焊接点。

2）铠装电力缆头的接地线应采用铜绞线或镀锡编织线，截面积符合规范的规定。

（5）装配、组合电缆终端和接头时，各部件间的配合或搭接处必须采取堵漏、防潮和密封措施。铅包电缆铅封时应擦去表面氧化物；搪铅时间不宜过长，铅封必须密实无气孔。充油电缆的铅封应分两次进行，一次封堵油，二次成形和加强，高位差铅封应用环氧树脂加固。

塑料电缆宜采用自粘带、粘胶带、胶粘剂（热熔胶）等方式密封；塑料护套表面应打毛，粘接表面应用溶剂除去油污，粘接应良好。

塑料电缆宜采用自粘带、粘胶带、胶粘剂（热熔胶）等方式密封；塑料护套表面应打毛，粘接表面应用溶剂除去油污，粘接应良好。

电缆终端、接头及充油电缆供油管路均不应有渗漏。

（6）充油电缆供油系统的安装应符合下列要求：

1）供油系统的金属油管与电缆终端间应有绝缘接头，其绝缘强度不低于电缆外护层。

2）当每相设置多台压力箱时，应并联连接。

3）每相电缆线路应装设油压监视或报警装置。

4）仪表应安装牢固，室外仪表应有防雨措施，施工结束后应进行整定。

5）调整压力油箱的油压，使其在任何情况下都不应超过电缆允许的压力范围。

（7）压电缆芯线接线鼻子、与设备连接：

1）电线、电缆接地线必须准确，并联运行电线电缆的型号、规格、长度、相位应一致。

2）截面积在 $10mm^2$ 及以下的单股铜芯线和单股铝芯线直接与设备、器具的端子连接。

3）截面积在 $2.5mm^2$ 及以下的多股铜芯线拧紧搪锡或接续端子后与设备、器具的端子连接。

4）截面积大于 $2.5mm^2$ 的多股铜芯线，除设备自带插接式端子外接续端子后与设备或器具端子连接，多股铜芯线与插接式端子连接前，端部拧紧搪锡。

（8）电缆终端上应有明显的相色标志，且应与系统的相位一致。

（9）控制电缆终端可采用一般包扎，接头应有防潮措施。

（10）高压电力电缆直流耐压试验必须按《电气装置安装工程电气设备交接试验标准》GB 50150 规定交接试验合格。

（11）低压电线和电缆，线间和线对地间的绝缘电阻值必须大于 $0.5M\Omega$。

5.5.10 电缆线路防火阻燃措施监理要点

（1）对易受外部影响着火的电缆密集场所或可能着火蔓延而酿成严重事故的电缆回路，必须按设计要求的防火阻燃措施施工。

（2）防火阻燃材料在使用时，应按设计要求和材料使用工艺提出施工措施，材料质量与外观应符合下列要求：

1）有机堵料不氧化、不冒油，软硬适度具有一定的柔韧性。

2）无机堵料物结块、无杂质。

3）防火隔板平整、厚薄均匀。

4）防火包遇水或受潮后不板结。

5）防火涂料无板结、能搅拌均匀。

6）阻火网网孔尺寸大小均匀，经纬线粗细均匀，附着防火复合膨胀料厚度一致。网弯曲时不变形，不脱落，并易于曲面固定。

（3）在封堵电缆孔洞时，封堵应严实可靠，不应有明显的裂缝和可见的孔隙，孔洞较大者应加耐火衬板后再进行封堵。

（4）阻火墙上的防火门应严密，孔洞应封堵；阻火墙两侧电缆应施加防火包带或涂料。

（5）阻火包的堆砌应密实牢固，外观整齐，不应透光。

5.5.11 工程交接验收

（1）电缆规格应符合规定；排列整齐，无机械损伤；标志牌应装设齐全、正确、清晰。

（2）电缆的固定、弯曲半径、有关距离和单芯电力电缆的金属护层的接线、相序排列等应符合要求。

（3）电缆终端、电缆接头及充油电缆的供油系统应固定牢靠；电缆接线端子与所接设备段子应接触良好；互联接地箱和交叉互联箱的连接点应接触良好可靠；充有绝缘剂的电缆终端、电缆接头及重游电缆的供油系统，不应有渗漏现象；充油电缆的油压及表计整定值应符合要求。

（4）电缆线路所有应接地的接点应与接地极接触良好；接地电阻值应符合设计要求。

（5）电缆终端的相色应正确，电缆支架等的金属部件防腐层应完好。电缆管口应封堵密实。

（6）电缆沟内应无杂物，盖板齐全；隧道内应无杂物，照明、通风、排水等设施应符合设计要求。

（7）直埋电缆路径标志，应与实际路径相符。路径标志应清晰、牢固。

（8）水底电缆线路两岸，禁锚区内的标志和夜间照明装置应符合设计要求。

（9）防火措施应符合设计，且施工质量合格。

5.5.12　工程检测和试验项目

电缆做好电缆头要做电气交接试验；高压电缆的直流耐压试验；低压电缆的绝缘电阻（>0.5MΩ）。

5.6　电动机、电加热器及电动执行机构检查接线监理要点

5.6.1　材料（设备）质量控制

（1）查验电动机、电加热器、电动执行机构合格证和随带技术文件，实行生产许可证和安全认证制度的产品，有许可证编号和安全认证标志。

（2）外观检查：有铭牌，附件齐全，电气接线端子完好，设备器件无缺损，涂层完整。

（3）电动机、电加热器及电动执行机构的容量、规格、型号必须符合设计要求，附件、备件齐全，并有出厂合格证及有关技术文件。

（4）电动机的控制、保护和启动附属设备，应与电动机配套，并有铭牌，注明制造厂名，出厂日期、规格、型号及出厂合格证等有关技术资料。

（5）电动执行机构、电动机、电加热器需与其他相关驱动设备要求相配合，要与空调、给排水、弱电等相关专业设计图纸相核对；进场时应抽样加电动作试验。

（6）各种规格的型钢均应符合设计要求，型钢无明显的锈蚀，并有合格证。

（7）其他材料：绝缘带、电焊条、防锈漆、调合漆、变压器油、润滑脂等均应有产品合格证。

5.6.2　监理检查要点

（1）电动机、电动热器及电动执行机构应与机构设备完成连接，绝缘电阻测试合格，经手动操作符合工艺要求，才能接线。

（2）电动机抽芯检查：必要时进行，除电动机随带技术文件说明不允许在施工现场抽芯检查外，有下列情况之一的电动机，应抽芯检查：

① 出厂时间已超过制造厂保证期限，无保证期限的已起过出厂时间1年以上。

② 外观检查、电气试验、手动盘转和试运转，有异常情况。

③ 线圈绝缘层完好，无伤痕，端部绑线不松动，槽楔固定，无断裂，引线焊接饱满，内部清洁，通风孔道无堵塞。

④ 轴承无锈斑，注油（脂）的型号、规格和数量正确，转子平衡块紧固，平衡螺丝锁紧，风扇叶片无裂纹。

⑤ 连接用紧固件的防松零件齐全完整。

⑥ 其他指标符合产品技术文件的特有要求。

（3）设备安装：

1）其他相关专业设备安装已完成。

2）电动机、电加热器、电动执行机构安装牢固、可靠。

（4）电动机、电加热器及电动执行机构的可接近裸露导体必须接地(PE)或接零(PEN)。

（5）电动机、电加热器及电动执行机构绝缘电阻值应大于 0.5MΩ。

（6）电气设备安装应牢固，螺栓及防松零件齐全，不松动，防水防潮电气设备的接线入口及接线盒盖等应做密封处理。

（7）100kW 以上的电动机。应测量各相直流电阻值，相互差不应大于最小值的 2%，无中性点引出的电动机，测量线间直流电阻值，相互差不应大于最小值的 1%。

（8）检查接线：接线标识正确；在设备接线盒内裸露的不同相导线间和导线对地间最小距离应大于 8mm，否则应采取绝缘防护措施。

5.6.3 旁站监理项目

绝缘电阻测试：采用 500V 兆欧表对电动机、电加热器及执行机构进行相对相、相对地的绝缘电阻测试，测试值大于 0.5MΩ，则满足要求。

5.6.4 工程检测和试验项目

（1）采用 500V 兆欧表对电动机、电加热器及执行机构进行相对相、相对地的绝缘电阻测试，测试值大于 0.5MΩ，则满足要求。

（2）对 100kW 以上的电动机，采用电阻测试仪等测量每相直流电阻值。相互差不应大于最小值的 2%；无中性点引出的电动机，测量线间直流电阻值，相互差不应大于最小值的 1%。

5.7 电气设备试验和试运行监理要点

5.7.1 工序交接要求

电气设备试验和试运行应按以下程序进行：

（1）设备的可接近裸露导体接地（PE）或接零（PEN）连接完成，经检查合格，才能进行试验。

（2）动力成套配电（控制）柜、屏、台、箱、盘的交流工频耐压试验、保护装置的动作试验合格，才能通电。

（3）控制回路模拟动作试验合格，盘车或手动操作、电气部分与机械部分的转动或动作协调一致，经检查确认，才能空载试运行。

5.7.2 监理检查要点

（1）按施工方案检查试运行的准备工作。

（2）检查所有箱柜记录及检查与接地干线连接点、接地电阻值。

（3）柜、屏、台、箱、盘的耐压试验保护装置的动作试验：

1）试运行前，相关电气设备和线路应按规范规定试验合格。

2）现场单独安装的低压电器交接试验项目应符合下列要求：

① 测绝缘电阻用兆欧表电压等级，绝缘电阻值大于等于1MΩ；潮湿场所，绝缘电阻值大于0.5MΩ。

② 低压电器动作情况，除产品另有规定外，电压、液压或气压在额定值的85%～110%范围内能可靠动作。

③ 脱扣器的整定值误差不得超过产品技术条件的规定。

④ 电阻器和变阻器的直流电阻差值符合产品技术条件规定。

（4）盘车或手动操作，试通电：

1）电动机应试通电，检查转向和机械转动有无异常情况，可空载试运行的电动机，时间一般为2h，记录空载电流，且检查机身和轴承的升温。

2）电动执行机构的动作方向及指示应与工艺装置的设计要求保持一致。

（5）空载试运行：

1）成套配电柜、台、箱、盘的运行电压、电流应正常，各种仪表指示正常。

2）交流电动机在空载状态下可启动次数及间隔时间应符合产品技术条件的要求；无要求时，连续启动2次的时间间隔不应小于5min，再次启动应在电动机冷却至常温下。空载状态运行，应记录电流、电压、温度、运行时间等有关数据，且应符合建筑设备工艺装置的空载状态运行要求。

（6）负载试运行：大容量（630A及以上）导线或母线连接处，在设计计算负荷运行情况下应做温度抽测记录，温升值稳定且不大于设计值。

5.7.3 旁站监理项目

1）低压电气设备交接试验。

2）空载试运行。

3）负载试运行。

5.8 柴油发电机安装监理要点

5.8.1 材料（设备）质量控制

（1）依据装箱单，核对主机、附件、专用工具、备品备件和随带技术文件，查验合格证和出厂试运行记录，发电机及其控制柜有出厂试验记录。机身无缺件，涂层完整。

（2）机组包装检查：应防雨、无破损。设备进场时应先检查包装、密封完好并做相应记录。如有破损应照相记录。机组及备件、附件应涂漆或电镀保护，凡未保护的需采取临时性防锈保护措施。

（3）机组的标牌应固定在明显位置，并应有机组名称、机组型号、相数、额定转速、额定频率、额定功率、额定电压、额定电流、额定功率因数、生产厂名、机组编号、出厂日期、标准代号及编号等内容。

（4）应核对工作地点的海拔高度、环境温度、空气相对湿度与机组输出功率的环境要求是否相符合。

（5）应核对机组的界限尺寸，安装尺寸及连接尺寸。

（6）机组焊接处应牢固，焊缝应均匀，无焊条、咬边、夹渣及气孔等缺陷，焊渣焊药应清除干净；涂漆部分的漆膜应均匀；无明显裂纹和脱落，电镀层应光滑，无漏镀斑点、锈蚀等。机组紧固件应不松动，工具及备件应符合合同要求。

（7）每台机组应随附的文件：

1）合格证或质量保证书。

2）使用说明书，至少包括：技术数据，结构和用途说明，安装、保养和维修规程，电路图和电气接线图。

3）备品清单：备件和附件清单，专用工具和通用工具清单。

4）出厂试验记录，试运行记录。机组出厂试验应包括：外观检查、绝缘电阻、绝缘介电强度、常温启动性能、相序、控制屏上各指示装置的工作情况、空载电压调整范围、测量电压和频率的稳态调率、测量电压和频率的波动率。

5）进口设备应提供商检证明和中文的质量合格证明文件，性能检测报告及中文的安装、使用、维修和试验要求等文件。

（8）安装用各种型钢规格应符合设计要求，并无明显锈蚀，螺栓均应采用镀锌螺栓。

（9）其他辅材均应符合设计要求，并有产品合格证。

5.8.2 工序交接要求

柴油发电机组安装应按以下程序进行：

（1）基础验收合格，才能安装机组。

（2）地脚螺栓固定的机组经初平、螺栓孔灌浆、精平、紧固地脚螺栓、二次灌浆等机械安装程序；安放式的机组将底部垫平、垫实。

（3）油、气、水冷、风冷、烟气排放系统和隔振防噪声设施安装完成；按设计要求配置的消防器材齐全到位；发电机静态试验，随机配电盘控制柜接线检查合格，才能空载试运行。

（4）发电机空载试运行和试验调整合格，才能负荷试运行。

（5）在规定时间内，连续无故障负荷试运行合格，才能投入备用状态。

5.8.3 柴油发电机组安装监理要点

（1）基础施工含隔振措施、机组就位控制柜就位：按施工图、设备技术文件核对基础位置、标高、隔振措施。

（2）油、烟、气、风、水、电管线安装含降噪声措施：按施工图及设备技术文件核对，油、烟气、通风、水、电、管线安装及降噪减振措施。

（3）线路绝缘电阻：

1）发电机组至低压配电柜馈电线路的相间、相对地间的绝缘电阻值应大于 0.5MΩ；塑料绝缘电缆馈电线路直流耐压试验为 2.4kV，时间 15min，泄漏电流稳定无击穿现象。

2）柴油发电机馈电线路连接后，两端的相序必须与原供电系统的相序一致。

3）发电机中性线（工作零线）应与接地干线直接连接，螺栓防松零件齐全，且有标识。

（4）发电机组随带的控制柜接线应正确，紧固件紧固状态良好，无遗漏脱落。开关、保护装置的型号、规格正确，验证出厂试验的锁定标记应无位移，有位移应重新按制造厂要求试验标定。

（5）发电机本体和机械部分的可接近裸露导体应接地（PE）或接零（PEN）可靠，且有标识。

（6）蓄电池充电：按设备技术文件核对蓄电池充电值。

（7）柴油机空载试运行：按设备技术文件核对柴油机空载试运行状态。

（8）发电机静态试验、空载试验：必须符合表 5-2 的规定。

发电机交接试验 表 5-2

序号	部位内容		试验内容	试验结果
1	静态试验	定子电路	测量定子绕组的绝缘电阻和吸收比	绝缘电阻值大于 0.5MΩ。 沥青浸胶及烘卷云母绝缘吸收比大于 1.3。 环氧粉云母绝缘吸收比大于 1.6
2			在常温下，绕组表面温度与空气温度差在±3℃范围内测量各相直流电阻	各相直流电阻值相互间差值不大于最小值 2%，与出厂值在同温度下比差值不大于 2%
3			交流工频耐压试验 1min	试验电压为 $1.5U_n+750V$，无闪络击穿现象，U_n为发电机额定电压
4		转子电路	用 1000V 兆欧表测量转子绝缘电阻	绝缘电阻值大于 0.5MΩ
5			在常温下，绕组表面温度与空气温度差在±3℃范围内测量绕组直流电阻	数值与出厂值在同温度下比差值不大于 2%
6			交流工频耐压试验 1min	用 2500V 摇表测量绝缘电阻替代
7		励磁电路	退出励磁电路电子器件后，测量励磁电路的线路设备的绝缘电阻	绝缘电阻值大于 0.5MΩ
8			退出励磁电路电子器件后，进行交流工频耐压试验 1min	试验电压 1000V，无击穿闪络现象
9		其他	有绝缘轴承的用 1000V 兆欧表测量轴承绝缘电阻	绝缘电阻值大于 0.5MΩ
10			测量检温计（埋入式）绝缘电阻，校验检温计精度	用 250V 兆欧表检测不短路，精度符合出厂规定
11			测量灭磁电阻，自同步电阻器的直流电阻	与铭牌相比较，其差值为±10%

续表

序号	部位内容	试验内容	试验结果
12	运转试验	发电机空载特性试验	按设备说明书比对，符合要求
13		测量相序	相序与出线标识相符
14		测量空载和负荷后轴电压	按设备说明书比对，符合要求

(9) 发电机受电侧试验及切换试验：受电侧低压配电柜的开关设备、自动或手动切换装置和保护装置等试验合格，应按设计的自备电源使用分配预案进行负荷试验，机组连续运行12h无故障。

(10) 负载试运行：按设计文件及设备技术文件核对运行参数。

5.8.4 旁站监理项目

(1) 绝缘电阻、接地电阻测量，耐压试验。

(2) 静态试验。

(3) 空载试运行。

(4) 负载试运行。

5.8.5 工程检测和试验项目

(1) 发电机的交接试验，主要进行静态试验与运转试验。

(2) 发电机至低压配电柜的馈电线路的试验。

(3) 发电机自启动的试验，要求市电中断供电时，单台机组应能自动启动，并在15s内相负荷供电，当市电恢复正常后，应能自动切换和自动延时停机，由市电向负荷供电。连续三次自启动失败后，应能发出报警信号。

5.9 不间断电源装置安装监理要点

5.9.1 材料(设备)质量控制

1. 材料质量控制

(1) 不间断电源(UPS)应装有铭牌，注明制造厂名、设备名称、规格、型号等技术数据。备件应齐全，并有产品合格证及技术资料。

(2) 不间断电源及其他电气元件外表无锈蚀及损坏现象。机架所用材料符合设计要求。并有产品合格证和出厂试验记录，才能在施工中应用。

(3) 配制铅酸蓄电池电解液用硫酸应采用符合现行行业标准《蓄电池用硫酸》(HG/T 2692—2007)的产品，并有产品合格证，同时注意保存期限。

(4) 绝缘子、绝缘垫无碎裂和缺损；型钢无明显锈蚀。

(5) 其他材料：防锈漆、耐酸漆、电力复合脂、镀锌螺钉、塑料带、沥青漆、酒精、铅板均应有合格证。

2. 蓄电池保管

蓄电池到达现场后，应在产品规定的有效保管期限内进行安装及充电。不立即安装时，其保管应符合下列要求：

（1）酸性和碱性蓄电池不得存放在同一室内。

（2）蓄电池不得倒置，开箱存放时，不得重叠。

（3）蓄电池应存放在清洁、干燥、通风良好、无阳光直射的室内；存放中，严禁短路、受潮，并应定期清除灰尘，保证清洁。

（4）酸性蓄电池的保管室温宜为5～40℃；碱性蓄电池的保管温度不宜高于35℃。存放宜在放电态下，拧上密闭气态，清理干净，在极柱上涂抹防腐脂。

3. 设备开箱检查

（1）设备开箱检查应会同供货单位、建设单位共同进行、并做好记录。

（2）根据装箱单或供货清单进行清点验收，查验合格证和随带技术文件，实行生产许可证和安全认证制度的产品，应有许可证编号和安全认证标志，不间断电源柜应有出厂试验记录。

（3）检查主机、机柜等设备外观是否正常，有无铭牌，柜内元件有无损坏丢失、接线无脱落脱焊，蓄电池柜内电池壳体无碎裂、漏液、涂层完整无受潮、擦碰及变形。槽盖板应密封良好。正、负端柱必须极性正确。滤气帽的通气性能良好。

（4）外观有铭牌。铭牌的型式与尺寸应符合有关规定要求。

铭牌的内容至少包括：产品型号、名称，额定输入电压，额定输出电压，额定输出电流，额定输出容量，额定输出频率，蓄电池工作电压范围，出厂序号、日期，重量，制造厂标志、名称。

（5）设备、附件的型号、规格必须符合设计要求，附件应齐全，部件完好无损。

4. 蓄电池柜、不间断电源柜

（1）查验合格证和随带技术文件，实行生产许可证和安全认证制度的产品，有许可证编号和安全认证标志。不间断电源柜有出厂试验报告，报告应包括的试验内容有：一般检验、交流输入故障试验、交流输入试验、并联单元的故障模拟试验、转换试验、轻载试验、输出电压试验、关联不间断电源的均流试验、保护性能试验、绝缘试验、起动试验、接地故障试验。

（2）外观检查：有铭牌，柜内元器件无损坏丢失、接线无脱落脱焊，蓄电池柜内电池壳体无碎裂、漏液，充油、充气设备无泄漏，涂层完整，无明显碰撞凹陷。

5.9.2　不间断电源装置安装监理要点

（1）不间断电源按产品技术要求试验调整，应检查确认，才能接至馈电网路。

（2）支架及柜体基础检查验收合格，已办理隐蔽检验手续。

（3）按施工图核对基础位置、标高。

（4）安放不间断电源的机架组装应横平竖直，水平度、垂直度允许偏差不应大于1.5%，紧固件齐全。

（5）内部接线：不间断电源的整流装置、逆变装置和静态开关装置的规格、型号必须符合设计要求。内部结线连接正确，紧固件齐全、可靠，不松动，焊接连接无脱落现象。

（6）外部接线：引入或引出不间断电源装置的主回路电线、电缆和控制电线、电缆应分别穿保护管敷设，在电缆支架上平行敷设应保持150mm的距离，电线、电缆的屏蔽护套接地连接可靠，与接地干线就近连接，紧固件齐全。

（7）绝缘测试接地检查：

1）不间断电源装置间连线的线间、线对地间绝缘电阻值应大于0.5MΩ。

2）不间断电源输出端的中性线（N极），必须与由接地装置直接引来的接地干线相连接，做重复接地。

3）不间断电源装置的可接近裸露导体应接地（PE）或接零（PEN）可靠，且有标识。

5.9.3 旁站监理项目

（1）绝缘电阻，接地电阻测试。

（2）不间断电源的整流器、逆变器、静态开关，单独试验及整体调试。

5.9.4 工程检测和试验项目

不间断电源的整流、逆变、静态开关各个功能单元都要单独试验合格，才能进行整个不间断电源的试验。这种试验根据供货协议可以在工厂或安装现场进行。若在安装现场试验，监理应到试验场所参加。

5.10 电线导管和线槽敷设监理要点

5.10.1 材料（设备）质量控制

1. 器材质量要求与检测

（1）采用的器材应符合国家现行有关标准的规定。配线工程采用的器材有主材和辅材两大类，无论哪类产品的生产并进入市场流通，均应有制造技术标准，标准有企业、行业或地方、国家三级，对同一种产品有三级标准者，必须是企业标准要求最严最高，不得低于行业或地方标准，更不得低于国家标准的规定。

（2）列入国家强制性认证产品目录的器材，必须有“CCC”认证标志，并有相应认证证书。

（3）导管进场检查：

1）按批查验合格证。

2）外观检查：钢导管无压扁、内壁光滑。非镀锌钢导管无严重锈蚀，按制造标准油漆出厂的油漆完整；镀锌钢导管镀层覆盖完整、表面无锈斑；绝缘导管及配件不碎裂、表面有阻燃标记和制造厂标。

3）按制造标准现场抽样检测导管的管径、壁厚及均匀度。对绝缘导管及配件的阻燃性能有异议时，按批抽样送有资质的试验室检测。

（4）对机械连接的钢导管及其配件的电气连续性有异议时，应在材料进场后敷设前进行抽样检验，检验应按现行国家标准《电气安装用导管系统第 1 部分：通用要求》（GB/T 20041.1—2005）的有关规定执行，合格后才可使用。导管机械连接仅指紧定式连接和扣压式连接。

（5）对塑料绝缘导管、线槽及其配件的阻燃性能和金属导管的电气连续性有异议时，应由有资质的检测机构进行检测。送有资质的检测机构是第三方检验，可保持检测的独立性和结果的公正性。

2. 普通钢导管材料质量控制

（1）钢管（或电线管）壁厚均匀，不应有折扁、裂缝、砂眼、塌陷等现象。内外表面应光滑，不应有折叠、裂缝、分层、搭焊、缺焊、毛刺等现象。切口应垂直、无毛刺，切口斜度不应大于 2°，焊缝应整齐，无缺陷。

镀锌层应完好无损，锌层厚度均匀一致，不得有剥落、气泡等现象。

（2）铁制灯头盒、开关盒、接线盒等，盒壁厚度应不小于 1.2mm，镀锌层无剥落，无变形开焊，敲落孔完整无缺，面板安装孔与地线连接孔齐全。

（3）面板、盖板的规格、孔距应与底盒配套，外形完整无损，板面颜色均匀。

（4）螺栓、螺钉、胀管螺栓、螺母、垫圈等应使用镀锌件。

铁丝、电焊条、防锈漆等材料无过期变质现象。

（5）各种规格、型号的钢导管、通丝管箍、锁紧螺母（根母）、护口、铁制开关盒、灯头盒、接线盒、圆钢、扁钢、角钢、螺栓、螺母、垫圈等。

3. 套接扣压式钢管

（1）扣压式薄壁钢管质量要求，壁厚均匀，焊缝均匀无劈裂，砂眼，棱刺和弯扁，凹陷现象。钢管外表层镀锌均匀光泽完整无脱落现象。其材质应符合现行国家规范规定，材质证明文件齐全，产品合格证标志清晰，管材外表每隔 1m 应有明显产品标志。

（2）锁紧螺母（俗称根母）外形完好无损，丝扣清晰，并有产品出厂合格证。

（3）金属灯头盒、开关盒、接线盒、插座盒、箱等，其金属板厚不应小于 1.2mm，盒（箱）镀锌层无剥落，无变形开焊，敲落孔完整无缺，面板安装孔（承耳），地线焊接标志齐全，并应有产品出厂合格证。

（4）塑料护口，采用与管径配套使用的塑料护口，其护口应无破损现象产生，并应有产品出厂合格证。

（5）面板、盖板的规格尺寸，安装孔距应与所用盒（箱）配套使用，其外形完整无损，板面颜色均匀一致，并有产品出厂合格证。

（6）金属材料如圆钢，扁钢，角钢等，其表面应镀锌层完整无损，其材质应符合现行国家规范规定，并应有材质证明文件及产品出厂合格证。

（7）其他辅助材料：螺栓、螺钉、金属膨胀螺栓、螺母、垫圈等必须采用镀锌金属件。细铁丝、电焊条、尼龙扎带、防腐漆、水泥、机油等，无过期变质现象。

4. 套接紧定式钢导管

（1）型号、规格符合设计要求，管材表面有明显、不脱落的产品标志。

（2）金属管内、外壁镀层均匀、完好，无剥落、锈蚀等现象。防护能力符合现行国家标准《电气安装用导管特殊要求金属导管》GB/T 14823.1 的相关规定。

（3）管材、连接套管和金属附件内、外壁表面光洁，无毛刺、飞边、砂眼、气泡、裂纹、变形等缺陷。

(4) 管材、连接套管和金属附件，壁厚均匀，管口边缘应平整，光滑。

(5) 连接套管中心凹型槽弧度均匀，位置垂直、正确，凹槽深度与钢导管管壁厚度一致。

(6) 连接处采用的紧定部件表面光洁、无裂纹，且应满足下列规定：

1) 采用无螺纹旋压型紧定时，连接套管内锁钮的锁紧头弧形凹面的弧度与被连接管材弧度一致，两端沿呈U形。

2) 采用有螺纹紧定型紧定时，紧定用的螺钉螺纹丝扣整齐、光滑，配合良好。连接套管上紧定螺钉孔的螺纹不少于4个丝扣。螺钉顶端为尖状时，尖端坚固。旋转紧定脱落的"脖颈"尺寸符合要求。

5. 可弯曲金属导管及金属软管

(1) 可弯曲金属导管、金属软管及其附件，应符合国家现行技术标准的有关规定，并应有合格证。

(2) 可弯曲金属导管、金属软管配线工程采用的管卡、支架、吊杆、连接件及盒箱等附件，均应镀锌或涂防锈漆。

(3) 可弯曲金属导管、金属软管及配套附件器材的规格型号应符合国家规范的规定和设计要求。

(4) 可弯曲金属导管及金属软管接线箱连接器、管接头、灯头盒；管卡、圆钢、角钢、扁钢、支架、吊杆、镀锌螺栓、螺母、垫圈、膨胀螺栓、镀锌木螺钉、自攻螺钉等。

6. 塑料管

(1) 硬质阻燃型塑料管（PVC)，其材质均应具有阻燃、耐冲击性能，氧指数＞27的难燃指标，并应有检定测试报告单和产品质量合格证。

阻燃型塑料管，其外壁应有间距不大于1m的连续阻燃标记和厂标。管里外光滑，无凸凹、针孔、气泡；内外径尺寸应符合国家现行技术标准，管壁厚度应均匀一致。

(2) 半硬质塑料管和配件必须是由阻燃处理的材料定型制品。管的外壁应有间距不大于1m的连续阻燃标记和厂标，并应有产品质量合格证。管壁厚度均匀，无裂缝、孔洞、气泡及管身变形等现象。

(3) 所用阻燃型塑料管件、配件及暗配阻燃型塑料制品，必须使用配套的阻燃型塑料；制品（接线盒、插座盒、端接头、开关盒、灯头盒、管箍等)。其所属配套配件、附件，均应外观整齐，开孔齐全、无劈裂损坏等现象。

(4) 胶粘剂必须与硬质阻燃型塑料管匹配的定型产品，胶粘剂必须在使用限期内使用。

7. 线槽

(1) 线槽的型号规格应符合国家现行技术标准的规定及设计要求，选择金属线槽时，应考虑到导线的填充率及载流导线的根数应满足散热敷设等安全要求。

(2) 线槽及其部件应平整、无扭曲、变形等现象，内壁应光滑、无毛刺。

(3) 金属线槽及其附件应采用表面经防腐处理，涂层应完整无损伤。其规格型号应符合设计要求并有合格证。线槽内外应平整光滑，无扭曲现象，无棱刺和翘边等变形现象，金属线槽应作防腐处理。

（4）塑料线槽应经过阻燃处理并有阻燃标记和产品合格证，外壁应有间距不大于 1m 的连续阻燃标记和制造厂标。

（5）导线的型号、规格必须符合设计要求，并有产品出厂合格证。

8. 其他材料

（1）螺旋接线钮。应根据导线截面和导线的根数选择相应的型号（加强型选择绝缘钢壳螺旋接线钮）。

（2）套管。套管有铜制套管、铝制套管及铜铝过渡套管三种，套管的选用应与导线材质规格匹配。

（3）接线端子。应根据导线的根数和总截面选择相匹配定型制品接线端子。

（4）LC 安全型压线帽。具有阻燃性能氧指数为 27%以上，适用铝导线 2.5mm^2、4mm^{2}两种，适用于铜导线 1～4mm^{2}结头压接，分为黄、白、红、绿、蓝五种颜色，可根据导线截面和根数选择使用（铝导线用绿、蓝；铜导线用黄、白、红）。

（5）配线工程采用的管卡、支架、吊钩、拉环和盒（箱）等黑色金属附件均应做防腐处理，防腐处理宜为镀锌，室外露天的为热浸镀锌。

配线工程的黑色金属附件要做防腐处理，以方便维护检修和延长使用寿命，有条件的地方首选是镀锌而不是油漆。镀锌工艺中的热浸镀锌制品镀层较厚，虽外观质量比电镀锌工艺差一些，但其更耐用，适用于环境条件更差的室外场所。

5.10.2 工序交接要求

电线导管、电缆导管和线槽敷设应按以下程序进行：

（1）除埋入混凝土中的非镀锌钢导管外壁不做防腐处理外，其他场所的非镀锌钢导管内外壁均做防腐处理，经检查确认，才能配管。

（2）室外直埋导管的路径、沟槽深度、宽度及垫层处理经检查确认，才能埋设导管。

（3）现浇混凝土板内配管在底层钢筋绑扎完成，上层钢筋未绑扎前敷设，且检查确认，才能绑扎上层钢筋和浇捣混凝土。

（4）现浇混凝土墙体内的钢筋网片绑扎完成，门、窗等位置已放线，经检查确认，才能在墙体内配管。

（5）被隐蔽的接线盒和导管在隐蔽前检查合格，才能隐蔽。

（6）在梁、板、柱等部位明配管的导管套管、埋件、支架等检查合格，才能配管。

（7）吊顶上的灯位及电气器具位置先放样，且与土建及各专业施工单位商定，才能在吊顶内配管。

（8）顶棚和墙面的喷浆、油漆或壁纸等基本完成，才能敷设线槽、槽板。

5.10.3 暗管敷设监理要点

（1）室外直埋导管的沟槽挖掘及垫层处理：按施工图核对路由、沟底夯实、沟深度。

（2）非镀锌钢导管防腐处理：对于非镀锌钢导管（除敷设在混凝土中的导管外壁）应做防腐处理。

（3）管路敷设接、地（或接零）检查要点：

1）镀锌的钢导管、可挠性导管和金属线槽不得熔焊跨接接地线，以专用接地卡跨接的两卡间连线为铜芯软导线，截面积不小于4mm²。

2）当非镀锌钢导管采用螺纹连接时，连接处的两端焊跨接接地线；当镀锌钢导管采用螺纹连接时，连接处的两端用专用接地卡固定跨接接地线。

3）金属导管严禁对口熔焊连接；镀锌和壁厚小于等于2mm的钢导管不得套管熔焊连接。

4）防爆导管不应采用倒扣连接；当连接有困难时，应采用防爆活接头，其接合面应严密。

5）当绝缘导管在砌体上剔槽埋设时，应采用强度等级不小于M10的水泥砂浆抹面保护，保护层厚度大于15mm。

6）室外埋地敷设的电缆导管，埋深不应小于0.7m。壁厚小于等于2mm的钢电线导管不应埋设于室外土壤内。

7）电缆导管的弯曲半径不应小于电缆最小允许弯曲半径，电缆最小允许弯曲半径应符合GB 50303—2015的规定。

8）金属导管内外壁应防腐处理；埋设于混凝土内的导管内壁应防腐处理，外壁可不防腐处理。

9）暗配的导管，埋设深度与建筑物、构筑物表面的距离不应小于15mm；明配的导管应排列整齐，固定点间距均匀，安装牢固；在终端、弯头中点或柜、台、箱、盘等边缘的距离150～500mm范围内设有管卡，中间直线段管卡间的最大距离应符合GB50303—2015的规定。

10）防爆导管敷设检查要点：

① 导管间及与灯具、开关、线盒等的螺纹连接处紧密牢固，除设计有特殊要求外，连接处不跨接接地线，在螺纹上涂以电力复合酯或导电性防锈酯。

② 安装牢固顺直，镀锌层锈蚀或剥落处做防腐处理。

11）绝缘导管敷设检查要点：

① 管口平整光滑；管与管、管与盒（箱）等器件采用插入法连接时，连接处结合面涂专用咬合剂，接口牢固密封。

② 直埋于地下或楼板内的刚性绝缘导管，在穿出地面或楼板易受机械损伤的一段，采取保护措施。

③ 当设计无要求时，埋设在墙内或混凝土内的绝缘导管，采用中型以上的导管。

④ 沿建筑物、构筑物表面和在支架上敷设的刚性绝缘导管，按设计要求装设温度补偿装置。

12）金属、非金属柔性导管敷设应符合下列规定：

① 刚性导管经柔性导管与电气设备、器具连接，柔性导管的长度在动力工程中不大于0.8m，在照明工程中不大于1.2m。

② 可挠金属管或其他柔性导管与刚性导管或电气设备、器具间的连接采用专用接头；复合型可挠金属管或其他柔性导管的连接处密封良好，防液覆盖层完整无损。

③ 可挠性金属导管和金属柔性导管不能做接地（PE）或接零（PEN）的接续导体。

13）导管和线槽在建筑物变形缝处，应设补偿装置。

（4）管进箱、盒检查要点：

1）管与箱、盒应做接地连接。

2）室外导管的管口应设置在盒、箱内。在落地式配电箱内的管口，箱底无封板的，管口应高出基础面 50～80mm。所有管口在穿入电线、电缆后应做密封处理。由箱式变电所或落地式配电箱引向建筑物的导管，建筑物一侧的导管管口应设在建筑物内。

3）室内进入落地式柜、台、箱、盘内的导管管口，应高出柜、台、箱、盘的基础面 50～80mm。

（5）与土建工程配合检查要点：

1）根据楼板、墙板的厚度，巡视检查导管敷设后能否保证混凝土保护层不小于 15mm 要求导管减少交叉，交叉部位选择恰当，交叉处不做接头，过梁尽量沿梁下敷设。

2）盒（箱）埋设时尽量不割断主筋，不可避免时应与土建施工人员协商，采取补救措施。

3）进入墙内的开关、插座、配电箱导管应根据建筑平面图量准尺寸，保证导管埋入墙内。

（6）与弱电工程配合检查要点：

1）注意灯头盒埋设位置离开烟感探头预埋盒 50mm 以上。

2）注意电视信号插座管与电源管在同一面墙的靠近位置敷设。

3）注意电脑信号插座管与电源插座管在同一面墙的靠近位置敷设。

（7）砖墙内暗管敷设

砖墙内暗管敷设应与土建砌墙密切配合，通常安排在楼层混凝土浇捣基本结束阶段。监理员的巡视检查重点应为暗管的防腐处理有否遗漏，暗管埋设深度能否满足要求等。

5.10.4 明管敷设监理要点

（1）支架、吊架所用钢材型号规格、防腐措施；膨胀螺栓规格。

（2）按施工图核对箱盒位置，管线标高与其他专业管线距离、上下位置关系。

（3）导管和线槽在建筑物变形缝处，应设补偿装置。

（4）管路敷设及管路进箱盒检查要点：

1）管路进箱盒固定，金属管与箱盒接地连接。

2）镀锌的钢导管、可挠性导管和金属线槽不得熔焊跨接接地线，以专用接地卡跨接的两卡间连线为铜芯软导线，截面积不小于 4mm^2。

3）当非镀锌钢导管采用螺纹连接时，连接处的两端焊跨接接地线；当镀锌钢导管采用螺纹连接时，连接处的两端用专用接地卡固定跨接接地线。

4）金属导管严禁对口熔焊连接；镀锌和壁厚小于等于 2mm 的钢导管不得套管熔焊连接。

5）电缆导管的弯曲半径不应小于电缆最小允许弯曲半径，电缆最小允许弯曲半径应符合 GB 50303—2015 的规定。

6）金属导管内外壁应防腐处理；埋设于混凝土内的导管内壁应防腐处理，外壁可不防腐处理。

7）防爆导管敷设应符合下列规定：

① 导管间及与灯具、开关、线盒等的螺纹连接处紧密牢固，除设计有特殊要求外，

连接处不跨接接地线，在螺纹上涂以电力复合酯或导电性防锈酯。

② 安装牢固顺直，镀锌层锈蚀或剥落处做防腐处理。

8）管口平整光滑；管与管、管与盒（箱）等器件采用插入法连接时，连接处结合面涂专用咬合剂，接口牢固密封。

（5）沿建筑物、构筑物表面和在支架上敷设的刚性绝缘导管，按设计要求装设温度补偿装置。

5.10.5 线槽敷设监理要点

（1）线槽在建筑物变形缝处，应设补偿装置。

（2）按施工图核对线槽位置；与其他专业管线距离、上下位置关系；预留孔洞位置、大小。线槽与楼板、墙面距离。当线槽引入引出线缆处有外加接线盒时需预留足够位置。

（3）支架、吊架的钢材型号、规格、防腐、膨胀螺栓规格。

（4）线槽应安装牢固，无扭曲变形，紧固件的螺母应在线槽外侧。

（5）线槽敷设，接地连接：

1）金属线槽不作设备的接地导体，当设计无要求时，金属线槽全长不少 2 处与接地（PE）或接零（PEN）干线连接。

2）非镀锌金属线槽间连接板的两端跨接铜芯接地线，镀锌线槽间连接板的两端不跨接接地线，但连接板两端不少于 2 个有防松螺帽或防松垫圈的连接固定螺栓。

（6）线槽及其部件应平整、无扭曲、变形等现象，内壁应光滑、无毛刺。

（7）金属线槽表面应经防腐处理，涂层应完整无损伤。

（8）线槽不宜敷设在易受机械损伤、高温场所，且不宜敷设在潮湿或露天场所。金属线槽不宜敷设在有腐蚀介质的场所。

（9）线槽的敷设检查要点：

1）线槽的转角、分支、终端以及与箱柜的连接处等宜采用专用部件。

2）线槽敷设应连续无间断，沿墙敷设每节线槽直线段固定点不应少于 2 个，在转角、分支处和端部均应有固定点；线槽在吊架或支架上敷设，直线段支架间间距不应大于 2m，线槽的接头、端部及接线盒和转角处均应设置支架或吊架，且离其边缘的距离不应大于 0.5m。

3）线槽的连接处不应设置在墙体或楼板内。

4）线槽的接口应平直、严密，槽盖应齐全、平整、无翘角；连接或固定用的螺钉或其他紧固件，均应由内向外穿越，螺母在外侧。

线槽的分支接口或与箱柜接口的连接端应设置在便于人员操作的位置。

5）线槽敷设应平直整齐；水平或垂直敷设时，塑料线槽的水平或垂直偏差均不应大于 5‰，金属线槽的水平或垂直偏差均不应大于 2‰，且全长均不应大于 20mm。

6）金属线槽应接地可靠，且不得作为其他设备接地的接续导体，线槽全长不应少于 2 处与接地保护干线相连接。全长大于 30m 时，应每隔 20～30m 增加与接地保护干线的连接点；线槽的起始端和终点端均应可靠接地。

7）非镀锌线槽连接板的两端应跨接铜芯软线接地线，接地线截面面积不应小于 $4mm^2$，镀锌线槽可不跨接接地线，其连接板的螺栓应有防松螺帽或垫圈。

8）金属线槽与各种管道平行或交叉敷设时，其相互间最小距离应符合设计或规范要求。

9）线槽直线段敷设长度大于 30m 时，应设置伸缩补偿装置或其他温度补偿装置。

5.10.6 旁站监理项目

绝缘测试：待敷线结束，电气设备、器具安装前，应要求对线路进行绝缘测试，并附测试记录签字、认证。

绝缘电阻：根据规范要求低压电线线间和线对地的绝缘电阻值必须大于 0.5MΩ，否则不能通过，经返工整改达到要求后，才能进行下一道工序。

5.10.7 见证取样与试验

见证取样或试验的项目一般包括：导管的取样、线槽的取样。

1. 导管的取样抽查

承包商报验时，监理员应按批抽测导管管径、壁厚、均匀等是否符合要求，采用工具为直尺、千分卡等。对镀锌钢管与涂漆钢管应锯断抽查内壁镀锌或涂漆质量；对绝缘导管阻燃性能有异议时，应按批抽样送有资质的试验室检测，现场常采用简易方法进行初步试验，即将抽查的绝缘导管切割一小段，明火点燃，撤去明火视其能否延燃，若不能延燃，可认为符合阻燃要求。

2. 线槽的取样

金属线槽的质量控制标准参照现行行业标准《控配电用电缆桥架》（JB/T 10216—2000）有关规定。监理人员主要应按批抽测线槽宽度、厚度等，金属线槽板厚标准。采用工具为直尺、千分卡等，抽测板厚时注意各点误差是否符合板材标准。

5.11 塑料护套线直敷布线、管内穿线和槽盒内敷线监理要点

5.11.1 材料（设备）质量控制

1. 一般规定

（1）按批查验合格证，合格证有生产许可证编号，按现行国家标准《额定电压 450/750V 及以下聚氯乙烯绝缘电缆》（GB 5023.1～5023.7—2008）标准生产的产品有安全认证标志。

（2）外观检查：包装完好，抽检的电线绝缘层完整无损，厚度均匀，电缆无压扁、扭曲，铠装不松卷。耐热、阻燃的电线、电缆外护层有明显标识和制造厂标。

（3）按制造标准，现场抽样检测绝缘层厚度和圆形线芯的直径；线芯直径误差不大于标称直径的 1%。

（4）对电线、电缆绝缘性能、导电性能和阻燃性能有异议时，按批抽样送有资质的试验室检测。

（5）器材到达施工现场后，应进行检查，并应符合下列规定：

1）随器材供给的技术文件应齐全。

2）型号、规格应符合设计文件要求，外观质量应符合产品制造标准相关规定。

3）器材采购合同中对运输、包装等有特定要约的，应符合采购合同的约定。

4）当新开发的产品在工程中试用时，应提供型式试验报告。

5）当对器材的质量有异议时，应送至有资质的检测机构进行检测。

(6) 配线工程用的塑料绝缘导管、塑料线槽及其配件必须由阻燃材料制成，导管和线槽表面应有明显的阻燃标识和制造厂厂标。

2. 塑料护套线

(1) 塑料护套线。导线的规格、型号必须符合设计要求和国家现行技术标准的规定。并应有产品质量合格证。

塑料护套线具有双层塑料保护层，即线芯绝缘内层，外面再统包一层塑料绝缘护套。

常用的塑料护套线有BVV型铜芯聚氯乙烯绝缘聚氯乙烯护套圆形电线、BVVB型铜芯聚氯乙烯绝缘聚氯乙烯护套平型电线。

(2) 选择塑料护套线时，工程上使用的塑料护套线的最小芯线截面，铜线不应小于1.0mm^2。塑料护套线采用明敷设时，导线截面积一般不宜大于6mm^2。

3. 普通绝缘导线

(1) 管内配线的绝缘导线，其型号、规格、截面必须符合设计要求和国家现行技术标准的规定。所用的导线应有产品质量合格证。

(2) 根据设计要求和工艺标准的规定选用导线，直埋进、出户的导线不允许使用塑料绝缘导线，必须使用橡胶绝缘导线。

(3) 导线截面的选择，穿在管内的绝缘导线应严格按设计图纸选择，其型号、规格、截面必须满足设计和施工验收规范要求。

5.11.2 工序交接要求

电线、电缆穿管及线槽敷线应按以下程序进行：

(1) 接地（PE）或接零（PEN）及其他焊接施工完成，经检查确认，才能穿入电线或电缆以及线槽内敷线。

(2) 与导管连接的柜、屏、台、箱、盘安装完成，管内积水及杂物清理干净，经检查确认，才能穿入电线、电缆。

(3) 电缆穿管前绝缘测试合格，才能穿入导管。

(4) 电线、电缆交接试验合格，且对接线去向和相位等检查确认，才能通电。

5.11.3 塑料护套线直敷布线监理要点

(1) 塑料护套线应明敷，严禁直接敷设在建筑物顶棚内、墙体内、抹灰层内、保温层内或装饰面内。

(2) 塑料护套线不应沿建筑物木结构表面敷设，可沿经阻燃处理的合成木材（型材）构成的建筑物表面敷设。

(3) 室外受阳光直射的场所，不宜直接敷设塑料护套线。

(4) 塑料护套线与接地导体或不发热管道等紧贴交叉处及易受机械损伤的部位，应采取保护措施。

(5) 塑料护套线室内沿建筑物表面水平敷设高度距地面不应小于 2.5m；垂直敷设时在距地面高度 1.8m 以下的部分应有保护措施。

(6) 塑料护套线不论侧弯或平弯，其弯曲处护套和芯线绝缘层均应完整无损伤。

(7) 塑料护套线进入盒（箱）或与设备、器具连接，其护套层应进入盒（箱）或设备、器具内，护套层与盒（箱）入口处应采取密封措施。

(8) 塑料护套线的固定应符合下列规定：

1) 应顺直，不松弛、扭绞。

2) 应采用线卡固定，固定点间距均匀，固定点间距宜为 150～200mm。

3) 在终端、转弯和进入盒（箱）、设备或器具等处，均应装设线卡固定电线，线卡距终端、转弯中点、盒（箱）、设备或器具边缘的距离宜为 50～100mm。

4) 电线的接头应设在盒（箱）或器具内，多尘或潮湿场所应采用密闭式盒（箱），盒（箱）的配件应齐全，并固定可靠。

5.11.4 电线、电缆穿管及线槽敷线监理要点

(1) 电线、电缆穿管前，应清除管内杂物和积水。管口应有保护措施，不进入接线盒（箱）的垂直管口穿入电线、电缆后，管口应密封。

(2) 放线时用放线车，保证线缆不拖地、不扭绞；管内线缆不得接头。

(3) 三相或单相的交流单芯电缆，不得单独穿于钢导管内。

(4) 不同回路、不同电压等级和交流与直流的电线，不应穿于同一导管内；同一交流回路的电线应穿于同一金属导管内，且管内电线不得有接头。

(5) 爆炸危险环境照明线路的电线和电缆额定电压不得低于 750V，且电线必须穿于钢导管内。

(6) 采用多相供电时，同一建筑物、构筑物的电线绝缘层颜色选择应一致，即保护地线（PE 线）应是黄绿相间色；零线用淡蓝色；相线用：A 相——黄色、B 相——绿色、C 相——红色。

(7) 线路检查：绝缘摇测。

5.11.5 线槽敷线监理要点

(1) 按施工图核对导线型号、规格、数量、颜色。

(2) 采用多相供电时，同一建筑物、构筑物的电线绝缘层颜色选择应一致，即保护地线（PE 线）应是黄绿相间色；零线用淡蓝色；相线用：A 相——黄色、B 相——绿色、C 相——红色。

(3) 电线在线槽内有一定余量，不得有接头。电线按回路编号分段绑扎，绑扎点间距不应大于 2m。

(4) 同一回路的相线和零线，敷设于同一金属线槽内。

(5) 同一电源的不同回路无抗干扰要求的线路可敷设于同一线槽内；敷设于同一线槽内有抗干扰要求的线路用隔板隔离，或采用屏蔽电线，且屏蔽护套一端接地。

(6) 线路检查：绝缘测量。

（7）按防火分区、楼层检查防火隔堵做法。

5.11.6 见证取样项目

监理人员按制造标准，现场抽样检测电线绝缘层厚度和圆形线芯的直径；线芯直径误差不大于标准直径的1%；主要测量工具采用千分卡。

对电线绝缘性能、导电性能和阻燃性能有异议时，按批抽样送有资质的试验室检测。若当地质检部门对抽样有专门规定，应执行地方规定。

5.12 钢索配线监理要点

5.12.1 材料（设备）质量控制

（1）钢索及附件的型号、规格必须符合设计要求，并应有产品质量合格证。

（2）配线用钢索宜为镀锌钢索，不应采用带油芯的钢索。在潮湿、有腐蚀性介质及多尘的场所，应采用塑料护套的钢索。

（3）钢索的钢丝直径不小于0.5mm，钢索不应有扭曲和断股等现象。

（4）绝缘导线的型号、规格必须符合设计要求和国家现行技术标准的规定。并应有产品质量合格证。

（5）镀锌圆钢吊钩：圆钢的直径不应小于8mm。扁钢吊架：应采用镀锌扁钢，宽度不应小于20mm，镀锌层无脱落现象。

（6）吊环孔直径不应小于30mm，接口处应焊死，尾端应弯成燕尾。

5.12.2 工序交接要求

钢索配管的预埋件及预留孔，应预埋、预留完成；装修工程除地面外基本结束，才能吊装钢索及敷设线路。

5.12.3 钢索配线监理要点

（1）按施工图核对路由与其他管线距离，预埋件、预留孔位置。

（2）固定支架检查要点：

1）支架的钢材型号、规格、防腐。

2）钢索中间吊架间距不应大于12m，吊架与钢索连接处的吊钩深度不应小于20mm，并应有防止钢索跳出的锁定零件。

3）支架固定牢固可靠。

（3）组装钢索检查要点：

1）应采用镀锌钢索，不应采用含油芯的钢索。钢索的钢丝直径应小于0.5mm，钢索不应有扭曲和断股等缺陷。

2）钢索的终端拉环埋件应牢固可靠，钢索与终端拉环套接处应采用心形环，固定钢索的线卡不应少于2个，钢索端头应用镀锌铁线绑扎严密。

3）当钢索长度在 50m 及以下时，应在钢索一端装设花篮螺栓紧固；当钢索长度大于 50m 时，应在钢索两端装设花篮螺栓紧固。

（4）保护地线安装检查要点：

1）钢索的一端应有明显的保护地线。

2）接地（PE）或接零（PEN）可靠。

（5）钢索吊装钢索配线检查要点：

1）电线和灯具在钢索上安装后，钢索应承受全部负载，且钢索表面应整洁、无锈蚀。

2）钢索配线的零件间和线间距离应符合设计或规范的规定。

5.12.4 工程检测项目

检测绝缘电阻。

5.13 照明灯具安装监理要点

5.13.1 材料（设备）质量控制

1. 普通灯具

（1）型号、规格、数量符合设计文件要求，报验的灯具与选定的产品一致；产品符合国家标准的要求。

（2）查验合格证、检验报告齐全、有效；灯具有“3C”认证标志；新型气体放电灯具有随带技术文件。

（3）外观检查：灯具涂层完整，无损伤，附件齐全。

（4）电气照明装置的接线应牢固，灯内配线电压不应低于交流 500V，并且严禁外露，电气接触应良好；需接地或接零的灯具、开关、插座等非带电金属部分，应有明显标志的专用接地螺钉。

（5）塑料台应有足够的强度，受力后无弯翘变形现象。

（6）对成套灯具的绝缘电阻、内部接线等性能进行现场抽样检测。灯具的绝缘电阻值不小于 2MΩ，内部接线为铜芯绝缘电线，芯线截面积不小于 0.5mm^2，橡胶或聚氯乙烯（PVC）绝缘电线的绝缘层厚度不小于 0.6mm。

（7）灯具接线端子符合阻燃要求。

（8）固定灯具带电部件的绝缘材料以及提供防触电保护的绝缘材料应耐燃和防明火。

2. 专用灯具

（1）型号、规格、数量符合设计文件要求；报验的灯具与选定的产品一致；产品符合国家标准的要求。

（2）各种标志灯的指示方向正确无误，应急灯必须灵敏可靠，事故灯具应有特殊标志。防水灯头应采用防水灯头，其规格、型号和技术性能必须符合设计要求。

（3）灯具有“3C”认证标志、合格证、检验报告；灯具导线、电缆应有合格证，并应有“CCC”认证标志及证书复印件；技术文件应齐全。型号、规格及外观质量应符合设计要求和国家标准的规定。

（4）水下灯具按批进行见证取样，送有资质的试验单位进行检测，各项技术指标合格后方可使用。

（5）灯具及其配件应齐全，并应无机械损伤、变形、油漆剥落和灯罩破裂等缺陷，灯具涂层完整，无损伤，附件齐全。

（6）防爆电气设备需标明类型、级别、组别、外壳的“EX”标志和防爆合格证号。

（7）灯具接线端子符合阻燃要求。

（8）固定灯具带电部件的绝缘材料以及提供防触电保护的绝缘材料应耐燃和防明火。

（9）对成套灯具的绝缘电阻、内部接线等性能进行现场抽样检测。灯具的绝缘电阻值不小于2MΩ，内部接线为铜芯绝缘电线，芯线截面积不小于0.5mm^2，橡胶或聚氯乙烯（PVC）绝缘电线的绝缘层厚度不小于0.6mm。

（10）对游泳池和类似场所灯具（水下灯及防水灯具）的密闭和绝缘性能有异议时，按批抽样送有资质的试验室检测。

3. 钢制灯柱

（1）按批查验合格证。

（2）外观检查：涂层完整，根部接线盒盒盖紧固件和内置熔断器、开关等器件齐全，盒盖密封垫片完整。钢柱内设有专用接地螺栓，地脚螺孔位置按提供的附图尺寸，允许偏差为±2mm。

4. 电瓷制品

（1）查验合格证和随带技术文件，变压器有出厂试验记录。

（2）外观检查：有铭牌，附件齐全，绝缘件无缺损、裂纹，充油部分不渗漏，充气高压设备气压指示正常，涂层完整。

5. 镀锌制品（支架、横担、接地极、避雷用型钢等）和外线金具

（1）按批查验合格证或镀锌厂出具的镀锌质量证明书。

（2）外观检查：镀锌层覆盖完整、表面无锈斑，金具配件齐全，无砂眼。

（3）对镀锌质量有异议时，按批抽样送有资质的试验室检测。

5.13.2 工序交接要求

照明灯具安装应按以下程序进行：

（1）安装灯具的预埋螺栓、吊杆和吊顶上嵌入式灯具安装专用骨架等完成，按设计要求做承载试验合格，才能安装灯具。

（2）影响灯具安装的模板、脚手架拆除；顶棚和墙面喷浆、油漆或壁纸等及地面清理工作基本完成后，才能安装灯具。

（3）导线绝缘测试合格，才能灯具接线。

（4）高空安装的灯具，地面通断电试验合格，才能安装。

5.13.3 普通灯具安装监理要点

（1）按标准及产品说明书检查灯具组件，组装灯具。

（2）灯具固定检查要点：

1）灯具重量大于 3kg 时，固定在螺栓或预埋吊钩上。

2）软线吊灯，灯具重量在 0.5kg 及以下时，采用软电线自身吊装；大于 0.5kg 的灯具采用吊链，且软电线编叉在吊链内，使电线不受力。

3）灯具固定牢固可靠、不使用木楔。每个灯具固定用螺钉或螺栓不少于 2 个；当绝缘台直径在 75mm 及以下时，采用 1 个螺钉或螺栓固定。

4）花灯吊钩圆钢直径不应小于灯具挂销直径，且不应小于 6mm。大型花灯的固定及悬吊装置，应按灯具重量的 2 倍做过载试验。

5）当钢管做灯杆时，钢管内径不应小于 10mm，钢管厚度不应小于 1.5mm。

6）固定灯具带电部件的绝缘材料以及提供防触电保护的绝缘材料，应耐燃烧和防明火。

7）当设计无要求时，灯具的安装高度和使用电压等级应符合下列规定：

8）一般敞开式灯具，灯头对地面距离不小于下列数值（采用安全电压除外）：

①室外：2.5m（室外墙上安装）；②厂房：2.5m；③室内：2m；④软吊线带升降器的灯具在吊线展开后：0.8m。

9）危险性较大及特殊危险场所，当灯具距地面高度小于 2.4m 时，应使用额定电压为 36V 及以下的照明灯具，或有专用保护措施。

10）变电所内，高低压配电设备及裸母线的正上方不应安装灯具。

11）装有白炽灯泡的吸顶灯具，灯泡不应紧贴灯罩，当灯泡与绝缘台间距离小于 5mm 时，灯泡与绝缘台间应采取隔热措施。

12）安装在重要场所的大型灯具的玻璃罩，应采取防止玻璃罩碎裂后向下溅落的措施。

13）投光灯的底座及支架应固定牢固，枢轴应沿需要的光轴方向拧紧固定。

14）安装在室外的壁灯应有泄水孔，绝缘台与地面之间应有防水措施。

（3）灯具接线接地或接零检查要点：

1）当灯具距地面高度小于 2.4m 时，灯具的可接近裸露导体必须接地（PE）或接零（PEN）可靠，并应有专用接地螺栓，且有标识。

2）引向每个灯具的导线线芯最小截面积应符合 GB 50203—2002 的规定。

3）灯具及其配件齐全，无机械损伤、变形、涂层剥落和灯罩破裂等缺陷。

4）软线吊灯的软线两端做保护扣，两端芯线搪锡；当装升降器时，套塑料软管，采用安全灯头。

5）除敞开式灯具外，其他各类灯具灯泡容量在 100W 及以上者采用瓷质灯头。

6）连接灯具的软线盘扣、搪锡压线，当采用螺口灯头时，相线接于螺口灯头中间的端子上。

7）灯头的绝缘外壳不破损和漏电；带有开关的灯头，开关手柄无裸露的金属部分。

5.13.4 专用灯具安装监理要点

1. 水下灯及防水灯具

游泳池和类似场所灯具（水下灯及防水灯具）的等电位联结应可靠。且有明显标识，其电源的专用漏电保护装置应全部检测合格。自电源引入灯具的导管必须采用绝缘导管。

严禁采用金属或有金属护层的导管。

2. 36V 及以下行灯变压器和行灯安装

(1) 行灯电压不大于 36V，在特殊潮湿场所或导电良好的地面上以及工作地点狭窄、行动不便的场所行灯电压不大于 12V。

(2) 行灯压器外壳、铁芯和低压侧的任意一端或中性点、接地（PE）或接零（PEN）可靠。

(3) 行灯变压器为双圈变压器，其电源侧和负荷侧有熔断器保护，熔丝额定电流分别不应大于变压器一次、二次的额定电流。

(4) 行灯灯体及手柄绝缘良好，坚固耐热耐潮湿；灯头与灯体结合紧固，灯头无开关，灯泡外部有金属保护网、反光罩及悬吊挂钩，挂钩固定在灯具的绝缘手柄上。

(5) 行灯变压器的固定支架牢固，油漆完整。

(6) 携带式局部照明灯电线采用橡胶套软线。

3. 手术台无影灯

(1) 固定灯座的螺栓数量不少于灯具法兰底座上的固定孔数，且螺栓直径与底座孔径相适配；螺栓采用双螺母锁固；底座紧贴顶板，四周无缝隙。

(2) 在混凝土结构上螺栓与主筋相焊接或将螺栓末端弯曲与主筋绑扎锚固。

(3) 配电箱内装有专用的总开关及分路开关，电源分别接在 2 条专用的回路上。开关至灯具的电线采用额定电压不低于 750V 的铜芯多股绝缘电线。

(4) 表面保持整洁、无污染，灯具镀、涂层完整无划伤。

4. 应急照明灯具安装

(1) 疏散照明采用荧光灯或白炽灯；安全照明采用卤钨灯，或采用瞬间可靠点燃的荧光灯。

(2) 安全出口标志灯和疏散标志灯装有玻璃或非燃材料的保护罩，面板亮度均匀度为 1：10（最低：最高)、保护罩应完整、无裂纹。

(3) 疏散照明由安全出口标志灯和疏散标志灯组成。安全出口标志灯距地高度不低于 2m，且安装在疏散出口和楼梯口里侧的上方。

(4) 疏散标志灯安装在安全出口的顶部，在楼梯间、疏散走道及其转角处应安装在 lm 以下的墙面上。不易安装的部位可安装在上部。疏散通道上的标志灯间距不大于 20m（人防工程不大于 l0m)。

(5) 应急照明灯的电源除正常电源外，另有一路电源供电；或者是独立于正常电源的柴油发电机组供电；或由蓄电池柜供电或选用自带电源型应急灯具。

(6) 应急照明在正常电源断电后，电源转换时间为：疏散照明≤15s；备用照明≤15s（金融商店交易所≤1.5s)；安全照明≤0.5s。

(7) 疏散标志灯的设置应不影响正常通行，且不在其周围设置容易混同疏散标志灯的其他标志牌等。

(8) 应急照明灯具，运行中温度大于 60℃的，当靠近可燃物时，采取隔热、散热等防火措施。当采用白炽灯、卤钨灯等光源时，不直接安装在可燃装修材料或可燃物件上。

(9) 疏散照明线路采用耐火电线、电缆，穿管明敷或在非燃烧体内穿刚性导管暗敷，暗敷保护层厚度不小于 30mm。电线采用额定电压不低于 750V 的铜芯绝缘电线。应急照明切换试验检查转换时间及备用电源持续照明时间。

（10）应急照明线路在每个防火分区有独立的应急照明回路，穿越不同防火分区的线路有防火隔堵措施。

5. 防爆灯具安装

（1）灯具的防爆标志、外壳防护等级和温度组别与爆炸危险环境相适配。当设计无要求时，灯具种类和防爆结构的选型应符合规范规定。

（2）灯具配套齐全，不用非防爆零件代替灯具配件（金属护网、灯罩、接线盒等）。

（3）灯具及开关的外壳完整，无损伤、无凹陷或沟槽，灯罩无裂纹，金属护网无扭曲变形，防爆标志清晰。

（4）灯具及开关的紧固螺栓无松动、锈蚀，密封垫圈完好。

（5）灯具的安装位置离开释放源，且不在各种管道的泄压口及排放口上下方安装灯具。

（6）灯具及开关安装牢固可靠，灯具吊管及开关与接线盒螺纹啮合扣数不少于5扣，螺纹加工光滑、完整、无锈蚀，并在螺纹上涂以电力复合酯或导电性防锈酯。

（7）开关安装位置便于操作，安装高度1.3m。

5.13.5 景观照明灯、航空障碍标志灯和庭院灯安装监理要点

1. 建筑物彩灯安装

（1）按施工图核对基础、预留孔、预埋件位置、标高，安装可靠、牢固。

（2）建筑物顶部彩灯采用有防雨性能的专用灯具，灯罩要拧紧。

（3）彩灯配线管路按明配管敷设，且有防雨功能。管路间、管路与灯头盒间螺纹连接，金属导管及彩灯的构架、钢索等可接近裸露导体接地（PE）或接零（PEN）可靠。

（4）垂直彩灯悬挂挑臂采用不小于10号槽钢。端部吊挂钢索用的吊钩螺栓直径不小于10mm，螺栓在槽钢上固定两侧有螺帽，且加平垫及弹簧垫圈紧固。

（5）悬挂钢丝绳直径不小于4.5mm，底架圆钢直径不小于16mm，地锚采用架空外线用拉线盘，埋设深度大于1.5m。

（6）垂直彩灯采用防水吊线灯头，下端灯头距离地面高于3m。

（7）建筑物顶部彩灯灯罩完整，无碎裂。

（8）彩灯电线导管防腐完好，敷设平整、顺直。

2. 霓虹灯安装

（1）按施工图核对基础、预留孔、预埋件位置、标高，安装可靠、牢固。

（2）霓虹灯管完好，无破裂。

（3）灯管采用专用的绝缘支架固定，且牢固可靠。灯管固定后，与建筑物、构筑物表面的距离不小于20mm。

（4）当霓虹灯变压器明装时，高度不小于3m；低于3m采取防护措施。

（5）霓虹灯专用变压器采用双圈式，所供灯管长度不大于允许负载长度，露天安装的有防雨措施。

（6）霓虹灯变压器的安装位置方便检修，且隐蔽在不易被非检修人员触及的场所，不装在吊顶内。

（7）当橱窗内装有霓虹灯时，橱窗门与霓虹灯变压器一次侧开关有联锁装置，确保开门不接通霓虹灯变压器的电源。

（8）霓虹灯专用变压器的二次电线和灯管间的连接采用额定电压大于15kV的高压绝缘电线。二次电线与建筑物、构筑物表面的距离不小于20mm。

（9）霓虹灯变压器二次侧的电线采用玻璃制品绝缘支持物固定，支持点距离不大于下列数值：水平线段：0.5m；垂直线段：0.75m。

3. 建筑物景观照明灯具安装

（1）按施工图核对基础、预留孔、预埋件位置、标高，安装可靠、牢固。

（2）每套灯具的导电部分对地绝缘电阻值大于2MΩ。

（3）在人行道等人员来往密集场所安装的落地式灯具，无围栏防护时高度距地面2.5m以上。

（4）金属构架和灯具的可接近裸露导体及金属软管的接地（PE）或接零（PEN）可靠，且有标识。

（5）建筑物景观照明灯具构架应固定可靠，地脚螺栓拧紧，备帽齐全；灯具的螺栓紧固、无遗漏。灯具外露的电线或电缆应有柔性金属导管保护。

4. 航空障碍标志灯安装

（1）按施工图核对基础、预留孔、预埋件位置、标高，安装可靠、牢固。

（2）灯具装设在建筑物或构筑物的最高部位。当最高部位平面面积较大或为建筑群时，除在最高端装设外，还在其外侧转角的顶端分别装设灯具。

（3）当灯具在烟囱顶上装设时，安装在低于烟囱口1.5～3.0m的部位且呈正三角形水平排列。

（4）灯具的选型根据安装高度决定；低光强的（距地面60m以下装设时采用）为红色光，其有效光强大于1600cd。高光强的（距地面150m以上装设时采用）为白色光，有效光强随背景亮度而定。

（5）灯具的电源按主体建筑中最高负荷等级要求供电。

（6）灯具安装牢固可靠，且设置维修和更换光源的措施。

（7）同一建筑物或建筑群灯具间的水平、垂直距离不大于45m。

（8）灯具的自动通、断电源控制装置动作准确。

5. 庭院灯安装

（1）按施工图核对基础、预留孔、预埋件位置、标高，安装可靠、牢固。

（2）每套灯具的导电部分对地绝缘电阻值大于2MΩ。

（3）立柱式路灯、落地式路灯、特种园艺灯等灯具与基础固定可靠，地脚螺栓备帽齐全。灯具的接线盒或熔断器盒，盒盖的防水密封垫完整。

（4）金属立柱及灯具可接近裸露导体接地（PE）或接零（PEN）可靠。接地线单设干线，干线沿庭院灯布置位置形成环网状，且不少于2处与接地装置引出线连接。由干线引出支线与金属灯柱及灯具的接地端子连接，且有标识。

（5）灯具的自动通、断电源控制装置动作准确，每套灯具熔断器盒内熔丝齐全，规格与灯具适配。

（6）杆上的路灯，固定可靠，紧固件齐全、拧紧，灯位准确，每套灯具配有熔断器保护。

5.13.6 旁站监理

(1) 大型花灯的固定及悬吊装置的过载试验：大型灯具的固定及悬吊装置由施工设计经计算后，出图预埋安装。为检验其牢固程度是否符合图纸要求，应做过载试验，试验过程中监理应在现场检查、记录，并对试验结果确认。

(2) 绝缘电阻测试：成套灯具的绝缘电阻测试，灯具接线前的线路绝缘电阻测试。

5.13.7 见证取样与试验

(1) 对成套灯具的绝缘电阻，内部接线等性能进行现场抽样检测。灯具的绝缘电阻不小于2MΩ。内部接线为铜芯绝缘电线，芯线截面积不小于0.5mm²，橡胶或聚氯乙烯(PVC) 绝缘电线的绝缘层厚度不小于0.6mm。

(2) 对游泳池和类似场所灯具（水下灯及防水灯具）的密闭和绝缘性能有异议时，按批抽样送有资质的试验室检测。

(3) 线路绝缘电阻测试，应大于0.5MΩ。

(4) 型灯具的固定及悬吊装置，应按灯具重量的2倍做过载试验，合格后方能安装灯具。

5.14 开关、插座、风扇安装监理要点

5.14.1 材料（设备）质量控制

(1) 查验合格证，防爆产品有防爆标志和防爆合格证号，实行安全认证制度的产品有安全认证标志。

(2) 外观检查：开关、插座的面板及接线盒盒体完整、无碎裂、零件齐全，风扇无损坏，涂层完整，调速器等附件适配。

(3) 对开关、插座的电气和机械性能进行现场抽样检测。检测规定如下：

1) 不同极性带电部件间的电气间隙和爬电距离不小于3mm。

2) 绝缘电阻值不小于5MΩ。

3) 用自攻锁紧螺钉或自切螺钉安装的，螺钉与软塑固定件旋合长度不小于8mm，软塑固定件在经受10次拧紧退出试验后，无松动或掉渣，螺钉及螺纹无损坏现象。

4) 金属间相旋合的螺钉螺母，拧紧后完全退出，反复5次仍能正常使用。

(4) 对开关、插座、接线盒及其面板等塑料绝缘材料阻燃性能有异议时，按批抽样送有资质的试验室检测。

5.14.2 工序交接要求

照明开关、插座、风扇安装；吊扇的吊钩预埋完成；电线绝缘测试应合格；顶棚和墙面的喷浆、油漆或壁纸等应基本完成；才能安装开关、插座和风扇。

5.14.3 插座安装

(1) 标高与散热器、淋浴的距离；与所配电器（如空调、电热水器、风扇、开水器

等）距离，与建筑墙面、地面平齐。

（2）与周围可燃材料的隔热防火措施。

（3）当交流、直流或不同电压等级的插座安装在同一场所时，应有明显的区别，且必须选择不同结构、不同规格和不能互换的插座；配套的插头应按交流、直流或不同电压等级区别使用。

（4）当接插有触电危险家用电器的电源时，采用能断开电源的带开关插座，开关断开相线。

（5）潮湿场所采用密封型并带保护地线触头的保护型插座，安装高度不低于1.5m。

（6）当不采用安全型插座时，托儿所、幼儿园及小学等儿童活动场所安装高度不小于1.8m。

（7）暗装的插座面板紧贴墙面，四周无缝隙，安装牢固，表面光滑整洁，无碎裂、划伤、装饰帽齐全。

（8）车间及试（实）验室的插座安装高度距地面不小于0.3m；特殊场所暗装的插座不小于0.15m，同一室内插座的安装高度一致。

（9）地面插座面板与地面齐平或紧贴地面，盖板固定牢固，密封良好。

（10）插座接线监理要点：

1）单相两孔插座，面对插座的右孔或上孔与相线连接，左孔或下孔与零线连接；单相三孔插座，面对插座的右孔与相线连接，左孔与零线连接。

2）单相三孔、三相四孔及三相五孔插座的接地（PE）或接零（PEN）线接在上孔。插座的接地端子不与零线端子连接。同一场所的三相插座，接线的相序一致。

3）接地（PE）或接零（PEN）线在插座间不串联连接。

4）对插接端子当接线孔大于线径2倍时，应弯回头插入。

5）对接线柱、导线盘圈方向正确。

6）导线线芯不得外露。

7）分支接线时不得利用插座、开关接线端跳接，应共头串接。

5.14.4 开关安装

（1）开关与灯具位置对应，开关开断方向一致。

（2）与周围可燃材料的隔热防火措施。

（3）同一建筑物、构筑物的开关采用同一系列的产品；开关的通断位置一致，操作灵活、接触可靠。

（4）相线经开关控制；民用住宅无软线引至床边的床头开关。

（5）开关安装位置便于操作，开关边缘距门框边缘的距离0.15～0.2m，开关距地面高度1.3m；拉线开关距地面高度2～3m；层高小于3m时，拉线开关距顶板不小于100mm，拉线出口垂直向下。

（6）相同型号并列安装。同一室内开关安装高度一致，且控制有序不错位；并列安装的拉线开关的相邻间距不小于20mm。

（7）暗装的开关面板应紧贴墙面，四周无缝隙、安装牢固，表面光滑整洁、无碎裂、划伤，装饰帽齐全。

5.14.5 风扇安装

(1) 按产品技术文件组装，风扇接线盒盖齐全、严密。

(2) 吊扇安装检查要点：

1) 吊扇挂钩安装牢固，吊扇挂钩的直径不少于吊扇挂销直径，且不小于 8mm；有防震橡胶垫：挂销的防松零件齐全，可靠。

2) 吊扇扇叶距地高度不小于 2.5m。

3) 吊扇组装不改变扇叶角度、扇叶固定螺栓防松零件齐全。

4) 吊杆间、吊杆与电机间螺纹连接，啮合长度不小于 20mm，且防松零件齐全紧固。

5) 吊扇接线正确，当运行时扇叶无明显颤动和异常声响。

6) 涂层完整，表面无划痕、无污染，吊杆上下扣碗安装牢固到位。

7) 同一室内并列安装的吊扇开关高度一致，且控制有序，不错位。

(3) 壁扇安装检查要点：

1) 壁扇底座采用尼龙塞或膨胀螺栓固定；尼龙塞或膨胀螺栓的数量不少于 2 个，且直径不小于 8mm。固定牢固可靠。

2) 壁扇防护罩扣紧，固定可靠。当运转时扇叶和防护罩无明显颤动和异常声响。

① 壁扇下侧边缘距地面高度不小于 1.8m。

② 涂层完整，表面无划痕、无污染，防护罩无变形。

(4) 接线正确，进线软管固定可靠；分支接线正确，不得利用风扇接线端子串接其他风扇或电器。

5.14.6 见证取样检测

(1) 对开关、插座的电气和机械性能进行现场抽样检测。检测规定如下：

1) 不同极性带电部件间的电气间隙和爬电距离不小于 3mm。

2) 绝缘电阻值不小于 5MΩ。

3) 用自攻锁紧螺钉或自切螺钉安装的，螺钉与软塑固定件旋合长度不小于 8mm，软塑固定件在经受 10 次拧紧退出试验后，无松动或掉渣，螺钉及螺纹无损坏现象。

4) 金属间相旋合的螺钉螺母，拧紧后完全退出，反复 5 次仍能正常使用。

(2) 对开关、插座、接线盒及其面板等塑料绝缘材料阻燃性能有异议时，按批抽样送有资质的试验室检测。

(3) 抽样检查吊扇、壁扇的电气和机械性能，绝缘电阻值大于 0.5MΩ，试运转正常。

5.15 建筑照明通电试运行监理要点

5.15.1 工序交接要求

照明系统的测试和通电试运行应按以下程序进行：

(1) 电线绝缘电阻测试前电线的接续完成。

(2) 照明箱(盘)、灯具、开关、插座的绝缘电阻测试在就位前或接线前完成。

(3) 备用电源或事故照明电源作空载自动投切试验前拆除负荷，空载自动投切试验合格，才能做有载自动投切试验。

(4) 电气器具及线路绝缘电阻测试合格，才能通电试验。

(5) 照明全负荷试验必须在上述(1)、(2)、(4)完成后进行。

5.15.2 检查要点

(1) 检查将投入运行线路、器具绝缘电阻测试记录，接地电阻，测试记录。

(2) 对线路、器具绝缘、接地外观情况抽查，对有异常情况重新测量。

(3) 各设备交接试验合格控制回路模拟动作。

(4) 动作按施工图设计文件及产品技术文件核对切换时间，切换顺序、开关、接触器工作正常，电压、电流表正常、指示正确。

(5) 照明系统通电，灯具回路控制应与照明配电箱及回路的标识一致；开关与灯具控制顺序相对应，风扇的转向及调速开关应正常。

(6) 公用建筑照明系统通电连续试运行时间应为24h，民用住宅照明系统通电连续试运行时间应为8h，所有照明灯具均应开启，且每2h记录运行状态1次，连续试运行时间内无故障。

5.15.3 旁站监理项目

空载试运行；负载试运行。

5.16 防雷及接地监理要点

5.16.1 材料(设备)质量控制

(1) 防雷工程采用的主要设备、材料、成品、半成品进场检验结论应有记录，并应在确认符合规范的规定后再在施工中应用。

对依法定程序批准进入市场的新设备、器具和材料进场验收，供应商尚应提供安装、使用、维修和试验要求等技术文件。对进口设备、器具和材料进场验收，供应商尚应提供商检(或国内检测机构)证明和中文的质量合格证明文件，规格、型号、性能检验报告，以及中文的安装、使用、维修和试验要求等技术文件。

当对防雷工程采用的主要设备、材料、成品、半成品存在异议时，应由法定检测机构的试验室进行抽样检测，并应出具检测报告。

(2) 按批查验接地极、避雷用型钢合格证或镀锌厂出具的镀锌质量证明书。

(3) 外接地极、避雷用型钢镀锌层覆盖完整、表面无锈斑，金具配件齐全，无砂眼。

(4) 对镀锌质量有异议时，按批抽样送有资质的试验室检测。

(5) 接地模块需有认证或检测报告，新产品需有省、市、自治区以上级别组织的鉴定报告。

(6) 等电位连接材料(设备)

1) 导线需"CCC"认证;等电位连接箱应有检验报告。

2) 等电位连接卡应为热镀锌钢材。

3) 其他相关专业设备(如卫生器具)订货时预留等电位连接端子。

4) 热镀锌质量证明。

5) 合格证。

6) 与其他相关专业配合检查设备(如卫生器具)等电位连接端子。

(7) 按批查验型钢和电焊条合格证和材质证明书;有异议时,按批抽样送有资质的试验室检测。

(8) 型钢表面无严重锈蚀,无过度扭曲、弯折变形;电焊条包装完整,拆包抽检,焊条尾部无锈斑。

5.16.2 接地装置安装监理要点

1. 工序交接要求

现场应按以下工序进行质量控制,每道工序完成后,应进行检查。相关各专业工种之间应进行交接检验,并应形成记录,应包括隐蔽工程记录。未经监理工程师或建设单位技术负责人检查确认,不得进行下道工序施工。

(1) 自然接地体底板钢筋敷设完成,应按设计要求做接地施工,应经检查确认并做隐蔽工程验收记录后再支模或浇捣混凝土。

(2) 人工接地体应按设计要求位置开挖沟槽,打入人工垂直接地体或敷设金属接地模块(管)和使用人工水平接地体进行电气连接,应经检查确认并做隐蔽工程验收记录。

(3) 接地装置隐蔽应经检查验收合格后再覆土回填。

2. 监理要点

(1) 利用建筑物桩基、梁、柱内钢筋做接地装置的自然接地体和为接地需要而专门埋设的人工接地体,应在地面以上按设计要求的位置设置可供测量、接人工接地体和做等电位连接用的连接板。

(2) 接地装置的接地电阻值应符合设计文件的要求。

(3) 在建筑物外人员可经过或停留的引下线与接地体连接处3m范围内,应采用防止跨步电压对人员造成伤害的一种或多种方法如下:

1) 铺设使地面电阻率不小于50kΩ·m的5cm厚的沥青层或15cm厚的砾石层。

2) 设立阻止人员进入的护栏或警示牌。

3) 将接地体敷设成水平网格。

(4) 当工程设计文件对第一类防雷建筑物接地装置设计为独立接地时,独立接地体与建筑物基础地网及与其有联系的管道、电缆等金属物之间的间隔距离,应符合现行国家标准《建筑物防雷设计规范》(GB 50057—2010)的规定。

(5) 当设计无要求时,接地装置顶面埋设深度不应小于0.5m。

角钢、钢管、铜棒、铜管等接地体应垂直配置。人工垂直接地体的长度宜为2.5m,人工垂直接地体之间的间距不宜小于5m。人工接地体与建筑物外墙或基础之间的水平距离不宜小于1m。

（6）检查降低接地电阻方法是否符合设计和规范规定。

（7）接地体的连接应采用焊接，并宜采用放热焊接（热剂焊）。当采用通用的焊接方法时，应在焊接处做防腐处理。钢材、铜材的焊接检查要点：

1）导体为钢材时，焊接时的搭接长度及焊接方法要求应符合表5-3的规定。

防雷装置钢材焊接时的搭接长度及焊接方法　　表5-3

焊接材料	搭接长度	焊接方法
扁钢与扁钢	不应少于扁钢宽度的2倍	两个大面不应少于3个棱边焊接
圆钢与圆钢	不应少于圆钢直径的6倍	双面施焊
圆钢与扁钢	不应少于圆钢直径的6倍	双面施焊
扁钢与钢管、扁钢与角钢	紧贴角钢外侧两面或紧贴3/4钢管表面，上、下两侧施焊，并应焊以由扁钢弯成的弧形（或直角形）卡子或直接由扁钢本身弯成弧形或直角形与钢管或角钢焊接	

2）导体为铜材与铜材或铜材与钢材时，连接工艺应采用放热焊接，熔接接头应将被连接的导体完全包在接头里，应保证连接部位的金属完全熔化，并应连接牢固。

3）接地线连接要求及防止发生机械损伤和化学腐蚀的措施，应符合现行国家标准《电气装置安装工程接地装置施工及验收规范》（GB 50169—2006）的规定。

4）敷设在土壤中的接地体与混凝土基础中的钢材相连接时，宜采用铜材或不锈钢材料。

（8）接地装置安装工程应按人工接地装置和利用建筑物基础钢筋的自然接地体各分为1个检验批，大型接地网可按区域划分为几个检验批进行质量验收和记录。

3. 现场检测项目

（1）供测量和等电位连接用的连接板（测量点）的数量和位置是否符合设计要求。

（2）测试接地装置的接地电阻值。

（3）检查在建筑物外人员可停留或经过的区域需要防跨步电压的措施。

（4）检查第一类防雷建筑物接地装置及与其有电气联系的金属管线与独立接闪器接地装置的安全距离。

（5）检查整个接地网外露部分接地线的规格、防腐、标识和防机械损伤等措施。测试与同一接地网连接的各相邻设备连接线的电气贯通状况，其间直流过渡电阻不应大于0.2Ω。

4. 旁站监理项目

（1）测试接地系统的接地电阻：测试时监理应到现场检查测试仪表，测试方法及测试数据是否符合要求，当测试达不到要求，应根据设计要求，采取补救措施，常用的方法是增加人工接地装置等。

（2）接地装置的回填土。

5.16.3　防雷引下线安装监理要点

1. 工序交接要求

现场应按以下工序进行质量控制，每道工序完成后，应进行检查。相关各专业工种之间应进行交接检验，并应形成记录，应包括隐蔽工程记录。未经监理工程师或建设单位技术负责人检查确认，不得进行下道工序施工。

（1）利用建筑物柱内钢筋作为引下线，在柱内主钢筋绑扎或焊接连接后，应做标志，并应按设计要求施工，应经检查确认记录后再支模。

（2）直接从基础接地体或人工接地体引出的专用引下线，应先按设计要求安装固定支架，并应经检查确认后再敷设引下线。

2. 防雷引下线明敷设

（1）按施工图核对引下线位置；按施工图、标准要求核对引下线及紧固件，钢材热镀锌、规格。

（2）钢制接地线的焊接连接：

1）检查钢材焊接时的搭接长度及焊接方法，是否符合表5-3的规定。

2）除埋设在混凝土中的焊接接头外，有防腐措施。

（3）焊接处清理，涂防腐材料2道。

（4）暗敷设在建筑物抹灰层内的引下线应有卡钉分段固定；明敷的引下线应平直、无急弯，与支架焊接处油漆防腐，且无遗漏。

（5）明敷的引下线应平直、无急弯，与支架焊接处油漆防腐，且无遗漏。

（6）引下线弯曲处不小于90°。

（7）明敷接地引下线及室内接地干线的支持件间距应均匀，水平直线部分0.5～1.5m；垂直直线部分1.5～3.0m；弯曲部分0.3～0.5m。

（8）变压器室、高低压开关室内的接地干线应有不少于2处与接地装置引出干线连接。

（9）当有穿越建筑物防火层处需与土建专业配合在此处做防水密封。

3. 抹灰层内暗敷防雷引下线施工

（1）核对引下线所用钢材及紧固件规格、垫镀锌。

（2）钢制接地线的焊接连接：

1）检查钢材焊接时的搭接长度及焊接方法，是否符合表5-3的规定。

2）除埋设在混凝土中的焊接接头外，有防腐措施。

（3）焊接处清理，涂防腐材料2道。

（4）暗敷设在建筑物抹灰层内的引下线应有卡钉分段固定。

4. 利用建筑物内结构主筋作防雷引下线

（1）按施工图核对连接部位、连接用钢材规格。

（2）与土建专业施工图配合确定连接可利用的钢筋及连接方法。

（3）钢制接地线的焊接连接检查要点：

1）检查钢材焊接时的搭接长度及焊接方法，是否符合表5-3的规定。

2）除埋设在混凝土中的焊接接头外，有防腐措施。

（4）明敷接地引下线及室内接地干线的支持件间距应均匀，水平直线部分0.5～1.5m；垂直直线部分1.5～3.0m；弯曲部分0.3～0.5m。

（5）检查标识正确。

5. 现场检测项目

（1）检测引下线的平均间距。当利用建筑物的柱内钢筋作为引下线且无隐蔽工程记录可查时，宜按现行行业标准《混凝土中钢筋检测技术规程》JGJ/T152 的有关规定进行检测。

(2) 检查引下线的敷设、固定、防腐、防机械损伤措施。

(3) 检查明敷引下线防接触电压、闪络电压危害的措施。检查引下线与易燃材料的墙壁或保温层的安全间距。

(4) 测量引下线两端和引下线连接处的电气连接状况，其间直流过渡电阻值不应大于 0.2Ω。

(5) 检测在引下线上附着其他电气线路的防雷电波引入措施。

6. 旁站监理项目

与接地装置连接处；与接闪器连接处。

5.16.4 接闪器安装监理要点

1. 工序交接要求

现场应按以下工序进行质量控制，每道工序完成后，应进行检查。相关各专业工种之间应进行交接检验，并应形成记录，应包括隐蔽工程记录。未经监理工程师或建设单位技术负责人检查确认，不得进行下道工序施工。

(1) 暗敷在建筑物混凝土中的接闪导线，在主筋绑扎或认定主筋进行焊接并做好标志后，应按设计要求施工，并应经检查确认隐蔽工程验收记录后再支模或浇捣混凝土。

(2) 明敷在建筑物上的接闪器应在接地装置和引下线施工完成后再安装，并应与引下线电气连接。

2. 接闪器安装

(1) 建筑物顶部和外墙上的接闪器必须与建筑物栏杆、旗杆、吊车梁、管道、设备、太阳能热水器、门窗、幕墙支架等外露的金属物进行等电位连接。

(2) 接闪器的安装布置应符合工程设计文件的要求，并应符合现行国家标准《建筑物防雷设计规范》GB 50057 中对不同类别防雷建筑物接闪器布置的要求。

(3) 位于建筑物顶部的接闪导线可按工程设计文件要求暗敷在混凝土女儿墙或混凝土屋面内。当采用暗敷时，作为接闪导线的钢筋施工应符合现行国家标准《混凝土结构工程施工质量验收规范》(GB 50204—2015) 的规定。高层建筑物的接闪器应采取明敷。在多雷区，宜在屋面拐角处安装短接闪杆。

(4) 专用接闪杆应能承受 0.7kN/m^2 的基本风压，在经常发生台风和大于 11 级大风的地区，宜增大接闪杆的尺寸。

(5) 接闪器上应无附着的其他电气线路或通信线、信号线，设计文件中有其他电气线和通信线敷设在通信塔上时，应符合设计或规范的规定。

(6) 当利用建筑物金属屋面、旗杆、铁塔等金属物做接闪器时，建筑物金属屋面、旗杆、铁塔等金属物的材料、规格应符合设计或规范的规定。

(7) 专用接闪杆位置应正确，焊接固定的焊缝应饱满无遗漏，焊接部分防腐应完整。接闪导线应位置正确、平正顺直、无急弯。

焊接的焊缝应饱满无遗漏，螺栓固定的应有防松零件。

(8) 接闪导线焊接时的搭接长度及焊接方法应符合表 5-3 的规定。

(9) 固定接闪导线的固定支架应固定可靠，每个固定支架应能承受49N的垂直拉力。固定支架应均匀，并应符合设计或规范的要求。

(10) 接闪器安装工程应按专用接闪器和自然接闪器各分为1个检验批，一幢建筑物上在多个高度上分别敷设接闪器时，可按安装高度划分为几个检验批进行质量验收和记录。

3. 现场检测项目

(1) 检查接闪器与大尺寸金属物体的电气连接情况，其间直流过渡电阻值不应大于0.2Ω。

(2) 检查明敷接闪器的布置，接闪导线（避雷网）的网格尺寸是否大于第一类防雷建筑物5m×5m或4m×6m、第二类防雷建筑物10m×10m或8m×12m、第三类防雷建筑物20m×20m或16m×24m的要求。

(3) 检查暗敷接闪器的敷设情况，当无隐蔽工程记录可查时，宜按本书5.16.3中3的要求进行检测。

(4) 检查接闪器的焊接、螺栓固定的应备帽、焊接处防锈状况。

(5) 检查接闪导线的平正顺直、无急弯和固定支架的状况。

(6) 检查接闪器上附着其他电气线路或其他导电物是否有防雷电波引入措施和与易燃易爆物品之间的安全间距。

5.16.5 建筑物等电位连接施工监理要点

1. 工序交接要求

现场应按以下工序进行质量控制，每道工序完成后，应进行检查。相关各专业工种之间应进行交接检验，并应形成记录，应包括隐蔽工程记录。未经监理工程师或建设单位技术负责人检查确认，不得进行下道工序施工。

(1) 在建筑物入户处的总等电位连接，应对入户金属管线和总等电位连接板的位置检查确认后再设置与接地装置连接的总等电位连接板，并应按设计要求做等电位连接。

(2) 在后续防雷区交界处，应对供连接用的等电位连接板和需要连接的金属物体的位置检查确认记录后再设置与建筑物主筋连接的等电位连接板，并应按设计要求做等电位连接。

(3) 在确认网形结构等电位连接网与建筑物内钢筋或钢构件连接点的位置、信息技术设备的位置后，应按设计要求施工。网形结构等电位连接网的周边宜每隔5m与建筑物内的钢筋或钢结构连接一次。电子系统模拟线路工作频率小于300kHz时，可在选择与接地系统最接近的位置设置接地基准点后，再按星形结构等电位连接网设计要求施工。

2. 监理要点

(1) 根据施工图设计要求，巡视检查总等电位联结端子板（箱）辅助等电位联结端子板（箱）及等电位联结干线的数量、位置、规格、型号是否符合要求。

(2) 巡视检查等电位联结干线是否从与接地装置不少于2处直接连接的接地干线或总等电位箱引出。各等电位支线不允许串联连接。

(3) 等电位连接若采用钢材焊接时，应检查其焊接处不应有夹渣、咬边、气孔及未焊透情况。焊接应采用搭接焊。

（4）建筑物顶部和外墙上的接闪器必须与建筑物栏杆、旗杆、吊车梁、管道、设备、太阳能热水器、门窗、幕墙支架等外露的金属物进行等电位连接。

（5）检查进出建筑物的金属管线是否进行了等电位连接。

（6）在建筑物入户处应做总等电位连接。建筑物等电位连接干线与接地装置应有不少于 2 处的直接连接。

（7）检查第一类防雷建筑物和具有 1 区、2 区、21 区及 22 区爆炸危险场所的第二类防雷建筑物内、外的金属管道、构架和电缆金属外皮等长金属物的跨接，是否符合现行国家标准《建筑物防雷设计规范》GB 50057 的有关规定。

（8）等电位连接可采取焊接、螺钉或螺栓连接等。当采用焊接时，检查钢材焊接时的搭接长度及焊接方法，是否符合表 5-3 的规定。

（9）在建筑物后续防雷区界面处的等电位连接应符合现行国家标准《建筑物防雷设计规范》GB 50057 的有关规定。

（10）检查电子系统设备机房的等电位连接是否根据电子系统的工作频率分别采用星形结构（S 型）或网形结构（M 型）。

（11）等电位连接工程应按建筑物外大尺寸金属物等电位连接、金属管线等电位连接、各防雷区等电位连接和电子系统设备机房各分为 1 个检验批进行质量验收和记录。

3. 监理旁站

等电位联结导通性的测试：等电位安装完毕后应进行，测试时监理人员应到场参加，检查测试方法是否符合要求，作好测试记录。

4. 工程检测项目

等电位连接的有效性可通过等电位连接导体之间的电阻值测试来确定，第一类防雷建筑物中长金属物的弯头、阀门、法兰盘等连接处的过渡电阻不应大于 0.03Ω；连在额定值为 16A 的断路器线路中，同时触及的外露可导电部分和装置外可导电部分之间的电阻不应大于 0.24Ω；等电位连接带与连接范围内的金属管道等金属体末端之间的直流过渡电阻值不应大于 3Ω。

5.16.6 电涌保护器安装监理要点

电涌保护器（SPD，又称浪涌保护器，过去叫电压保护器。一些不规范的名称有：低压避雷器、防雷保安器等）。

1. 工序交接要求

现场应按以下工序进行质量控制，每道工序完成后，应进行检查。相关各专业工种之间应进行交接检验，并应形成记录，应包括隐蔽工程记录。未经监理工程师或建设单位技术负责人检查确认，不得进行下道工序施工。

（1）低压配电系统中的 SPD 安装，应在对配电系统接地型式、SPD 安装位置、SPD 的后备过电流保护安装位置及 SPD 两端连线位置检查确认后，首先安装 SPD，在确认安装牢固后，应将 SPD 的接地线与等电位连接带连接后再与带电导线进行连接。

（2）电信和信号网络中的 SPD 安装，应在 SPD 安装位置和 SPD 两端连接件及接地线位置检查确认后，首先安装 SPD，在确认安装牢固后，应将 SPD 的接地线与等电位连接带连接后再接入网络。

2. 电涌保护器安装前检查和检测

SPD安装前应进行下列各项现场检查：

(1) 标识：检查SPD（包括电涌保护箱，解耦器）外壳标明的厂名或商标，产品型号，安全性认证标记，最大持续运行电压U_c，保护水平电压U_p，分级试验类别（Ⅰ、Ⅱ、Ⅲ类之一）和放电电流参数。各项标记应清晰、完整。

(2) 说明书：检查随附的产品说明书，其中应包含产品结构类型，主要技术指标，所遵循的标准，内部电路图，端子符号，安装方法等。

(3) 外表：应平整、清洁，无裂纹、划伤、变形。

(4) 运行指示器：加电时应处于指示"正常"的位置。

(5) 接线端子：对压接端子，检查螺栓能否压紧；检查接线柱、接线螺栓、接触面和垫片是否良好。

3. 电涌保护器安装位置

(1) 新建工程的SPD宜装设在有隔仓或隔板的配电柜内。对后续或改建工程，当配电箱内有位置，且可与其他电器保持一定距离时，SPD宜在配电箱内安装，并宜装设隔板；当配电箱内安装有困难，可在配电箱近旁设置电涌保护箱，并应缩短引线。

(2) 在安装动作时向外喷射气体的间隙SPD时，应注意制造对SPD的机械固定、与器壁间的距离、绝缘和阻燃的要求。

4. 电涌保护器引线和布线

(1) SPD接入主电路的引线应短而直，且采取各种减少电感的措施。不应形成回环，并不宜形成尖锐的转角。上引线（引至相线或中线）和下引线（引至接地）长度之和应小于0.5m。当引线长度大于0.5m时，应采取减少电感的措施：如采用凯尔文接线（V形接线），或采用多根接地线并在多处接地等。不应将SPD电源侧引线与被保护侧引线合并绑扎或互绞。

(2) 减少设备级SPD减与被保护设备间的线路距离时，应采取减少两连线间的环路面积，或使用电缆连接的方法。

(3) 核查电涌保护设计方案的实施情况，并检查现场SPD检测数据。

(4) 核查SPD和相关器件的安装质量。

(5) 核查有关电涌保护资料、图纸（包括设计书，接线图，产品说明书，现场检测数据，施工图和竣工报告）的存档及其完整性。

5. 现场检测项目

现场离线检测金属氧化物SPD在75%直流参考电压（或等于最大持续工作电压峰值的直流电压）下的泄漏电流，校核是否在制造厂保证数据的范围内，检测时应记录环境温度。检测气体间隙型SPD的直流击穿电压，校核是否在制造厂保证数据的范围内。检测时应限制其击穿电流。

6 电梯工程施工监理

6.1 基 本 规 定

电梯工程施工质量的检查、验收，应符合现行国家标准《建筑工程施工质量验收统一标准》（GB 50300—2013）、《电梯工程施工质量验收规范》（GB 50310—2002）以及相关标准的规定。

6.1.1 一般要点

（1）参加安装工程施工和质量验收人员应具备相应的资格。

（2）承担有关安全性能检测的单位，必须具有相应资质。仪器设备应满足精度要求，并应在检定有效期内。

（3）分项工程质量验收均应在电梯安装单位自检合格的基础上进行。

（4）分项工程质量应分别按主控项目和一般项目检查验收。

（5）隐蔽工程应在电梯安装单位检查合格后，于隐蔽前通知有关单位检查验收，并形成验收文件。

6.1.2 分部（子分部）工程、分项工程划分

电梯工程分部（子分部）工程、分项工程可按表 6-1 划分。

电梯工程分部（子分部）工程、分项工程划分　　表 6-1

子分部工程	分 项 工 程
电力驱动的曳引式或强制式电梯	设备进场验收，土建交接检验，驱动主机，导轨、门系统，轿厢，对重（平衡重），安全部件，悬挂装置，随行电缆，补偿装置，电气装置，整机安装验收
液压电梯	设备进场验收，土建交接检验，液压系统，导轨，门系统，轿厢，对重，安全部件，悬挂装置，随行电缆，电气装置，整机安装验收
自动扶梯、自动人行道	设备进场验收，土建交接检验，整机安装验收

6.1.3 施工质量验收程序和组织

（1）检验批及分项工程应由监理工程师（建设单位项目技术负责人）组织施工单位项目专业质量（技术）负责人等进行验收。

（2）分部工程应由总监理工程师（建设单位项目负责人）组织施工单位项目负责人和技术、质量负责人等进行验收；地基与基础、主体结构分部工程的勘察、设计单位工程项

目负责人和施工单位技术、质量部门负责人也应参加相关分部工程验收。

(3) 单位工程完后，施工单位应自行组织有关人员进行检查评定，并向建设单位提交工程验收报告。

(4) 建设单位收到工程验收报告后，应由建设单位（项目）负责人组织施工（含分包单位)、设计、监理等单位（项目）负责人进行单位（子单位）工程验收。

(5) 单位工程有分包单位施工时，分包单位对所承包的工程项目应按 GB 50310—2002 规定的程序检查评定，总包单位应派人员参加。分包工程完成后，应将工程有关资料交总包单位。

(6) 当参加验收各方对工程质量验收意见不一致时，可请当地建设行政主管部门或工程质量监督机构协调处理。

(7) 单位工程质量验收合格后，建设单位应在规定时间内将工程竣工验收报告和有关文件，报建设行政管理部门备案。

6.1.4 检验批、分项工程、分部（子分部）工程质量合格标准

(1) 检验批合格标准

1) 主控项目和一般项目的质量经抽样检验合格。

2) 具有完整的施工操作依据、质量检查记录。

(2) 分项工程质量验收合格标准

1) 各分项工程中的主控项目应进行全验，一般项目应进行抽验，且均应符合合格质量规定。

2) 应具有完整的施工操作依据、质量检查记录。

(3) 分部（子分部）工程质量验收合格标准

1) 子分部工程所含分项工程的质量均应验收合格且验收记录应完整。

2) 分部工程所含子分部工程的质量均应验收合格。

3) 质量控制资料应完整。

4) 观感质量应符合行国家标准《电梯工程施工质量验收规范》(GB 50310—2002) 要求。

(4) 当电梯安装工程质量不合格时的处理规定

1) 经返工重做、调整或更换部件的分项工程，应重新验收。

2) 通过以上措施仍不能达到现行国家标准《电梯工程施工质量验收规范》(GB 50310—2002) 要求的，不得验收合格。

6.2 电力驱动的曳引式或强制式电梯安装监理要点

6.2.1 设备进场检查要点

设备是电梯工程的重要物质基础。监理应尽可能参与电梯设备招投标工作和采购工作，协助业主根据设计文件和施工规范要求制定有关电梯工艺参数和技术要求。电梯设备

进场后，监理应组织有监理、业主、设备供应商、安装承包商参加的设备验收。

电梯的零部件除金属结构、电线管及不加工的各种型钢外，均应按装箱单完好地装在包装箱内。因此，电梯安装前所有设备到达施工现场后都应做检查验收。查验配件的包装是否完好，铭牌与电梯型号是否相符；对缺损件认真登记，并及时请业主、厂家签字确认，施工过程中发现的不合格产品，要及时请厂家确认负责补齐，对安装过程中损坏的配件应按厂家要求购买指定的产品。

施工过程中用的主要辅助材料为电焊条，采购电焊条时应要求供应商提供产品合格证、材质证明，选用信誉好、质量好的厂家的产品。

(1) 电梯设备随机文件必须包括下列资料：

1) 土建布置图。

2) 产品出厂合格证。

3) 门锁装置、限速器、安全钳及缓冲器的型式试验证书（复印件）。监理应在核对原件后保留复印件。

(2) 电梯设备随机文件还应包括下列资料：

1) 装箱单。

2) 安装、使用维护说明书。

3) 动力电路和安全电路的电器原理图。

(3) 设备零部件应与装箱单内容相符。

(4) 设备外观不应存在明显的损坏。

6.2.2 土建交接检验

1. 机房

(1) 机房应符合设计图纸要求，须有足够的面积、高度、承重能力。吊钩的位置应正确，且应符合设计的载荷承受要求，机房应通风良好。

(2) 机房（如果有）内部、井道土建（钢架）结构及布置必须符合电梯土建布置图的要求。

(3) 机房门窗应防风雨。机房入口楼梯或爬梯应设扶手，通向机房的通道应畅通，机房门应加装锁。

(4) 主电源开关必须符合下列规定：

1) 主电源开关应能够切断电梯正常使用情况下最大电流。

2) 对有机房电梯该开关应能从机房入口处方便地接近。

3) 对无机房电梯该开关应设置在井道外工作人员方便接近的地方，且应具有必要的安全防护。

(5) 机房（如果有）还应符合下列规定：

1) 机房内应设有固定的电器照明，地板表面上的照度不应小于200lx。机房内应设置一个或多个电源插座。在机房内靠近入口的适当高度处应设有一个开关或类似装置控制机房照明电源。

2) 机房内应通风，从建筑物其他部分抽出的陈腐空气，不得排入机房内。

3) 应根据产品供应商的要求，提供设备进场所需要的通道和搬运空间。

4）电梯工作人员应能方便地进入机房或滑轮间，而不需要临时借助于其他辅助设施。

5）机房应采用经久耐用且不易产生灰尘的材料建造，机房内的地板应采用防滑材料。

注：此项可在电梯安装后验收。

6）在一个机房内，当有两个以上不同平面的工作平台，且相邻平台高度差大于0.5m时，应设置楼梯或台阶，并应设置高度不小于0.9m的安全防护栏杆。当机房地面有深度大于0.5m的凹坑或槽坑时，均应盖住。供人员活动空间和工作台面以上的净高度不应小于1.8m。

7）供人员进出的检修活板门应有不小于0.8m×0.8m的净通道，开门到位后应能自行保持在开启位置。检修活板门关闭后应能支撑两个人的重量（每个人按在门的任意0.2m×0.2m面积上作用1000N的力计算），不得有永久性变形。

8）门或检修活板门应装有带钥匙的锁，它应从机房内不用钥匙打开。只供运送器材的活板门，可只在机房内部锁住。

9）电源零线和接地线应分开。机房内接地装置的接地电阻值不应大于4Ω。

10）机房应有良好的防渗、防漏水保护。

2. 井道开口

每一台电梯的井道均应有无孔的墙，底板和顶板完全封闭起来，只允许有下述开口：

（1）层门开口。

（2）通往井道的检修门、安全门及检修活板门的开口。

（3）火灾情况下，排除气体和烟雾的排气孔。

（4）通风孔。

（5）井道与机房之间的永久出风口。

3. 井道结构

（1）当底坑地面下有人员能到达的空间存在，且对重（或平衡重）上未有安全钳装置时，对重缓冲器必须能安装在（或平衡重运行区域的下边必须）一直延伸到坚固地面上的实心桩墩上。

（2）电梯安装之前，所用层门预留孔必须设有高度不小于1.2m的安全保护围封，并应保证有足够的强度。

（3）当相邻两层门地坎间的距离大于11m时，其间必须设置井道安全门，井道安全门严禁向井道内开启，且必须装有安全门处于关闭时电梯才能运行的电器安全装置。当相邻轿厢间有相互救援用轿厢安全门时，可不执行本款。

（4）井道尺寸是指垂直于电梯设计运行方向的井道截面沿电梯设计运行方向投影所测定的井道最小净空尺寸，该尺寸应和土建布置图所要求的一致，允许偏差应符合GB 50310—2002的规定。

（5）全封闭或部分封闭的井道，井道的隔离保护、井道壁、底坑底面和顶板应具有安装电梯部件所需要的足够强度，应采用非燃烧材料建造，且应不易产生灰尘。

（6）当底坑深度大于2.5m且建筑物布置允许时，应设置一个符合安全门要求的底坑进口；当没有进入底坑的其他通道时，应设置一个从层门进入底坑的永久性装置，且此装置不得凸入电梯运行空间。

（7）井道应为电梯专用，井道内不得装设与电梯无关的设备、电缆等。井道可装设供暖设备，但不得采用蒸汽和水作为热源，且供暖设备的控制与调节装置应装在井道外面。

(8) 井道内应设置永久性电气照明，井道内照度应不得小于 50lx，井道最高点和最低点 0.5m 以内应各装一盏灯，再设中间灯，并分别在机房和底坑设置一控制开关。

(9) 装有多台电梯的井道内各电梯的底坑之间应设置最低点离底坑地面不大于 0.3m，且至少延伸到最低层站楼面以上 2.5m 高度的隔障，在隔障宽度方向上隔障与井道壁之间的间隙不应大于 150mm。

当轿顶边缘和相邻电梯运动部件（轿厢、对重或平衡重）之间的水平距离小于 0.5m 时，隔障应延长贯穿整个井道的高度。隔障的宽度不得小于被保护的运动部件（或其部分）的宽度，每边再各加 0.1m。

(10) 底坑内应有良好的防渗、防漏水保护，底坑内不得有积水。

(11) 每层楼面应有水平面基准标识。

6.2.3 驱动主机等机房设备施工质量监理

1. 材料（设备）质量控制

(1) 电梯安装前必须进行开箱检查，并填写检验记录。应有出厂合格证、质检报告、安装及使用说明书等；电梯及辅助设备的铭牌齐全，外观检查无损伤及变形。如果是进口产品，则需提供原产地证明和商检证明，配套提供质量合格证明、检测报告及安装、使用、维护说明书的中文文本。设备安装前，应根据使用说明书进行全部检查，合格后方可安装。

(2) 检查设备零部件与装箱单内容相符，曳引机设备的规格、型号必须符合图纸要求，设备外观不应有明显的损坏。

(3) 承重钢梁和各种型材的规格、型号、尺寸要符合设计要求，并有检验报告和出厂合格证。

(4) 用于制作混凝土承重底座的水泥、钢筋等材料，其规格、强度等级应符合设计要求。

(5) 焊接采用普通低碳钢电焊条，电焊条要有出厂合格证。

(6) 安装用的机螺丝、膨胀螺栓、水泥等规格、标号要符合设计要求。

2. 机房设备安装监理要点

(1) 凡需要打进混凝土内的部件，在打混凝土之前要对该部位检查，以免损坏其内部结构，当符合要求后，才能进入下道工序，查施工记录。

(2) 驱动主机在出厂时已经过检验，安装时原则上不准拆开检查，如有疑问需拆开检查，应有生产企业的厂方人员在场。

(3) 控制设备进场时间，检查机房面积，预留孔件的尺寸和位置符合设计要求

(4) 当驱动主机承重梁需埋入承重墙时，埋入端长度应超过墙厚中心至少 20mm，且支承长度不应小于 75mm（应做隐蔽验收记录）。

(5) 驱动主机、驱动主机底座与承重梁的安装应符合产品设计要求。

(6) 检查曳引机的定位方法，各机械设备，限速器离墙距离穿过楼板孔的钢丝绳与楼板距离符合规范的要求。

（7）量测承重梁埋入深度，曳引轮、导向轮、复绕轮的垂直度，水平度符合 GB 50310—2002 的规定。

（8）检查曳引机安装，防震做法符合 GB 50310—2002 的要求。

（9）检查承重梁安装陷落记录。

6.2.4 导轨安装监理要点

1. 材料（设备）质量控制

（1）电梯导轨、导轨支架、压道板、接道板、导轨基础座及相应的连接螺丝等规格、数量要和装箱单相符。产品要有出厂检验合格及技术文件。

（2）电梯导轨、导轨支架、压道板、接道板、导轨座及相应的连接螺栓等规格、数量要与装箱单相符。

（3）使用的型材应有检验报告和合格证。

2. 检查要点

（1）轨安装位置必须符合土建布置图要求。

（2）量测各层井道壁平面尺寸、门孔、牛腿尺寸。

（3）检查施工记录中的井道测量数据。

（4）量测导轨架间距，支架埋入深度符合规范的规定。

（5）检查导轨安装方法，焊接工艺符合规范的要求

（6）量测导轨垂直度，导轨间相互偏差，接头修光长度符合设计和规范的规定。

（7）检查导轨组装方法，导轨紧固符合规范的要求。

（8）导轨支架在井道壁上的安装应固定可靠。预埋件符合土建布置要求，锚栓（如膨胀螺栓等）固定应在井道壁的混凝土构件上使用，其连接强度与承受振动的能力应满足电梯产品设计要求，必要时其连接强度与承受振动能力可用拔出试验进行检验。

（9）调整导轨时，在导轨支架处及相邻的两导轨支架中间的导轨处应设置测量点，以保证导轨调整精度。

（10）电梯导轨严禁用电、气焊连接或切割，以防止导轨受热变形。

（11）轿厢两列导轨顶面间的距离偏差、对重导轨两列导轨面间的距离偏差应符合设计要求。

（12）导轨支架在井道壁上的安装应牢固可靠。导轨支架的数量与预埋件的设置应符合土建布置图要求。锚栓（如膨胀螺栓）应固定在井道壁的混凝土构件上，其连接强度与承受振动的能力应满足电梯产品设计要求。

6.2.5 轿厢、层门和对重（平衡重）安装监理要点

1. 材料（设备）质量控制

（1）轿厢组件均应按装箱单完好地装入箱内。设备开箱时应仔细地根据装箱单，进行设备到货的数量和型号、规格的验收。轿厢产品标牌应设置在轿厢内明显位置。标牌上应标明：产品名称、型号、主要性能、数据、厂名、商标、质量等级标志、制造日期。

（2）轿厢安全钳装置应有型式试验报告结论副本，渐进式安全钳还应有调试证书

副本。

（3）厅门部件应与图纸相符，门锁装置应有型式试验报告。按施工图纸与产品说明书检查地坎、门套、门扇等的尺寸、数量及变形情况。

（4）门导轨、厅门扇应无变形、损坏。其他部件应完好无损，功能可靠。

（5）对重零部件完好齐全，规格符合图纸要求。对重（平衡重）架规格应符合设计要求，完整、坚固，无扭曲及损伤现象。

（6）方木、工字钢、膨胀螺栓、角钢及钢管符合使用要求。

2. 轿厢检查要点

（1）量测轿厢水平度、垂直度，对角线，反绳轮垂直度符合其规范的规定。

（2）检查轿厢组装方法符合规范的要求。

（3）轿厢组装牢固，轿壁结合处平整，开门侧壁的垂直度偏差不大于1/1000。轿厢洁净，无损伤，无撞击伤痕，门缝一致。

3. 层门安装检查要点

（1）量测地坎水平度，地坎与楼最终地坪高度差，轿厢地坎与各层层门地坎距离符合规范的规定。

（2）量测门套，立柱垂直度，门导轨，地坎、槽平行度，符合规范的规定。

（3）检查门套安装方法符合规范的要求。

（4）量测门扇正侧面垂直度，间隙符合施工规范规定。

（5）检查门锁，门的开关过程，门的保护符合规范的要求。

（6）量测指示灯、消防按钮及召唤盒标高、距门套距离符合规范的规定。

（7）检查指示灯、召唤盒、接线安装符合规范的要求。

（8）动力驱动的自动水平滑动门应设置防止门夹人的保护装置，当人员通过层门入口被正在关闭的门扇撞击或者将被撞击时，该装置应自动使门重新开启。

（9）层门和轿门正常运行时不得出现脱轨、机械卡阻或者在行程终端时错位；由于磨损、锈蚀或者火灾可能造成层门导向装置失效时，应设置应急导向装置，使层门保持在原有位置。

（10）需埋入混凝土中的部件，一定要经有关部门检查办理隐蔽工程手续后，才可浇筑混凝土。

4. 对重安装检查要点

（1）检查导靴在电梯慢车、空载状态下的接触情况符合规范的规定。

（2）固定式导靴安装时，要保证内衬与导轨端面间隙上、下一致，若达不到要求要用垫片进行调整。

（3）在安装弹簧式导靴前，应将导靴调整螺母紧到最大限度，使导靴和导靴架之间没有间隙，这样便于安装。

（4）滚轮式导靴安装要平整，两侧滚轮对导轨压紧后两滚轮压缩量应相等，压缩尺寸应按制造厂规定。

（5）对重如设有安全钳，应在对重装置未进入井道前，将有关安全钳的部件装妥。

（6）对重下撞板处应加装补偿墩2～3个，当电梯的曳引绳伸长时，以使调整其缓冲距离符合规范要求。

6.2.6 悬挂装置、随行电缆、补偿装置安装监理要点

1. 材料（设备）质量控制

(1) 井道内各部件的规格、数量应符合设计要求，且无损坏。

(2) 各种设备及其部件的活动部位应灵活有效，功能可靠。

(3) 补偿绳应干净，无死弯、锈蚀、断丝现象，补偿链应按要求穿好消音绳。

(4) 液压缓冲器柱塞杆表面应洁净无锈蚀，液压油标号符合要求。

(5) 钢丝绳规格型号应符合设计要求，无死弯、锈蚀、松股、断丝现象，麻芯润滑油脂无干枯现象，且保持清洁。

(6) 绳头杆及其组件的数量、质量、规格应符合设计要求，需要灌注巴氏合金的数量应备足。

2. 检查要点

(1) 检查井道电缆安装位置，电缆绑扎，电缆长度符合施工规范和工艺规程要求。

(2) 绳头组合必须安全可靠，且每个绳头组合必须安装防螺母松动和脱落的装置。

(3) 钢丝绳严禁有死弯。

(4) 当轿厢悬挂在两根钢丝绳或链条上，且其中一根钢丝绳或链条发生异常相对伸长时，为此装设的电气安全开关应动作可靠。

(5) 随行电缆严禁有打结和波浪扭曲现象。

(6) 随行电缆端部应固定可靠。

(7) 随行电缆在运行中应避免与井道内其他部件干涉。当轿厢完全压在缓冲器上时，随行电缆不得与底坑地面接触。

(8) 补偿绳、链、缆等补偿装置的端部应固定可靠。

(9) 当轿厢压实在缓冲器上时，电缆不得与地面和轿厢底边框接触。

(10) 出现下列情况之一时，悬挂钢丝绳和补偿钢丝绳应报废：

1) 出现笼状畸变、绳芯挤出、扭结、部分压扁、弯折。

2) 断丝分散出现在整条钢丝绳，任何一个捻距内单股的断丝数大于 4 根；或者断丝集中在钢丝绳某一部位或一股，一个捻距内断丝总数大于 12 根（对于股数为 6 的钢丝绳）或者大于 16 根（对于股数为 8 的钢丝绳）。

3) 磨损后的钢丝绳直径小于钢丝绳公称直径的 90%。

(11) 采用其他类型悬挂装置的，悬挂装置的磨损、变形等应不超过制造单位设定的报废指标。

(12) 悬挂钢丝绳绳端固定应可靠，弹簧、螺母、开口销等连接部件无缺损。

(13) 对于强制驱动电梯，应采用带楔块的压紧装置，或者至少用 3 个压板将钢丝绳固定在卷筒上。

(14) 采用其他类型悬挂装置的，其端部固定应符合制造单位的规定。

(15) 补偿绳（链）端固定应可靠。

(16) 应使用电气安全装置来检查补偿绳的最小张紧位置。

(17) 当电梯的额定速度大于 3.5m/s 时，还应设置补偿绳防跳装置，该装置动作时应有一个电气安全装置使电梯驱动主机停止运转。

6.2.7 电气装置安装监理要点

1. 材料（设备）质量控制

(1) 电气设备及部件的规格、数量、质量应符合要求，各种开关应动作灵活可靠；控制柜、励磁柜应有出厂合格证。

(2) 开关动作应灵活可靠，控制柜应有出厂合格证、质检报告“CCC”认证标识等。控制屏、柜外形尺寸应符合设计要求。控制屏、柜上的各种电子器件、按钮、指示灯、调节旋钮都应按设计图要求装配在适当位置，并标有相应的名称和代号。

(3) 型材无锈蚀，并有检验报告和出厂合格证；螺栓、螺母、接线端子等规格应符合要求。

2. 检查要点

(1) 检查电气设备布置符合设计厂家提供的机房土建平面图，电梯控制原理图，电线管敷设示意图，井道安装接线图的要求。

(2) 量测控制柜与墙、窗、设备的间距符合规范的规定。

(3) 安装墙内、地面内的电线管、槽，安装要符合现行国家标准《建筑电气工程施工质量验收规范》(GB 50303—2015) 的要求，验收合格后才能隐蔽墙内或地面内。

(4) 检查二次接线符合设计要求。

(5) 量测屏、柜的水平度，垂直度符合规范的规定。

(6) 检查屏、柜安装方法，接线方式符合规范的要求。

(7) 量测选层器垂直度，感应器与感应板间隙符合规范的规定。

(8) 检查选层器、感应器、感应板安装方法符合规范的要求。

(9) 检查导线、管、槽、箱盒规格型号符合设计要求。

(10) 检查管、槽、箱盒安装符合规范的要求。

(11) 检查绝缘电阻测试仪器、测试记录符合规范的规定。

(12) 检查控制柜屏、曳引机、选层器，接线盒，导轨、配管线槽接地方式，接地线规格符合规范的规定。

(13) 检查接地电阻测试记录符合设计要求和规范的规定。

(14) 机房和井道内应按产品要求配管（槽）配线。护套电缆和橡胶套软电缆不得明敷于地面。

3. 旁站监理项目

电气绝缘试验；导体之间和导体对地之间的绝缘电阻必须大于 1000Ω/V 且动力电路和电气安装装置电路的绝缘电阻值不得小于 0.5MΩ；其他电路（控制、照明、信号等）的绝缘电阻值不得小于 0.25MΩ。

6.2.8 安全保护部件安装监理要点

1. 材料（设备）质量控制

(1) 限速器上应设有铭牌，标明制造单位名称、型号、规格参数和型式试验机构标识，铭牌和型式试验合格证、调试证书内容应相符。

(2) 轿厢上行超速保护装置上应设有铭牌，标明制造单位名称、型号、规格参数和型式试验机构标识，铭牌和型式试验合格证内容应相符；电梯整机制造单位应在控制屏或者紧急操作屏上标注轿厢上行超速保护装置的动作试验方法。

（3）安全钳上应设有铭牌，标明制造单位名称、型号、规格参数和型式试验机构标识，铭牌、型式试验合格证、调试证书内容与实物应相符。

（4）缓冲器上应设有铭牌或者标签，标明制造单位名称、型号、规格参数和型式试验机构标识，铭牌或者标签和型式试验合格证内容应相符；活塞杆表面应干净，无锈迹且备有防尘罩。

2. 安全钳和限速器

（1）限速器顺配重轮下落，钢绳夹，动作速度。

（2）楔块面与导轨顶面间隙。

（3）安全钳口与导轨顶面间隙。

（4）限速器动作速度整定封记必须完好，且无拆动痕迹。

（5）限速器张紧装置与其限位开关相对位置安装应正确。

（6）安全钳与导轨的间隙应符合产品设计要求。

（7）轿厢上应装设一个在轿厢安全钳动作以前或同时动作的电气安全装置。

（8）限速器动作速度应符合设计要求。当转速达到限速器动作速度的95%时，限位开关应动作。

（9）限速器由制造厂试验合格后铅封，限速器在施工中需要时也应由制造厂进行试验和调整。

3. 缓冲器

（1）缓冲器应固定可靠。

（2）耗能型缓冲器液位应正确，有验证柱塞复位的电气安全装置。

（3）对重缓冲器附近应设置永久性的明显标识，标明当轿厢位于顶层端站平层位置时，对重装置撞板与其缓冲器顶面间的最大允许垂直距离；并且该垂直距离不超过最大允许值。

4. 极限、限位、缓速开关

（1）各种安全保护开关的固定必须可靠，且不得焊接，动作正确、灵活。

（2）顶层地坎与终端越位开关间距离。

（3）底层地坎与终端越位开关间距离。

（4）极限、缓速装置应保证电梯运行于上、下两端站在事故状态时不超越极限位置，但不应取代电梯正常减速和平层装置的作用。

（5）极限、缓速开关的安装位置应控制在轿厢地槛超越上、下端站地槛50～200mm以内。碰铁接触碰轮后应使开关迅速断开。对速度大于1.6m/s的电梯可设有强迫缓速装置。

（6）碰铁由制造厂提供，应无扭曲变形，垂直安装，偏差符合设计要求。

5. 制动器

（1）安装后的外圆径向跳动应符合设计要求。

（2）应仔细反复调整制动轮间隙，使闸瓦和制动轮同心，间隙符合设计要求。通过调节制动弹簧来控制制动力的大小合适。静载时，压紧力能克服电梯差重；超载时，能使电梯可靠制动；制动时，两侧闸瓦应紧密、均匀地贴在制动轮工作面上。

6. 安全开关

(1) 按图纸观察检查各种安全保护开关固定是否可靠，严禁采用焊接方法固定安全开关。

(2) 极限、限位，缓速安装位置是否正确，可用手动盘车和试慢车方式来确定开关位置，以保证在事故状态时不超越极限位置。

(3) 轿厢安全窗开关保护可在电梯运行中，用力推动轿顶安全窗时，安全窗开启50mm，电梯应立即停止运行。

(4) 急停、检修开关分别安装于轿厢操纵盘上、轿厢顶部或井道底坑。可通过电梯运行功能试验来验证。

(5) 选层器钢带断带保护开关检验，在实际操作中用工具将钢带（绳、链）人为松弛，使带、绳、链的张紧轮下降到50mm时，保护开关动作，电梯停止运行为正确。

7. 层门、轿门安全装置

在正常运行时，应不可能打开层门，除非轿厢在该层门的开锁区域内已停止或在停车位置。通常情况开锁区域不得超过层站地坪上下0.2m。每个层门都应设置锁闭装置。通常电梯只有在轿门闭锁情况下，电梯才能运行。检查时，在每一层楼，当厅门和轿厢门打开时，按电梯向上或向下操作按钮，这时电梯不能运行为正常；当电梯作慢速运行试验时，用手扳动厅门的滚轮。触动锁闭装置，电梯立即停止运行为正常。

自动门安全触板的试验，可在轿厢门关闭进行过程中，用手触及轿厢自动门安全触板，门应自动返回到开启位置，即为可靠。触板的碰撞力不大于0.5kg。

8. 整定封记和整定量

限速器和可调节的安全钳的整定封记应定的，且无拆动痕迹。对限速器和安全钳，监理人员在材料验收时，应注意检查整定封记的定好性；在安装和调试时，应注意施工人员对限速器的速度整定量和安全钳的调节量有无改动行为。

6.2.9 整机安装验收

1. 整机安装验收项目及要求

整机安装验收项目及要求，见表6-2。

整机安装验收项目及要求 表6-2

序号	项目		验收标准
1	安全装置或功能	断相、错相保护装置或功能	当控制柜三相电源中任何一相断开或任何二相错接时，断相、错相保护装置或功能应使电梯不发生危险故障。 注：当错相不影响电梯正常运行时，可没有错相保护装置或功能。
		短路、过载保护装置	动力电路、控制电路、安全电路必须有与负载匹配的短路保护装置；动力电路必须有过载保护装置
		限速器	限速器上的轿厢（对重、平衡重）下行标志必须与轿厢（对重、平衡重）的实际下行方向相符。限速器铭牌上的额定速度、动作速度必须与被检电梯相符。限速器必须与其型式试验证书相符

续表

序号	项目		验收标准
1	安全装置或功能	安全钳	安全钳必须与其型式试验证书相符
		缓冲器	缓冲器必须与其型式试验证书相符
		门锁装置	门锁装置必须与其型式试验证书相符
		上、下极限开关	上、下极限开关必须是安全触点，在端站位置进行动作试验时必须动作正常。在轿厢或对重（如果有）接触缓冲器之前必须动作，且缓冲器完全压缩时，保持动作状态
		轿顶、机房（如果有）、滑轮间（如果有）、底坑停止装置	位于轿顶、机房（如果有）、滑轮间（如果有）、底坑的停止装置的动作必须正常
		安全开关	下列开关，必须动作可靠 （1）限速器绳张紧开关。 （2）液压缓冲器复位开关。 （3）有补偿张紧轮时，补偿绳张紧开关。 （4）当额定速度大于3.5m/s时，补偿绳轮防跳开关。 （5）轿厢安全窗（如果有）开关。 （6）安全门、底坑门、检修活板门（如果有）的开关。 （7）对可拆卸式紧急操作装置所需要的安全开关。 （8）悬挂钢丝绳（链条）为两根时，防松动安全开关
2	限速器安全钳联动试验		（1）限速器与安全钳电气开关在联动试验中必须动作可靠，且应使驱动主机立即制动。 （2）对瞬时式安全钳，轿厢应载有均匀分布的额定载重量；对渐进式安全钳，轿厢应载有均匀分布的125%额定载重量。当短接限速器及安全钳电气开关，轿厢以检修速度下行，人为使限速器机械动作时，安全钳应可靠动作，轿厢必须可靠制动，且轿底倾斜度不应大于5%
3	层门与轿门的试验		（1）每层层门必须能够用三角钥匙正常开启。 （2）当一个层门或轿门（在多扇门中任何一扇门）非正常打开时，电梯严禁启动或继续运行
4	曳引式电梯的曳引能力试验		（1）轿厢在行程上部范围空载上行及行程下部范围载有125%额定载重量下行，分别停层3次以上，轿厢必须可靠地制停（空载上行工况应平层）。轿厢载有125%额定载重量以正常运行速度下行时，切断电动机与制动器供电，电梯必须可靠制动。 （2）当对重完全压在缓冲器上，且驱动主机按轿厢上行方向连续运转时，空载轿厢严禁向上提升
5	平衡系数		曳引式电梯的平衡系数应为0.4～0.5
6	运行试验		轿厢分别在空载、额定载荷工况下，按产品设计规定的每小时启动次数和负载持续率各运行1000次（每天不少于8h），电梯应运行平稳、制动可靠、连续运行无故障

续表

序号	项　目	验 收 标 准
7	噪声检验	(1) 机房噪声：对额定速度小于等于4m/s的电梯，不应大于80dB(A)；对额定速度大于4m/s的电梯，不应大于85dB(A)。 (2) 乘客电梯和病床电梯运行中轿内噪声：对额定速度小于等于4m/s的电梯，不应大于55dB(A)；对额定速度大于4m/s的电梯，不应大于60dB(A)。 (3) 乘客电梯和病床电梯的开关门过程噪声不应大于65dB(A)
8	平层准确度检验	(1) 额定速度小于等于0.63m/s的交流双速电梯，应在±15mm的范围内。 (2) 额定速度大于0.63m/s且小于等于1.0m/s的交流双速电梯，应在±30mm的范围内。 (3) 其他调速方式的电梯，应在±15mm的范围内
9	运行速度检验	当电源为额定频率和额定电压、轿厢载有50%额定载荷时，向下运行至行程中段(除去加速加减速段)时的速度，不应大于额定速度的105%，且不应小于额定速度的92%

注：1～4项为主控项目，5～9为一般项目。

2. 观感检查

(1) 轿门带动层门开、关运行，门扇与门扇、门扇与门套、门扇与门楣、门扇与门口处轿壁、门扇下端与地坎应无刮碰现象。

(2) 门扇与门扇、门扇与门套、门扇与门楣、门扇与门口处轿壁、门扇下端与地坎之间各自的间隙在整个长度上应基本一致。

(3) 对机房(如果有)、导轨支架、底坑、轿顶、轿内、轿门、层门及门地坎等部位应进行清理

3. 旁站监理项目

(1) 曳引检验

1) 使用钳形电流表检查分别在25%、40%、50%、75%轿厢上，下行时与对重同一水平时的电流变化情况。

2) 检查引程上部及下部空载在125%载荷时的制停。

完成125%载荷检验后，再进行150%载荷时，10min无打滑现象。方法：采用秒表计时并可在井道与轿顶相应的部位或曳引轮与钢丝绳相接触的部位作记号，观察打滑现象，为保证安全此种检验可在底层进行。

(2) 限速器、安全钳联动试验

1) 对照型式试验报告与实物是否吻合，特别要检查封铅情况，如有疑问可重新进行型式试验。

2) 检修速度运行时，使用人为方式分别对限速器、安全钳进行检验，检验合格后，再在额定速度下重复使用人为方式对限速器、安全钳的检验。

(3) 缓冲器试验

使用秒表测定缓冲器完全压缩后，回复到原状的时间应不大于120s。

（4）层门、轿门的联锁试验

1）轿顶采用检修速度运行时，逐门进行推拉不应停车及层门打开现象。

2）额定速度下对离轿厢位置较远的层面用三角钥匙层门打开电梯停运。

6.3 液压式电梯安装监理要点

6.3.1 设备进场与土建交接检验

1. 材料（设备）质量控制

（1）油缸规格符合设计要求，应有出厂合格证。

（2）油缸必须有良好密封性，特别是油缸头部的油封及塑料包装应完好无损。

（3）紧固件、螺栓、螺母符合使用要求。

2. 设备进场验收

（1）电梯设备随机文件必须包括下列资料：

1）土建布置图。

2）产品出厂合格证。

3）门锁装置、限速器（如果有）、安全钳（如果有）及缓冲器（如果有）的型式试验证书（复印件）。

（2）电梯设备随机文件还应包括下列资料：

1）装箱单。

2）安装、使用维护说明书。

3）动力电路和安全电路的电气原理图。

4）液压系统原理图。

（3）设备零部件应与装箱单内容相符。

（4）设备外观不应存在明显的损坏。

3. 土建交接检验

液压电梯对土建施工（如机房、井道、电源等）要求更为严格。土建交接检验可按上节相关内容执行。

6.3.2 液压系统安装监理要点

（1）液压泵站、液压油缸、各种控制阀、管线等，应符合土建布置图和液压系统原理图的要求。

（2）液压顶升机构的缸体和柱塞的垂直度必须符合设计和规范要求。

（3）液压管路、元件等联结可靠，无渗漏现象。

（4）各油位指示、油压指示均清晰、准确。

（5）严格控制油缸缸体安装标准，防止垂直度偏差超限造成电梯运行不稳。

（6）应做好油缸柱塞表面防护，防止损伤柱塞。

(7) 所有涉及设备基础、受力钢梁等的钢筋混凝土工程，均应进行隐蔽验收。

6.3.3 导轨安装监理要点

可参考本书6.2.2中相关内容。

6.3.4 桥厢、层门和对重（平衡重）安装监理要点

如果有平衡重，可参考本书6.2.5中相关内容。

6.3.5 悬挂装置、随行电缆安装监理要点

(1) 如果有绳头组合，可参考本书6.2.6中相关内容。

(2) 如果有钢丝绳，严禁有死弯。

(3) 当轿厢悬挂在两根钢丝绳或链条上，其中一根钢丝绳或链条发生异常相对伸长时，为此装设的电气安全开关必须动作可靠。对具有两个或多个液压顶升机构的液压电梯，每一组悬挂钢丝绳均应符合上述要求。

(4) 随行电缆严禁有打结和波浪扭曲现象。

(5) 如果有钢丝绳或链条，每根张力与平均值偏差不应大于5%。

(6) 随行电缆端部应固定可靠，在运行中应避免与井道内其他部件干涉。当轿厢完全压在缓冲器上时，随行电缆不得与底坑地面接触。

6.3.6 电气装置安装监理要点

可参考上节的相关内容。

6.3.7 安全保护装置监理要点

可参考上节的相关内容。

6.3.8 整机安装验收

1. 试运转质量控制

可参考上节的相关内容。

2. 整机安装验收项目及要求

整机安装验收项目及要求，见表6-3。

整机安装验收项目及要求 **表6-3**

序号	项　　目		验收标准
1	安全装置或功能	断相、错相保护装置或功能	当控制柜三相电源中任何一相断开或任何二相错接时，断相、错相保护装置或功能 应使电梯不发生危险故障 注：当错相不影响电梯正常运行时可没有错相保护装置或功能
		短路、过载保护装置	动力电路、控制电路、安全电路必须有与负载匹配的短路保护装置；动力电路必须有过载保护装置

续表

序号	项目		验收标准
1	安全装置或功能	防止轿厢坠落、超速下降的装置	液压电梯必须装有防止轿厢坠落、超速下降的装置，且各装置必须与其型式试验证书相符
		门锁装置	门锁装置必须与其型式试验证书相符
		上极限开关	上极限开关必须是安全触点，在端站位置进行动作试验时必须动作正常。它必须在柱塞接触到其缓冲制停装置之前动作，且柱塞处于缓冲制停区时保持动作状态
		机房、滑轮间（如果有）、轿顶、底坑停止装置	位于轿顶、机房、滑轮间（如果有）、底坑的停止装置的动作必须正常
		液压油温升保护装置	当液压油达到产品设计温度时，温升保护装置必须动作，使液压电梯停止运行
		移动轿厢的装置	在停电或电气系统发生故障时，移动轿厢的装置必须能移动轿厢上行或下行，且下行时还必须装设防止顶升机构与轿厢运动相脱离的装置
		安全开关	下列开关，必须动作可靠 (1) 限速器（如果有）张紧开关。 (2) 液压缓冲器（如果有）复位开关。 (3) 轿厢安全窗（如果有）开关。 (4) 安全门、底坑门、检修活板门（如果有）的开关。 (5) 悬挂钢丝绳（链条）为两根时，防松动安全开关
2	限速器（安全绳）安全钳联动试验		(1) 限速器（安全绳）与安全钳电气开关在联动试验中必须动作可靠，且应使电梯停止运行。 (2) 联动试验时轿厢载荷及速度应符合下列规定： 1) 当液压电梯额定载重量与轿厢最大有效面积符合表 6-4 的规定时，轿厢应载有均匀分布的额定载重量；当液压电梯额定载重量小于表 6-4 规定的轿厢最大有效面积对直的额定载重量时，轿厢应载有均匀分布的 125%的液压电梯额定载重量，但该载荷不应超过表 6-4 规定的轿厢最大有效面积对应的额定载重量。 2) 对瞬时式安全钳，轿厢应以额定速度下行；对渐进式安全钳，轿厢应以检修速度下行。 (3) 当装有限速器安全钳时，使下行阀保持开启状态（直到钢丝绳松弛为止）的同时，人为使限速器机械动作，安全钳应可靠动作，轿厢必须可靠制动，且轿底倾斜度不应大于 5%。 (4) 当装有安全绳安全钳时，使下行阀保持开启状态（直到钢丝绳松弛为止）的同时，人为使安全绳机械动作，安全钳应可靠动作，轿厢必须可靠制动，且轿底倾斜度不应大于 5%
3	层门与轿门的试验		(1) 每层层门必须能够用三角钥匙正常开启； (2) 当一个层门或轿门（在多扇门中任何一扇门）非正常打开时，电梯严禁启动或继续运行

续表

序号	项　　目	验 收 标 准
4	超载试验	当轿厢载达到110%的额定载荷重量，且10%的额定重量的最小值按75kg计算时，液压电梯严禁启动
5	运行试验	轿厢在额定载重量工况下，按产品设计规定的每小时启动次数运行1000次（每天不少于8h），液压电梯应平稳、制动可靠、连续运行无故障
6	噪声检验	（1）液压电梯的机房噪声不应大于85dB（A）。 （2）乘客液压电梯和病床液压电梯运行中轿内噪声不应大于55dB（A）。 （3）乘客液压电梯和病床液压电梯的开关门过程噪声不应大于65dB（A）
7	平层准确度检验	液压电梯平层准确度应在±15mm范围内
8	运行速度检验	空载轿厢上行速度与上行额定速度的差值不应大于上行额定速度的8%；载有额定载重量的轿厢下行速度与下行额定速度的差值不应大于下行额定速度的8%
9	额定载重量沉降量试验	载有额定载重量的轿厢停靠在最高层站时，停梯10min，沉降量不应大于10mm，但因油温变化而引起的油体积缩小所造成的沉降不包括在10mm内
10	液压泵站溢流阀压力检查	液压泵站上的溢流阀应设定在系统压力为满载压力的140%～170%时动作
11	超压静载试验	轿厢停靠在最高层站，在液压顶升机构和截止阀之间施加200%的满载压力，持续5min后，液压系统应完好无损

注：1～4项为主控项目，5～11为一般项目。

额定载重量与轿厢最大有效面积之间关系　　表6-4

额定载重量（kg）	轿厢最大有效面积（m^2）	额定载重量（kg）	轿厢最大有效面积（m^2）	额定载重量（kg）	轿厢最大有效面积（m^2）	额定载重量（kg）	轿厢最大有效面积（m^2）
100[1]	0.37	525	1.45	900	2.20	1275	2.95
180[2]	0.58	600	1.60	975	2.35	1350	3.10
225	0.70	630	1.66	1000	2.40	1425	3.25
300	0.90	675	1.75	1050	2.50	1500	3.40
375	1.10	750	1.90	1125	2.65	1600	3.56
400	1.17	800	2.00	1200	2.80	2000	4.20
450	1.30	825	2.05	1250	2.90	2500[3]	5.00

注：1.1为一人电梯的最小值。

2.2为二人电梯的最小值。

3.额定载重量超过2500kg时，每增加100kg面积增加0.16m^2，对中间的载重量其面积由线性插入法确定。

3. 观感质量检查

参见本书6.2.9中相关内容。

4. 监理旁站

参见本书6.2.9中相关内容。

6.4　自动扶梯、自动人行道安装监理要点

6.4.1　设备进场与土建交接检验

1. 设备进场验收

（1）自动扶梯安装前必须进行开箱检查，并填写检验记录。对设备必须附有产品出厂合格证、安装及使用说明书等；电梯及辅助设备的铭牌齐全，外观检查无损伤及变形。如果是进口产品，则需提供原产地证明和商检证明，配套提供的质量合格证明，检测报告及安装、使用、维护说明书的中文文本。设备安装前，应根据使用说明书，进行全部检查，方可安装。

（2）自动人行道安装前必须进行开箱检查，并填写检验记录。对设备必须附有产品合格证、安装及使用说明书等；电梯及辅助设备的铭牌齐全，外观检查无损伤及变形。如果是进口产品，则需提供原产地证明和商检证明，配套提供的质量合格证明，检测报告及安装、使用、维护说明书的中文文本。设备安装前，应根据使用说明书进行全部检查，合格后方可安装。

（3）附件的规格、数量与装箱单相符。

（4）凡使用的材料应有出厂合格证或检验资料。

（5）电梯承包商必须提供以下资料：

1）技术资料

① 梯级或踏板的型式试验报告复印件，或胶带的断裂强度证明文件复印件。

② 对公共交通型自动扶梯、自动人行道应有扶手带的断裂强度证书复印件。

2）随机文件

① 土建布置图。

② 产品出厂合格证。

（6）随机文件还应提供以下资料：

① 装箱单。

② 安装、使用维护说明书。

③ 动力电路和安全电路的电气原理图。

（7）设备零部件应与装箱单内容相符。

（8）设备外观不应存在明显的损坏。

2. 土建交接检验

（1）现场观察及用尺量检查，自动扶梯的梯级或自动人行道的踏板或胶带上空，垂直净高度严禁小于2.3m。

(2) 现场观察及用尺量检查，井道周围是否设有保证安全的栏杆或屏障，其高度严禁小于1.2m。

(3) 土建工程应按照土建布置图进行施工，且其主要尺寸允许误差应为：提升高度−15～+15mm；跨度0～+15mm。

(4) 根据产品供应商的要求应提供设备进场所需的通道和搬运空间。

(5) 在安装之前，土建施工单位应提供明显的水平基准线标识。

(6) 电源零线和接地线应始终分开。接地装置的接地电阻值不应大于4Ω。

6.4.2 整机安装验收

1. 整机安装验收项目及要求

整机安装验收项目及要求，见表6-5。

整机安装验收项目及要求　　表6-5

序号	项　目	验收标准
1	自动停止运行	在下列情况下，自动扶梯、自动人行道必须自动停止运行，且(4)～(11)情况下的开关断开的动作必须通过安全触点或安全电路来完成。 (1) 无控制电压。 (2) 电路接地的故障。 (3) 过载。 (4) 控制装置在超速和运行方向非操纵逆转下动作。 (5) 附加制动器（如果有）动作。 (6) 直接驱动梯级、踏板或胶带的部件（如链条或齿条）断裂或过分伸长。 (7) 驱动装置与转向装置之间的距离（无意性）缩短。 (8) 梯级、踏板或胶带进入梳齿板处有异物夹住，且产生损坏梯级、踏板或胶带支撑结构。 (9) 无中间出口的连续安装的多台自动扶梯、自动人行道中的一台停止运行。 (10) 扶手带入口保护装置动作。 (11) 梯级或踏板下陷
2	绝缘电阻	应测量不同回路导线对地的绝缘电阻。测量时，电子元件应断开。导体之间和导体对地之间的绝缘电阻应大于1000Ω/V，且其值必须大于： (1) 动力电路和电气安全装置电路0.5MΩ。 (2) 其他电路（控制、照明、信号等）0.25MΩ
3	电气设备接地	(1) 所有电气设备及导管、线槽的外露可导电部分均必须可靠接地(PE)。 (2) 接地支线应分别直接接至接地干线接线柱上，不得互相连接后再接地
4	整机安装检查	(1) 梯级、踏板、胶带的楞齿及梳齿板应完整、光滑。 (2) 在自动扶梯、自动人行道入口处应设置使用须知的标牌。 (3) 内盖板、外盖板、围裙板、扶手支架、扶手导轨、护壁板接缝应平整。接缝处的凸台不应大于0.5mm。 (4) 梳齿板梳齿与踏板面齿槽的啮合深度不应小于6mm。 (5) 梳齿板梳齿与踏板面齿槽的间隙不应大于4mm。

续表

序号	项目	验收标准
4	整机安装检查	(6) 围裙板与梯级、踏板或胶带任何一侧的水平间隙不应大于4mm，两边的间隙之和不应大于7mm。当自动人行道的围裙板设置在踏板或胶带之上时，踏板表面与围裙板下端之间的垂直间隙不应大于4mm。当踏板或胶带有横向摆动时，踏板或胶带的侧边与围裙板垂直投影之间不得产生间隙。 (7) 梯级间或踏板间的间隙在工作区段内的任何位置，从踏面测得的两个相邻梯级或两个相邻踏板之间的间隙不应大于6mm。在自动人行道过渡曲线区段，踏板的前缘和相邻踏板的后缘啮合，其间隙不应大于8mm。 (8) 护壁板之间的空隙不应大于4mm
5	性能试验	(1) 在额定频率和额定电压下，梯级、踏板或胶带沿运行方向空载时的速度与额定速度之间的允许偏差为±5%。 (2) 扶手带的运行速度相对梯级、踏板或胶带均速度允许偏差为0～+2%
6	自动扶梯、自动人行道制动试验	(1) 自动扶梯、自动人行道应进行空载制动试验，制停距离应符合规范的规定。 (2) 自动扶梯应进行载有制动载荷的下行制停距离试验（除非制停距离可以通过其他方法检验），制动载荷、制停距离应符合规范的规定；对自动人行道，制造商应提供制停距离数据并符合规范的规定
7	电气装置	(1) 主电源开关不应切断电源插座、检修和维护所必需的照明电源。 (2) 机房和井道内应按产品要求配线。软线和无护套电缆应在导管、线槽或能确保起到等效防护作用的装置中使用。护套电缆和橡胶套软电缆可明敷于井道或机房内使用，但不得明敷于地面。 (3) 导管、线槽的敷设应整齐牢固。线槽内导线总面积不应大于线槽净面积60%；导管内导线总面积不应大于导管内净面积40%；软管固定间距不应大于1m，端头固定间距不应大于0.1m。 (4) 接地支线应采用黄绿相间的绝缘导线

注：1～3为主控项目，4～7为一般项目。

2. 观感检查

(1) 上行和下行自动扶梯、自动人行道，梯级、踏板或胶带与围裙板之间应无刮碰现象（梯级、踏板或胶带上的导向部分与围裙板接触除外），扶手带外表面应无刮痕。

(2) 对梯级（踏板或胶带）、梳齿板、扶手带、护壁板、围裙板、内外盖板、前沿板及活动盖板等部位的外表面应进行清理。

7 智能建筑工程施工监理

7.1 基 本 规 定

智能建筑工程施工质量的检查、验收，应符合现行国家标准《建筑工程施工质量验收统一标准》（GB 50300—2013）、《智能建筑工程质量验收规范》（GB 50339—2013）以及相关标准的规定。

7.1.1 验收规范的规定

1. 子分部工程和分项工程划分

智能建筑工程的子分部工程和分项工程划分应符合表 7-1 的规定。

智能建筑工程的子分部工程和分项工程划分 **表 7-1**

分部工程	子分部工程	分项工程
智能建筑工程	智能化集成系统	设备安装，软件安装，接口及系统调试，试运行
	信息接入系统	安装场地检查
	用户电话交换系统	线缆敷设，设备安装，软件安装，接口及系统调试，试运行
	信息网络系统	计算机网络设备安装，计算机网络软件安装，网络安全设备安装，网络安全软件安装，系统调试，试运行
	综合布线系统	梯架、托盘、槽盒和导管安装，线缆敷设，机柜、机架、配线架的安装，信息插座安装，链路或信道测试，软件安装，系统调试，试运行
	移动通信室内信号覆盖系统	安装场地检查
	卫星通信系统	安装场地检查
	有线电视及卫星电视接收系统	梯架、托盘、槽盒和导管安装，线缆敷设，设备安装，软件安装，系统调试，试运行
	公共广播系统	梯架、托盘、槽盒和导管安装，线缆敷设，设备安装，软件安装，系统调试，试运行
	会议系统	梯架、托盘、槽盒和导管安装，线缆敷设，设备安装，软件安装，系统调试，试运行
	信息导引及发布系统	梯架、托盘、槽盒和导管安装，线缆敷设，显示设备安装，机房设备安装，软件安装，系统调试，试运行
	时钟系统	梯架、托盘、槽盒和导管安装，线缆敷设，设备安装，软件安装，系统调试，试运行

续表

分部工程	子分部工程	分 项 工 程
智能建筑工程	信息化应用系统	梯架、托盘、槽盒和导管安装，线缆敷设，设备安装，软件安装，系统调试，试运行
	建筑设备监控系统	梯架、托盘、槽盒和导管安装，线缆敷设，传感器安装，执行器安装，控制器、箱安装，中央管理工作站和操作分站设备安装，软件安装，系统调试，试运行
	火灾自动报警系统	梯架、托盘、槽盒和导管安装，线缆敷设，探测器类设备安装，控制器类设备安装，其他设备安装，软件安装，系统调试，试运行
	安全技术防范系统	梯架、托盘、槽盒和导管安装，线缆敷设，设备安装，软件安装，系统调试，试运行
	应急响应系统	设备安装，软件安装，系统调试，试运行
	机房工程	供配电系统，防雷与接地系统，空气调节系统，给水排水系统，综合布线系统，监控与安全防范系统，消防系统，室内装饰装修，电磁屏蔽，系统调试，试运行
	防雷与接地	接地装置，接地线，等电位连接，屏蔽设施，电涌保护器，线缆敷设，系统调试，试运行

2. 工程实施的质量控制

（1）工程实施的质量控制应检查下列内容：

1）施工现场质量管理检查记录。

2）图纸会审记录；存在设计变更和工程洽商时，还应检查设计变更记录和工程洽商记录。

3）设备材料进场检验记录和设备开箱检验记录。

4）隐蔽工程（随工检查）验收记录。

5）安装质量及观感质量验收记录。

6）自检记录。

7）分项工程质量验收记录。

8）试运行记录。

（2）施工现场质量管理检查记录应由施工单位填写、项目监理机构总监理工程师（或建设单位项目负责人）作出检查结论。

（3）图纸会审记录、设计变更记录和工程洽商记录应符合现行国家标准《智能建筑工程施工规范》GB 50606 的规定。

（4）隐蔽工程（随工检查）验收记录应由施工单位填写、监理（建设）单位的监理工程师（项目专业工程师）作出检查结论。

（5）安装质量及观感质量验收记录应由施工单位填写、监理（建设）单位的监理工程师（项目专业工程师）作出检查结论。

（6）自检记录由施工单位填写、施工单位的专业技术负责人作出检查结论。

（7）分项工程质量验收记录应由施工单位填写、施工单位的专业技术负责人作出检查结论、监理（建设）单位的监理工程师（项目专业技术负责人）作出验收结论。

（8）试运行记录应由施工单位填写、监理（建设）单位的监理工程师（项目专业工程师）作出检查结论。

3. 系统检测

（1）系统检测应在系统试运行合格后进行。

（2）系统检测前应提交下列资料：

1）工程技术文件。

2）设备材料进场检验记录和设备开箱检验记录。

3）自检记录。

4）分项工程质量验收记录。

5）试运行记录。

（3）系统检测的组织应符合下列规定：

1）建设单位应组织项目检测小组。

2）项目检测小组应指定检测负责人。

3）公共机构的项目检测小组应由有资质的检测单位组成。

（4）系统检测应符合下列规定：

1）应依据工程技术文件和 GB 50339—2013 规定的检测项目、检测数量及检测方法编制系统检测方案，检测方案应经建设单位或项目监理机构批准后实施。

2）应按系统检测方案所列检测项目进行检测，系统检测的主控项目和一般项目应符合 GB 50339—2013 附录 C 的规定。

3）系统检测应按照分项工程→子分部工程→分部工程的顺序进行，并填写记录表。

（5）各子系统安装质量的检测应符合下列规定：

1）各子系统的安装质量检测应执行现行国家或行业标准。

2）施工单位在安装完成后，应对系统进行自检，自检时应对检测项目逐项检测并做好记录。

（6）各子系统的接口的质量应按下列要求检查：

1）所有接口必须由接口供应商提交接口规范和接口测试大纲。

2）接口规范和接口测试大纲宜在合同签订时由智能建筑工程施工单位参与审定。

3）施工单位应根据测试大纲予以实施，并应保证系统接口的安装质量。

（7）施工单位应组织有关人员依据合同技术文件、设计文件和规范的相应规定，制定系统检测方案。

（8）系统检测的结论与处理方法应符合下列规定：

1）检测结论应分为合格和不合格。

2）主控项目有一项不合格，则该系统检测不合格。

3）系统检测不合格应限期整改并重新检测，重新检测时抽检数量应加倍；系统检测合格，但对尚存在不合格项，应进行整改，并应在竣工验收时提交整改合格结果作出报告。

（9）检测结论与处理应符合下列规定：

1）检测结论应分为合格和不合格。

2）主控项目有一项及以上不合格的，系统检测结论应为不合格；一般项目有两项及以上不合格的，系统检测结论应为不合格。

3）被集成系统接口检测不合格的，被集成系统和集成系统的系统检测结论均应为不合格。

4）系统检测不合格时，应限期对不合格项进行整改，并重新检测，直至检测合格。重新检测时抽检应扩大范围。

4. 分部（子分部）工程验收

（1）建设单位应按合同进度要求组织人员进行工程验收。

（2）工程验收应具备下列条件：

1）按经批准的工程技术文件施工完毕。

2）完成调试及自检，并出具系统自检记录。

3）分项工程质量验收合格，并出具分项工程质量验收记录。

4）完成系统试运行，并出具系统试运行报告。

5）系统检测合格，并出具系统检测记录。

6）完成技术培训，并出具培训记录。

（3）工程验收的组织应符合下列规定：

1）建设单位应组织工程验收小组负责工程验收。

2）工程验收小组的人员应根据项目的性质、特点和管理要求确定，并应推荐组长和副组长；验收人员的总数应为单数，其中专业技术人员的数量不应低于验收人员总数的50%。

3）验收小组应对工程实体和资料进行检查，并作出正确、公正、客观的验收结论。

（4）工程验收文件应包括下列内容：

1）竣工图纸。

2）设计变更记录和工程洽商记录。

3）设备材料进场检验记录和设备开箱检验记录。

4）分项工程质量验收记录。

5）试运行记录。

6）系统检测记录。

7）培训记录和培训资料。

（5）工程验收小组的工作应包括下列内容：

1）检查验收文件。

2）检查观感质量。

3）抽检和复核系统检测项目。

（6）工程验收结论与处理应符合下列规定：

1）工程验收结论应分为合格和不合格。

2）上述（4）规定的工程验收文件齐全、观感质量符合要求且检测项目合格时，工程验收结论应为合格，否则应为不合格。

3）当工程验收结论为不合格时，施工单位应限期整改，直到重新验收合格；整改后仍无法满足使用要求的，不得通过工程验收。

7.1.2 材料（设备）质量检查要求

（1）设备材料进场检验记录和设备开箱检验记录应由施工单位填写、监理（建设）单位的监理工程师（项目专业工程师）作出检查结论。

（2）需要进行质量检查的产品应包括智能建筑工程各子系统中使用的材料、硬件设备、软件产品和工程中应用的各种系统接口；列入中华人民共和国实施强制性产品认证的产品目录或实施生产许可证和上网许可证管理的产品应进行产品质量检查，未列入的产品也应按规定程序通过产品质量检测后方可使用。

（3）材料、设备应附有产品合格证、质检报告，设备应有产品合格证、质检报告、说明书等；进口产品应提供原产地证明和商检证明、质量合格证明、检测报告及安装、使用、维护说明书的中文文本。

（4）保证外观完好，产品无损伤、无瑕疵，品种、数量、产地符合要求。

（5）依规定程序获得批准使用的新材料和新产品，尚应提供主管部门规定的相关证明文件。

（6）检查线缆、设备的品牌、产地、型号、规格、数量及外观，主要技术参数及性能等均应符合设计要求，外表无损伤，填写进场检验记录，并封存相关线缆、器件样品。

（7）材料及主要设备的检测应符合下列规定：

1）按照合同文件和工程设计文件进行的进场验收，应有书面记录和参加人签字，并应经监理工程师或建设单位验收人员确认。

2）应对材料、设备的外观、规格、型号、数量及产地等进行检查复核。

3）主要设备、材料应有生产厂家的质量合格证明文件及性能的检测报告。

（8）设备及材料的质量检查应包括安全性、可靠性及电磁兼容性等项目，并应由生产厂家出具相应检测报告。

（9）安装工具齐备、完好，电动工具应进行绝缘检查。

（10）施工过程中所使用的测量仪器和测量工具应根据国家相关法规进行标定。

7.1.3 产品质量检查

（1）必须按照合同技术文件和工程设计文件的要求，对设备、材料和软件进行进场验收。进场验收应有书面记录和参加人签字，并经监理工程师或建设单位验收人员签字。未经进场验收合格的设备、材料和软件不得在工程上使用和安装。经进场验收的设备和材料应按产品的技术要求妥善保管。

（2）产品质量检查应包括列入《中华人民共和国实施强制性产品认证的产品目录》或实施生产许可证和上网许可证管理的产品，未列入强制性认证产品目录或未实施生产许可证和上网许可证管理的产品应按规定程序通过产品检测后方可使用。

（3）产品功能、性能等项目的检测应按相应的现行国家产品标准进行；供需双方有特殊要求的产品，可按合同规定或设计要求进行。

（4）对不具备现场检测条件的产品，可要求进行工厂检测并出具检测报告。

（5）硬件设备及材料的质量检查重点应包括安全性、可靠性及电磁兼容性等项目，可靠性检测可参考生产厂家出具的可靠性检测报告。

（6）接口的质量控制与检查：

1）接口技术文件应符合合同要求；接口技术文件应包括接口概述、接口框图、接口位置、接口类型与数量、接口通信协议、数据流向和接口责任边界等内容。

2）根据工程项目实际情况修订的接口技术文件应经过建设单位、设计单位、接口提供单位和施工单位签字确认。

3）接口测试文件应符合设计要求；接口测试文件应包括测试链路搭建、测试用仪器仪表、测试方法、测试内容和测试结果评判等内容。

4）接口测试应符合接口测试文件要求，测试结果记录应由接口提供单位、施工单位、建设单位和项目监理机构签字确认。

5）系统承包商应提交接口规范，接口规范应在合同签订时由合同签订机构负责审定。

6）系统承包商应根据接口规范制定接口测试方案，接口测试方案经检测机构批准后实施。系统接口测试应保证接口性能符合设计要求，实现接口规范中规定的各项功能，不发生兼容性及通信瓶颈问题，并保证系统接口的制造和安装质量。

（7）软件产品的质量控制与检查：

1）应检查文档资料和技术指标。

2）商业软件的使用许可证和使用范围应符合合同要求。

3）针对工程项目编制的应用软件，测试报告中的功能和性能测试结果应符合工程项目的合同要求。

4）商业化的软件，如操作系统、数据库管理系统、应用系统软件、信息安全软件和网管软件等应做好使用许可证及使用范围的检查。

5）用户应用软件，设计的软件组态及接口软件等，应进行功能测试和系统测试，并应提供包括程序结构说明、安装调试说明、使用和维护说明书等的完整文档。

6）由系统承包商编制的用户应用软件、用户组态软件及接口软件等应用软件，除进行功能测试和系统测试之外，还应根据需要进行容量、可靠性、安全性、可恢复性、兼容性、自诊断等多项功能测试，并保证软件的可维护性。

7）所有自编软件均应提供完整的文档（包括软件资料、程序结构说明、安装调试说明、使用和维护说明书等）。

7.2 智能化集成系统监理要点

7.2.1 材料（设备）质量控制

（1）本系统的设备包括：集成系统平台与被集成子系统连通需要的综合布线设备、网络交换机、计算机网卡、硬线连接、服务器、工作站、网络安全、存储、协议转换设备等。

（2）软件包括：集成系统平台软件（各子系统进行信息交互的平台，可进行持续开发和扩展功能，具有开放架构的成熟的应用软件）及基于平台的定制功能软件、数据库软件、操作系统、防病毒软件、网络安全软件、网管软件等。

（3）接口是指被集成子系统与集成平台软件进行数据互通的通信接口。

（4）集成子系统提供的技术文件应符合下列规定：

1）应包括系统图、网络拓扑图、原理图、平面图、设备参数表、组态监控界面文件及编辑软件。

2）应为纸质文件和电子文档，文件内容应与工程现场安装的设备和软件一致。

3）文件内容与通信接口的设备参数标识应一致。

（5）集成子系统的产品资料应包含下列内容：

1）系统结构说明、使用手册、安装配置手册。

2）供测试用的集成子系统服务器、工作站软件。

3）集成子系统通信接口的使用手册、安装配置手册、开发参考手册、接线说明。

7.2.2 系统检测监理要点

（1）智能化集成系统的设备、软件和接口等的检测和验收范围应根据设计要求确定。

（2）智能化集成系统检测应在被集成系统检测完成后进行。

（3）智能化集成系统检测应在服务器和客户端分别进行，检测点应包括每个被集成系统。

（4）接口功能应符合接口技术文件和接口测试文件的要求，各接口均应检测，全部符合设计要求的应为检测合格。

（5）检测集中监视、储存和统计功能时，应符合下列规定：

1）显示界面应为中文。

2）信息显示应正确，响应时间、储存时间、数据分类统计等性能指标应符合设计要求。

3）每个被集成系统的抽检数量宜为该系统信息点数的5%，且抽检点数不应少于20点，当信息点数少于20点时应全部检测。

4）智能化集成系统抽检总点数不宜超过1000点。

5）抽检结果全部符合设计要求的，应为检测合格。

（6）检测报警监视及处理功能时，应现场模拟报警信号，报警信息显示应正确，信息显示响应时间应符合设计要求。每个被集成系统的抽检数量不应少于该系统报警信息点数的10%。抽检结果全部符合设计要求的，应为检测合格。

（7）检测控制和调节功能时，应在服务器和客户端分别输入设置参数，调节和控制效果应符合设计要求。各被集成系统应全部检测，全部符合设计要求的应为检测合格。

（8）检测联动配置及管理功能时，应现场逐项模拟触发信号，所有被集成系统的联动动作均应安全、正确、及时和无冲突。

（9）权限管理功能检测应符合设计要求。

（10）冗余功能检测应符合设计要求。

（11）文件报表生成和打印功能应逐项检测。全部符合设计要求的应为检测合格。

（12）数据分析功能应对各被集成系统逐项检测。全部符合设计要求的应为检测合格。

7.3 综合布线系统监理要点

7.3.1 材料（设备）质量控制

1. 配套型材、管材与铁件

（1）各种型材的材质、规格、型号应符合设计文件的规定，表面应光滑、平整，不得变形、断裂。预埋金属线槽、过线盒、接线盒及桥架等表面涂覆或镀层应均匀、完整，不得变形、损坏。

（2）室内管材采用金属管或塑料管时，其管身应光滑、无伤痕，管孔无变形，孔径、壁厚应符合设计要求。

金属管槽应根据工程环境要求做镀锌或其他防腐处理。塑料管、槽必须采用阻燃管槽，外壁应具有阻燃标记。

（3）室外管道应按通信管道工程验收的相关规定进行检验。

（4）各种铁件的材质、规格均应符合相应质量标准，不得有歪斜、扭曲、飞刺、断裂或破损。

（5）铁件的表面处理和镀层应均匀、完整，表面光洁，无脱落、气泡等缺陷。

2. 缆线

（1）工程使用的电缆和光缆型式、规格及缆线的防火等级应符合设计要求。

（2）缆线所附标志、标签内容应齐全、清晰，外包装应注明型号和规格。

（3）缆线外包装和外护套需完整无损，当外包装损坏严重时，应测试合格后再在工程中使用。

（4）电缆应附有本批量的电气性能检验报告，施工前应进行链路或信道的电气性能及缆线长度的抽验，并做测试记录。

（5）光缆开盘后应先检查光缆端头封装是否良好。光缆外包装或光缆护套如有损伤，应对该盘光缆进行光纤性能指标测试，如有断纤，应进行处理，待检查合格才允许使用。光纤检测完毕，光缆端头应密封固定，恢复外包装。

（6）光纤接插软线或光跳线检验应符合下列规定：

1）两端的光纤连接器件端面应装配合适的保护盖帽。

2）光纤类型应符合设计要求，并应有明显的标记。

（7）对绞电缆电气性能、机械特性、光缆传输性能及连接器件的具体技术指标和要求，应符合设计要求。经过测试与检查，性能指标不符合设计要求的设备和材料不得在工程中使用。

3. 连接器件

（1）配线模块、信息插座模块及其他连接器件的部件应完整，电气和机械性能等指标符合相应产品生产的质量标准。塑料材质应具有阻燃性能，并应满足设计要求。

（2）信号线路浪涌保护器各项指标应符合有关规定。

（3）光纤连接器件及适配器使用型式和数量、位置应与设计相符。

4. 配线设备

(1) 光、电缆配线设备的型式、规格应符合设计要求。

(2) 光、电缆配线设备的编排及标志名称应与设计相符。各类标志名称应统一，标志位置正确、清晰。

5. 机柜、机架、配线架

(1) 机柜、机架、配线架包括配线柜，挂式配线架。是综合布线系统的主要配线设备。电缆分线盒或交接箱以及各种配件（如背装架，管理线盘，空面板，标志块，防尘罩，缆线固定架，托板，支架和托架散热装置等）的型号、规格、数量、性能及质量（包括材质）均必须符合设计要求，且是有关技术标准的定型设备和器材。国外产品也应按标准进行检测和鉴定，未经国家或有关部门的产品质量监督检验机构鉴定合格的设备和主要器材，不得在工程中使用。不符合规定的，未经设计单位同意，不应采用其他产品代用。并作好记录。

(2) 光、电缆交接设备的编排及标志名称应与设计相符，标志名称应统一，其位置应正确、清晰。发现有缺省，数量不符者，应作好记录。

(3) 箱体（柜架）外壳表面应平整、互相垂直、不变形、无裂损、发翘、潮、锈蚀现象。箱体（柜架）表面涂层应完整无损，无挂流、裂纹、起泡、脱落和划伤等缺陷，箱门开启、关闭或外罩装卸灵活。整体应密封防尘和防潮。

(4) 箱内的接续模块或接线端子及零部件（配件）应装配齐全（或符合设计、合同要求），牢固有效，所有配件应无漏装、松动、脱落、移位或损坏等现象发生。

(5) 配线接续设备的各项电气性能指标，包括机架外壳接地装置等，均应符合我国标准规定的要求。

6. 测试仪表和工具

(1) 应事先对工程中需要使用的仪表和工具进行测试或检查，缆线测试仪表应附有相应检测机构的证明文件。

(2) 综合布线系统的测试仪表应能测试相应类别工程的各种电气性能及传输特性，其精度符合相应要求。测试仪表的精度应按相应的鉴定规程和校准方法进行定期检查和校准，经过相应计量部门校验取得合格证后，方可在有效期内使用。

(3) 施工工具，如电缆或光缆的接续工具：剥线器、光缆切断器、光纤熔接机、光纤磨光机、卡接工具等必须进行检查，合格后方可在工程中使用。

7.3.2 系统检测

(1) 综合布线系统检测应包括电缆系统和光缆系统的性能测试，且电缆系统测试项目应根据布线信道或链路的设计等级和布线系统的类别要求确定。

(2) 综合布线系统检测单项合格判定应符合下列规定：

1) 一个及以上被测项目的技术参数测试结果不合格的，该项目应判为不合格；某一被测项目的检测结果与相应规定的差值在仪表准确度范围内的，该被测项目应判为合格。

2) 采用4对对绞电缆作为水平电缆或主干电缆，所组成的链路或信道有一项及以上指标测试结果不合格的，该链路或信道应判为不合格。

3) 主干布线大对数电缆中按4对对绞线对组成的链路一项及以上测试指标不合格的，

该线对应判为不合格。

4）光纤链路或信道测试结果不满足设计要求的，该光纤链路或信道应判为不合格。

5）未通过检测的链路或信道应在修复后复检。

（3）综合布线系统检测的综合合格判定应符合下列规定：

1）对绞电缆布线全部检测时，无法修复的链路、信道或不合格线对数量有一项及以上超过被测总数的1%的，结论应判为不合格；光缆布线检测时，有一条及以上光纤链路或信道无法修复的，应判为不合格。

2）对于抽样检测，被抽样检测点（线对）不合格比例不大于被测总数1%的，抽样检测应判为合格，且不合格点（线对）应予以修复并复检；被抽样检测点（线对）不合格比例大于1%的，应判为一次抽样检测不合格，并应进行加倍抽样，加倍抽样不合格比例不大于1%的，抽样检测应判为合格；不合格比例仍大于1%的，抽样检测应判为不合格，且应进行全部检测，并按全部检测要求进行判定。

3）全部检测或抽样检测结论为合格的，系统检测的结论应为合格；全部检测结论为不合格的，系统检测的结论应为不合格。

（4）对绞电缆链路或信道和光纤链路或信道的检测应符合下列规定：

1）自检记录应包括全部链路或信道的检测结果。

2）自检记录中各单项指标全部合格时，应判为检测合格。

3）自检记录中各单项指标中有一项及以上不合格时，应抽检，且抽样比例不应低于10%，抽样点应包括最远布线点；抽检结果的判定应符合上述（4）的规定。

（5）综合布线的标签和标识应按10%抽检，综合布线管理软件功能应全部检测。检测结果符合设计要求的，应判为检测合格。

（6）电子配线架应检测管理软件中显示的链路连接关系与链路的物理连接的一致性，并应按10%抽检。检测结果全部一致的，应判为检测合格。

7.4 通信网络系统监理要点

7.4.1 材料（设备）质量控制

1. 用户电话交换系统、会议系统

（1）主要设备：如数字和程控交换机，数字数据接点机（DDN），宽带接入设备（DSLAM，LAN，Switch等）、数字传输设备、电源设备等必须全部到齐，其他设备和材料数量应满足连续施工的要求，工程施工中严禁使用未经鉴定合格的器材，关键设备应有强制性产品认证证书和标志或入网许可证等文件资料。

（2）施工前，应对工程所有的器材设备的规格、程式、数量、质量进行检查，无出厂检验证明材料或设计不符的器材不得在工程中使用。

（3）型材、管材和铁件的检验要求应符合有关施工验收规范要求。

1）各种型材的材质、规格均应符合设计文件的规定，表面应光滑、平整，不得变形、断裂。

2）管材采用钢管、硬聚氯乙烯管、玻璃钢管时，其管身应光滑无伤痕，管孔无变形，孔径、壁厚应符合设计要求。

3）管道采用水泥管块时，应符合现行国家标准《通信管道工程施工及验收规范》（GB 50374—2006）的相关规定。

4）各种铁件的材质、规格均应符合质量标准，不得有歪斜、扭曲、飞刺、断裂或破损。

5）铁件的表面处理和镀层应均匀完整，表面光洁、无脱落、气泡等缺陷。

（4）缆线的检验要求：

1）工程中使用的对绞电缆和光缆规格、程式、形式应符合设计的规定和合同要求。

2）电缆所附的标志、标签内容应齐全（电缆型号、生产厂名、制造日期和电缆盘长）且应附有出厂检验合格证。如用户在合同中有要求，应附有本批量电缆的电气性能检验报告。

3）电缆的电气性能应从本批量电缆的任意盘中抽样测试。

4）线料和电缆的塑料外皮应无老化变质现象，并应进行通、断和绝缘检查。

5）局内电缆、接线端子板等主要器材的电气应抽样测试。当时对湿度在75%以下，用250V兆欧表测试时，电缆芯线绝缘电阻应不小于200MΩ，接线端子板相邻端子的绝缘电阻应不低于500MΩ。

6）剥开电缆头，有A、B端要求的要识别端别，在缆线外端应标出类别和序号。

7）光缆开盘后应先检查光缆外表面有无损伤，光缆端封装是否良好。根据光缆出厂产品质量检验合格证和测试记录，审核光纤的几何、光学和传输特性及机械物理性能是否符合设计要求。

8）综合布线系统工程在使用ϕ62.5/125μm或50/125μm模渐变折射率光纤光缆和单模光纤光缆时，应现场检验测试光纤衰减常数和光纤长度。

①衰减测试，宜用光时域反射仪（OTDR）进行测试，测试结果如超出标准或与出厂测试数值相差太大，应用光功率计测试，并加以比较，断定是否测试误差还是光纤本身衰减过大。

②长度测试：要求对每根光纤进行测试，测试结果应与实际长度一致，如在同一盘光缆中光纤长度差异较大，则应从另一端进行测试，或做通光检查以断定是否有断纤存在。

9）光纤调度软纤（光跳线）检验应符合下列规定：

①光纤调度软纤应具有经过防火处理的光纤保护包皮，两端的活性连接器（活接头）端面应配有合适的保护盖帽。

② 每根光纤调度软纤中光纤的类型应有明显的标记，选用应符合设计要求。

（5）光纤插座的连接器使用型号数量和位置应与设计相符。

（6）光纤插座面板应有发射（TX）和接受（RX）的明显标志。

（7）通信电缆设备验收检查应符合有关标准及厂商质保资料的要求。

2. 有线电视及卫星电视接收系统

（1）产品性能应符合相应的国家标准或行业标准的规定，并经国家规定的质检单位测试认定合格，产品的生产厂必须持有生产许可证。还须按施工材料表对系统进行清点、分类。

（2）产品附有铭牌（或商标），检验合格证和产品使用说明书、各种部件的规格、型号、数量应符合设计要求。产品外观应无变形、破损和明显脱漆现象。

（3）国外产品应符合中国广播电视制式和频率配置。

（4）在同一项目中，选用的主要部件和材料，具有性能和外观的一致性。

（5）选用的设备和部件的输入、输出标称阻抗，电缆的标称特性阻抗均为75Ω。

（6）有源部件均应通电检查。

3. 公共广播系统

（1）扬声器箱的各项技术参数应符合设计要求。

（2）调音台的功能应满足使用功能和合同的要求，操作使用方便，工作稳定，接插件性能好，技术性能指标符合设计要求。

（3）周边器材（如均衡器、压缩限幅器、反馈抑制器、电子分频器等）使用功能，技术性能指标，符合厂的产品技术说明书。

（4）各类线缆具有出厂合格证等质保资料。

（5）以上各类器材设备均提供生产厂的生产营业执照及相关测试证明。

7.4.2 系统检测监理要点

1. 用户电话交换系统和通信接入系统

（1）电话交换系统和通信接入系统的检测阶段、检测内容、检测方法及性能指标要求应符合现行行业标准《固定电话交换设备安装工程验收规范》（YD/T 5077—2005）等国家现行标准的要求。

（2）通信系统连接公用通信网信道的传输率、信号方式、物理接口和接口协议应符合设计要求。

（3）设备、线缆标识应清晰、明确。

（4）电话交换系统安装各种业务板及业务板电缆，信号线和电源应分别引入。

（5）各设备、器件、盒、箱、线缆等的安装应符合设计要求，并应做到布局合理、排列整齐、牢固可靠、线缆连接正确、压接牢固。

（6）馈线连接头应牢固安装，接触应良好，并应采取防雨、防腐措施。

（7）用户电话交换系统、信息接入系统的检测和验收范围应根据设计要求确定。

（8）用户电话交换系统的机房接地应符合现行国家标准《通信局（站）防雷与接地工程设计规范》GB 50689的有关规定。

（9）对于抗震设防的地区，用户电话交换系统的设备安装应符合现行行业标准《电信设备安装抗震设计规范》YD 5059的有关规定。

（10）用户电话交换系统应检查电信设备入网许可证。

（11）用户电话交换系统的业务测试、信令方式测试、系统互通测试、网络管理及计费功能测试等检测结果，应满足系统的设计要求。

（12）机房的净高、地面防静电、电源、照明、温湿度、防尘、防水、消防和接地等应符合通信工程设计要求。

（13）预留孔洞位置、尺寸和承重荷载应符合通信工程设计要求。

2. 有线电视及卫星电视接收系统

（1）天线系统的接地与避雷系统的接地应分开，设备接地与防雷系统接地应分开。

（2）卫星天线馈电端、阻抗匹配器、天线避雷器、高频连接器和放大器应连接牢固，并应采取防雨、防腐措施。

（3）卫星接收天线应在避雷针保护范围内，天线底座接地电阻应小于 4Ω。

（4）卫星接收天线应安装牢固。

（5）有线电视系统各设备、器件、盒、箱、电缆等的安装应符合设计要求，应做到布局合理，排列整齐，牢固可靠，线缆连接正确，压接牢固。

（6）放大器箱体内门板内侧应贴箱内设备的接线图，并应标明电缆的走向及信号输入、输出电平。

（7）暗装的用户盒面板应紧贴墙面，四周应无缝隙，安装应端正、牢固。

（8）分支分配器与同轴电缆应连接可靠。

3. 公共广播系统

（1）当紧急广播系统具有火灾应急广播功能时，应检查传输线缆、槽盒和导管的防火保护措施。

（2）公共广播系统检测时，应打开广播分区的全部广播扬声器，测量点宜均匀布置，且不应在广播扬声器附近和其声辐射轴线上。

（3）公共广播系统检测时，应检测公共广播系统的应备声压级，检测结果符合设计要求的应判定为合格。

（4）扬声器、控制器、插座板等设备安装应牢固可靠，导线连接应排列整齐，线号应正确清晰。

（5）系统的输入、输出不平衡度，音频线的敷设，接地形式及安装质量均应符合设计要求。

（6）放声系统应分布合理，应符合设计要求。

（7）最高输出电平、输出信噪比、声压级和频宽的技术指标应符合设计要求。

（8）当广播系统具有紧急广播功能时，其紧急广播应由消防分机控制，并应具有最高优先权；在火灾和突发事故发生时，应能强制切换为紧急广播并以最大音量播出。系统应能在手动或警报信号触发的 10s 内，向相关广播区播放警示信号（含警笛）、警报语声文件或实时指挥语声。以现场环境噪声为基准，紧急广播的信噪比不应小于 15dB。

（9）广播系统应按设计要求分区控制，分区的划分应与消防分区的划分一致。

（10）同一室内的吸顶扬声器应排列均匀。扬声器箱、控制器、插座等标高应一致、平整牢固；扬声器周围不应有破口现象，装饰罩不应有损伤、且应平整。

（11）各设备导线连接应正确、可靠、牢固；箱内电缆（线）应排列整齐，线路编号应正确清晰。线路较多时应绑扎成束，并应在箱（盒）内留有适当空间。

（12）公共广播系统检测时，应检测紧急广播的功能和性能，检测结果符合设计要求的应判定为合格。当紧急广播包括火灾应急广播功能时，还应检测下列内容：

1）紧急广播具有最高级别的优先权。

2）警报信号触发后，紧急广播向相关广播区播放警示信号、警报语声文件或实时指挥语声的响应时间。

3）音量自动调节功能。

4）手动发布紧急广播的一键到位功能。

5）设备的热备用功能、定时自检和故障自动告警功能。

6）备用电源的切换时间。

7）广播分区与建筑防火分区匹配。

（13）公共广播系统检测时，应检测业务广播和背景广播的功能，符合设计要求的应判定为合格。

（14）公共广播系统检测时，应检测公共广播系统的声场不均匀度、漏出声衰减及系统设备信噪比，检测结果符合设计要求的应判定为合格。

（15）公共广播系统检测时，应检查公共广播系统的扬声器位置，分布合理、符合设计要求的应判定为合格。

7.5 信息网络系统和信息化应用系统监理要点

7.5.1 材料（设备）质量控制

1. 计算机网络系统

（1）材料、设备的品牌、型号、规格、产地和数量应与设计（或合同）相符。

1）包装和密封良好，技术文件附件及随机资料应齐全、完好，并有装箱清单。

2）做好外观检查，外壳、漆层应无损伤或变形。

3）内部插件等固紧螺钉不应有松动现象。

（2）进行必要的环境检查，例如：设备的供电、接地、温度、湿度、洁净度、安全、电磁环境、综合布线等，应符合设计要求，产品技术文件规定和安全技术标准。

（3）软件版本应符合设计要求，并提供完备齐全的文档（包括软件资料、程序结构说明、安装调试说明、使用和维护说明书等）。

（4）进口产品除以上规定外，还应提供原产地证明和商检证明。配套提供的质量合格证明、检测报告及安装、使用、维护说明书等文件资料应为中文文本。

2. 网络安全系统

（1）定购硬件和软件产品时，应遵循一定的指导方针，（如非盗版软件）确保安全。

（2）任何网络内产品的采购必须经过审批。

（3）对于所有的新系统和软件必须经过投资效益分析和风险分析。

（4）网络安全系统的产品均应符合设计（或合同）要求的产品说明书、合格证或验证书。

（5）防火墙和防病毒软件等产品必须通过公安部计算机信息系统安全产品质量监督检验中心检验，并具有公安部公共信息安全监察局颁发的“计算机信息系统安全专用产品销售许可证”；特殊行业有其他规定时，还应遵守行业的相关规定。

3. 信息化应用系统

（1）服务器/客户机及外围设备等信息平台的设备（包括软、硬件）的品牌、型号、规格、产地和数量应符合设计（或合同）要求。

1）做好外观检查，外壳、漆层应无损伤或变形。

2）内部插接件等固紧螺钉不应有松动现象。

3）附件及随机资料及技术资料应齐全、完好。

4）包装和密封良好，并有装箱清单。

5）操作系统的型号、版本、介质及随机资料符合设计（或合同）要求。

（2）进行必要的环境检查

设备的供电、接地、温度、湿度、洁净度、安全、电磁环境、综合布线等应符合设计要求及产品技术文件规定和安全技术标准。

（3）已经产品化的应用软件及按合同（或设计）需求定制的应用软件，应按照软件工程规范的要求进行验收。应提供完备齐全文档，包括软件资料，程序结构说明，安装调试说明，使用和维护说明书等。

（4）服务器、工作站等的规格型号、数量、性能参数应符合系统功能和系统性能文件要求。

（5）操作系统、数据库、防病毒软件等基础软件的数量、版本和性能参数应符合系统功能和系统性能文件要求。

7.5.2 系统检测监理要点

1. 计算机网络系统检测

（1）计算机网络系统的检测可包括连通性、传输时延、丢包率、路由、容错功能、网络管理功能和无线局域网功能检测等。采用融合承载通信架构的智能化设备网，还应进行组播功能检测和 QoS 功能检测。

（2）计算机网络系统的检测方法应根据设计要求选择，可采用输入测试命令进行测试或使用相应的网络测试仪器。

（3）计算机网络系统的连通性检测应符合下列规定：

1）网管工作站和网络设备之间的通信应符合设计要求，并且各用户终端应根据安全访问规则只能访问特定的网络与特定的服务器。

2）同一 VLAN 内的计算机之间应能交换数据包，不在同一 VLAN 内的计算机之间不应交换数据包。

3）应按接入层设备总数的 10%进行抽样测试，且抽样数不应少于 10 台；接入层设备少于 10 台的，应全部测试。

4）抽检结果全部符合设计要求的，应为检测合格。

（4）计算机网络系统的传输时延和丢包率的检测应符合下列规定：

1）应检测从发送端口到目的端口的最大延时和丢包率等数值。

2）对于核心层的骨干链路、汇聚层到核心层的上联链路，应进行全部检测；对接入层到汇聚层的上联链路，应按不低于 10%的比例进行抽样测试，且抽样数不应少于 10 条；上联链路数不足 10 条的，应全部检测。

3）抽检结果全部符合设计要求的，应为检测合格。

（5）计算机网络系统的路由检测应包括路由设置的正确性和路由的可达性，并应根据核心设备路由表采用路由测试工具或软件进行测试。检测结果符合设计要求的，应为检测合格。

(6) 计算机网络系统的组播功能检测应采用模拟软件生成组播流。组播流的发送和接收检测结果符合设计要求的，应为检测合格。

(7) 计算机网络系统的 QoS 功能应检测队列调度机制。能够区分业务流并保障关键业务数据优先发送的，应为检测合格。

(8) 计算机网络系统的容错功能应采用人为设置网络故障的方法进行检测，并应符合下列规定：

1) 对具备容错能力的计算机网络系统，应具有错误恢复和故障隔离功能，并在出现故障时自动切换。

2) 对有链路冗余配置的计算机网络系统，当其中的某条链路断开或有故障发生时，整个系统仍应保持正常工作，并在故障恢复后应能自动切换回主系统运行。

3) 容错功能应全部检测，且全部结果符合设计要求的应为检测合格。

(9) 无线局域网的功能检测除应符合上述 (3) ～ (8) 的规定外，尚应符合规范的规定。

(10) 计算机网络系统的网络管理功能应在网管工作站检测，并应符合下列规定：

1) 应搜索整个计算机网络系统的拓扑结构图和网络设备连接图。

2) 应检测自诊断功能。

3) 应检测对网络设备进行远程配置的功能，当具备远程配置功能时，应检测网络性能参数含网络节点的流量、广播率和错误率等。

4) 检测结果符合设计要求的，应为检测合格。

2. 网络安全系统检测

(1) 网络安全系统检测宜包括结构安全、访问控制、安全审计、边界完整性检查、入侵防范、恶意代码防范和网络设备防护等安全保护能力的检测。检测方法应依据设计确定的信息系统安全防护等级进行制定，检测内容应按现行国家标准《信息安全技术信息系统安全等级保护基本要求》GB/T 22239 执行。

(2) 业务办公网及智能化设备网与互联网连接时，应检测安全保护技术措施。检测结果符合设计要求的，应为检测合格。

(3) 业务办公网及智能化设备网与互联网连接时，网络安全系统应检测安全审计功能，并应具有至少保存 60d 记录备份的功能。检测结果符合设计要求的，应为检测合格。

(4) 对于要求物理隔离的网络，应进行物理隔离检测，且检测结果符合下列规定的应为检测合格：

1) 物理实体上应完全分开。

2) 不应存在共享的物理设备。

3) 不应有任何链路上的连接。

(5) 无线接入认证的控制策略应符合设计要求，并应按设计要求的认证方式进行检测，且应抽取网络覆盖区域内不同地点进行 20 次认证。认证失败次数不超过 1 次的，应为检测合格。

(6) 当对网络设备进行远程管理时，应检测防窃听措施。检测结果符合设计要求的，应为检测合格。

3. 信息化应用系统

(1) 信息化应用系统可包括专业业务系统、信息设施运行管理系统、物业管理系统、通用业务系统、公众信息系统、智能卡应用系统和信息安全管理系统等，检测和验收的范围应根据设计要求确定。

(2) 信息化应用系统按构成要素分为设备和软件，系统检测应先检查设备，后检测应用软件。

(3) 应用软件测试应按软件需求规格说明编制测试大纲，并确定测试内容和测试用例，且宜采用黑盒法进行。

(4) 信息化应用系统检测时，应检查设备的性能指标，结果符合设计要求的应判定为合格。对于智能卡设备还应检测下列内容：

1) 智能卡与读写设备间的有效作用距离。

2) 智能卡与读写设备间的通信传输速率和读写验证处理时间。

3) 智能卡序号的唯一性。

(5) 信息化应用系统检测时，应测试业务功能和业务流程，结果符合软件需求规格说明的应判定为合格。

(6) 信息化应用系统检测时，应用软件的重要功能和性能测试应包括下列内容，结果符合软件需求规格说明的应判定为合格：

1) 重要数据删除的警告和确认提示。

2) 输入非法值的处理。

3) 密钥存储方式。

4) 对用户操作进行记录并保存的功能。

5) 各种权限用户的分配。

6) 数据备份和恢复功能。

7) 响应时间。

(7) 应用软件修改后，应进行回归测试，修改后的应用软件能满足软件需求规格说明的应判定为合格。

(8) 应用软件的一般功能和性能测试应包括用户界面采用的语言、提示信息、可扩展性，结果符合软件需求规格说明的应判定为合格。

(9) 信息化应用系统检测时，应检查运行软件产品的设备中安装的软件，没有安装与业务应用无关的软件的应判定为合格。

(10) 信息化应用系统验收文件还应包括应用软件的软件需求规格说明、安装手册、操作手册、维护手册和测试报告。

7.6 会议系统、信息导引及发布系统监理要点

7.6.1 材料（设备）质量检查

参见本书 7.4 中相关内容。

7.6.2 系统检测

1. 会议系统检测

（1）会议系统检测时，应根据系统规模和实际所选用功能和系统，以及会议室的重要性和设备复杂性确定检测内容和验收项目。

（2）会议系统检测前，宜检查会议系统引入电源和会场建声的检测记录。

（3）会议系统检测应符合下列规定：

1）功能检测应采用现场模拟的方法，根据设计要求逐项检测。

2）性能检测可采用客观测量或主观评价方法进行。

（4）会议扩声系统的检测应符合下列规定：

1）声学特性指标可检测语言传输指数，或直接检测下列内容：

① 最大声压级；②传输频率特性；③传声增益；④声场不均匀度；⑤系统总噪声级。

2）声学特性指标的测量方法应符合现行国家标准《厅堂扩声特性测量方法》GB/T 4959 的规定，检测结果符合设计要求的应判定为合格。

（5）会议视频显示系统的检测应符合下列规定：

1）显示特性指标的检测应包括下列内容：

① 显示屏亮度；②图像对比度；③亮度均匀性；④图像水平清晰度；⑤色域覆盖率；⑥水平视角、垂直视角。

2）显示特性指标的测量方法应符合现行国家标准《视频显示系统工程测量规范》GB/T 50525 的规定。检测结果符合设计要求的应判定为合格。

（6）具有会议电视功能的会议灯光系统，应检测平均照度值。检测结果符合设计要求的应判定为合格。

（7）会议讨论系统和会议同声传译系统应检测与火灾自动报警系统的联动功能。检测结果符合设计要求的应判定为合格。

（8）会议电视系统的检测应符合下列规定：

1）应对主会场和分会场功能分别进行检测。

2）性能评价的检测宜包括声音延时、声像同步、会议电视回声、图像清晰度和图像连续性。

3）会议灯光系统的检测宜包括照度、色温和显色指数。

4）检测结果符合设计要求的应判定为合格。

（9）其他系统的检测应符合下列规定：

1）会议同声传译系统的检测应按现行国家标准《红外线同声传译系统工程技术规范》GB 50524 的规定执行。

2）会议签到管理系统应测试签到的准确性和报表功能。

3）会议表决系统应测试表决速度和准确性。

4）会议集中控制系统的检测应采用现场功能演示的方法，逐项进行功能检测。

5）会议录播系统应对现场视频、音频、计算机数字信号的处理、录制和播放功能进行检测，并检验其信号处理和录播系统的质量。

6）具备自动跟踪功能的会议摄像系统应与会议讨论系统相配合，检查摄像机的预置位调用功能。

7）检测结果符合设计要求的应判定为合格。

2. 信息导引及发布系统检测

（1）信息引导及发布系统可由信息播控设备、传输网络、信息显示屏（信息标识牌）和信息导引设施或查询终端等组成，检测和验收的范围应根据设计要求确定。

（2）信息引导及发布系统检测应以系统功能检测为主，图像质量主观评价为辅。

（3）信息引导及发布系统功能检测应符合下列规定：

1）应根据设计要求对系统功能逐项检测。

2）软件操作界面应显示准确、有效。

3）检测结果符合设计要求的应判定为合格。

（4）信息引导及发布系统检测时，应检测显示性能，且结果符合设计要求的应判定为合格。

（5）信息引导及发布系统检测时，应检查系统断电后再次恢复供电时的自动恢复功能，且结果符合设计要求的应判定为合格。

（6）信息引导及发布系统检测时，应检测系统终端设备的远程控制功能，且结果符合设计要求的应判定为合格。

7.7 建筑设备监控系统监理要点

7.7.1 材料（设备）质量控制

（1）材料、设备应附有产品合格证、质检报告，设备应有产品合格证、质检报告、说明书等；进口产品应提供原产地证明和商检证明、质量合格证明、检测报告及安装、使用、维护说明书的中文文本。

（2）检查线缆、设备的品牌、产地、型号、规格、数量及外观，主要技术参数及性能等均应符合设计要求，外表无损伤，填写进场检验记录，并封存相关线缆、器件样品。

（3）有源设备应通电检查，确认设备正常。

（4）电动阀的型号、材质应符合设计要求，经抽样试验阀体强度、阀芯泄漏应满足产品说明书的规定。

（5）电动阀的驱动器输入电压、输出信号和接线方式应符合设计要求和产品说明书的规定。

（6）电动阀门的驱动器行程、压力和最大关闭力应符合设计要求和产品说明书的规定，必要时宜由第三方检测机构进行检测。

（7）温度、压力、流量、电量等计量器具（仪表）应按相关规定进行校验，必要时宜由第三方检测机构进行检测。

（8）其他要点参见上述“产品质量检查”的相关规定。

7.7.2 系统检测监理要点

(1) 建筑设备监控系统检测应以系统功能测试为主，系统性能评测为辅。

(2) 建筑设备监控系统检测应采用中央管理工作站显示与现场实际情况对比的方法进行。

(3) 暖通空调监控系统的功能检测应符合下列规定：

1) 检测内容应按设计要求确定。

2) 冷热源的监测参数应全部检测；空调、新风机组的监测参数应按总数的 20%抽检，且不应少于 5 台，不足 5 台时应全部检测；各种类型传感器、执行器应按 10%抽检，且不应少于 5 只，不足 5 只时应全部检测。

3) 抽检结果全部符合设计要求的应判定为合格。

(4) 变配电监测系统的功能检测应符合下列规定：

1) 检测内容应按设计要求确定。

2) 对高低压配电柜的运行状态、变压器的温度、储油罐的液位、各种备用电源的工作状态和联锁控制功能等应全部检测；各种电气参数检测数量应按每类参数抽 20%，且数量不应少于 20 点，数量少于 20 点时应全部检测。

3) 抽检结果全部符合设计要求的应判定为合格。

(5) 公共照明监控系统的功能检测应符合下列规定：

1) 检测内容应按设计要求确定。

2) 应按照明回路总数的 10%抽检，数量不应少于 10 路，总数少于 10 路时应全部检测。

3) 抽检结果全部符合设计要求的应判定为合格。

(6) 给排水监控系统的功能检测应符合下列规定：

1) 检测内容应按设计要求确定。

2) 给水和中水监控系统应全部检测；排水监控系统应抽检 50%，且不得少于 5 套，总数少于 5 套时应全部检测。

3) 抽检结果全部符合设计要求的应判定为合格。

(7) 电梯和自动扶梯监测系统应检测启停、上下行、位置、故障等运行状态显示功能。检测结果符合设计要求的应判定为合格。

(8) 能耗监测系统应检测能耗数据的显示、记录、统计、汇总及趋势分析等功能。检测结果符合设计要求的应判定为合格。

(9) 中央管理工作站与操作分站的检测应符合下列规定：

1) 中央管理工作站的功能检测应包括下列内容：

① 运行状态和测量数据的显示功能；②故障报警信息的报告应及时准确，有提示信号；③系统运行参数的设定及修改功能；④控制命令应无冲突执行；⑤系统运行数据的记录、存储和处理功能；⑥操作权限；⑦人机界面应为中文。

2) 操作分站的功能应检测监控管理权限及数据显示与中央管理工作站的一致性。

3) 中央管理工作站功能应全部检测，操作分站应抽检 20%，且不得少于 5 个，不足 5 个时应全部检测。

4）检测结果符合设计要求的应判定为合格。

（10）建筑设备监控系统实时性的检测应符合下列规定：

1）检测内容应包括控制命令响应时间和报警信号响应时间。

2）应抽检10%且不得少于10台，少于10台时应全部检测。

3）抽测结果全部符合设计要求的应判定为合格。

（11）建筑设备监控系统可靠性的检测应符合下列规定：

1）检测内容应包括系统运行的抗干扰性能和电源切换时系统运行的稳定性。

2）应通过系统正常运行时，启停现场设备或投切备用电源，观察系统的工作情况进行检测。

3）检测结果符合设计要求的应判定为合格。

（12）建筑设备监控系统可维护性的检测应符合下列规定：

1）检测内容应包括：

① 应用软件的在线编程和参数修改功能；②设备和网络通信故障的自检测功能。

2）应通过现场模拟修改参数和设置故障的方法检测。

3）检测结果符合设计要求的应判定为合格。

（13）建筑设备监控系统性能评测项目的检测应符合下列规定：

1）检测宜包括下列内容：

① 控制网络和数据库的标准化、开放性；②系统的冗余配置；③系统可扩展性；④节能措施。

2）检测方法应根据设备配置和运行情况确定。

3）检测结果符合设计要求的应判定为合格。

7.8 火灾自动报警系统监理要点

火灾自动报警系统工程实施的质量控制、系统检测和工程验收应符合现行国家标准《火灾自动报警系统施工及验收规范》GB 50166的规定。

7.8.1 材料（设备）质量控制

1. 火灾自动报警系统设备及配件

（1）设备、材料及配件进入施工现场应有清单、使用说明书、质量合格证明文件、国家法定质检机构的检验报告等文件。火灾自动报警系统中的强制认证（认可）产品还应有认证（认可）证书和认证（认可）标识。

（2）火灾自动报警系统的主要设备应是通过国家认证（认可）的产品。产品名称、型号、规格应与检验报告一致。

（3）火灾自动报警系统中非国家强制认证（认可）的产品名称、型号、规格应与检验报告一致。

（4）火灾自动报警系统设备及配件表面应无明显划痕、毛刺等机械损伤，紧固部位应无松动。

（5）火灾自动报警系统设备及配件的规格、型号应符合设计要求。

（6）火灾自动报警系统提供的接口功能应符合设计要求。

2. 探测器类设备

（1）把好采购关，对供方的质量体系进行评定，以确定供方产品的质量保证能力，宜选定国家认定或注册的供方。

（2）火灾探测器（包括感烟式，感温式，感光式，可燃气体探测式和复合式等）接口模块和线缆等材料设备的型号、规格、材质应符合设计和国家现行技术标准的规定，并有出厂合格证。

（3）进入现场的设备材料还应仔细、逐一验收，并作必要的检查，做好"两个核对"，即与订货合同相核对，与设计图纸相核对，做到正确无误。产品应具有详细的型号和技术参数及相关的测试报告，防止器件重复订货。对设备器材外包装应完好无损。

（4）把好设备、材料入库关，检验关，做到不合格品不得投入使用，并对不合格品挂牌，单独存放，退回供方或维修后降级使用。

（5）配电线路采用的缆线、电管、桥架等器材应达到耐火耐热的设计标准。

1）耐火耐热配线：按典型火灾温升曲线对线路进行试验，从受火作用起，到火灾温升曲线达840℃时，在30min内仍能有效供电。

2）耐热配线：受火作用起，到火灾温升曲线达到380℃时，在15min内仍能有效供电。

3. 控制器类设备

（1）把好采购关，对供方质量体系进行评定，以确定供方产品的质量保证能力，宜选定国家认定或注册的供方。

（2）控制器的型号，技术性能应符合设计要求和规范标准的规定，并有检验报告和出厂合格证书及技术说明书。消防主机应具有汉化图形显示及中文屏幕菜单等功能，并进行操作试验。

（3）备有电源如镍镉电池、免维护碱性蓄电池、铅酸蓄电池等，应有质保资料或合格证及技术说明书。

（4）对进口设备，进行开箱全面检查。一切随机的原始资料，自制设备的设计计算资料、图纸、测试记录、验收鉴定结论等应全部清点，整理归档。还应提供原产地证明和商检证明。配套提供的质量合格证明、检测报告及安装、使用、维护说明书等文件资料应为中文文体（或附中文译文）。

7.8.2　系统检测监理要点

（1）对系统中下列装置的安装位置、施工质量和功能等进行验收。

1）火灾报警系统装置（包括各种火灾探测器、手动火灾报警按钮、火灾报警控制器和区域显示器等）。

2）消防联动控制系统（含消防联动控制器、气体灭火控制器、消防电气控制装置、消防设备应急电源、消防应急广播设备、消防电话、传输设备、消防控制中心图形显示装置、模块、消防电动装置、消火栓按钮等设备）。

3）自动灭火系统控制装置（包括自动喷水、气体、干粉、泡沫等固定灭火系统的控制装置）。

4）消火栓系统的控制装置。

5）通风空调、防烟排烟及电动防火阀等控制装置。

6）电动防火门控制装置、防火卷帘控制器。

7）消防电梯和非消防电梯的回降控制装置。

8）火灾警报装置。

9）火灾应急照明和疏散指示控制装置。

10）切断非消防电源的控制装置。

11）电动阀控制装置。

12）消防联网通信。

13）系统内的其他消防控制装置。

（2）按《火灾自动报警系统设计规范》GB 50116 设计的各项系统功能进行验收。

（3）各类消防用电设备主、备电源的自动转换装置，应进行 3 次转换试验，每次试验均应正常。

（4）火灾报警控制器（含可燃气体报警控制器）和消防联动控制器应按实际安装数量全部进行功能检验。消防联动控制系统中其他各种用电设备、区域显示器应按下列要求进行功能检验：

1）实际安装数量在 5 台以下者，全部检验。

2）实际安装数量在 6～10 台者，抽验 5 台。

3）实际安装数量超过 10 台者，按实际安装数量 30%～50%的比例、但不少于 5 台抽验。

4）各装置的安装位置、型号、数量、类别及安装质量应符合设计要求。

（5）火灾探测器（含可燃气体探测器）和手动火灾报警按钮，应按下列要求进行模拟火灾响应（可燃气体报警）和故障信号检验：

1）实际安装数量在 100 只以下者，抽验 20 只（每个回路都应抽验）。

2）实际安装数量超过 100 只，每个回路按实际安装数量 10%～20%的比例进行抽验，但抽验总数应不少于 20 只。

3）被检查的火灾探测器的类别、型号、适用场所、安装高度、保护半径、保护面积和探测器的间距等均应符合设计要求。

（6）室内消火栓的功能验收应在出水压力符合现行国家有关建筑设计防火规范的条件下，抽验下列控制功能：

1）在消防控制室内操作启、停泵 1～3 次。

2）消火栓处操作启泵按钮，按 5%～10%的比例抽验。

（7）自动喷水灭火系统，应在符合现行国家标准《自动喷水灭火系统设计规范》GB 50084 的条件下，抽验下列控制功能：

1）在消防控制室内操作启、停泵 1～3 次。

2）水流指示器、信号阀等按实际安装数量的 30%～50%的比例进行抽验。

3）压力、电动阀、电磁阀等按实际安装数量全开关部进行检验。

（8）气体、泡沫、干粉等灭火系统，应在符合国家现行有关系统设计规范的条件下按实际安装数量的20%～30%的比例抽验下列控制功能：

1）自动、手动启动和紧急切断试验1～3次。

2）与固定灭火设备联动控制的其他设备动作（包括关闭防火门窗、停止空调风机、关闭防火阀等）试验1～3次。

(9) 电动防火门、防火卷帘，5樘以下的应全部检验，超过5樘的应按实际安装数量的20%的比例，但不小于5樘，抽验联动控制功能。

(10) 防烟排烟风机应全部检验，通风空调和防排烟设备的阀门，应按实际安装数量的10%～20%的比例，抽验联动功能，并应符合下列要求：

1）报警联动启动、消防控制室直接启停、现场手动启动联动防烟排烟风机1～3次。

2）报警联动停、消防控制室远程停通风空调送风1～3次。

3）报警联动开启、消防控制室开启、现场手动开启防排烟阀门1～3次。

(11) 消防电梯应进行1～2次手动控制和联动控制功能检验，非消防电梯应进行1～2次联动返回首层功能检验，其控制功能、信号均应正常。

(12) 火灾应急广播设备，应按实际安装数量的10%～20%的比例进行下列功能检验。

1）对所有广播分区进行选区广播，对共用扬声器进行强行切换。

2）对扩音机和备用扩音机进行全负荷试验。

3）检查应急广播的逻辑工作和联动功能。

(13) 消防专用电话的检验，应符合下列要求：

1）消防控制室与所设的对讲电话分机进行1～3次通话试验。

2）电话插孔按实际安装数量的10%～20%的比例进行通话试验。

3）消防控制室的外线电话与另一部外线电话模拟报警电话进行1～3次通话试验。

(14) 火灾应急照明和疏散指示控制装置应进行1～3次使系统转入应急状态检验，系统中各消防应急照明灯具均应能转入应急状态。

7.9 安全技术防范系统监理要点

7.9.1 材料（设备）质量检查要求

1. 电视监控系统

(1) 矩阵切换控制器、数字矩阵、网络交换机、摄像机、控制器、报警探头、存储设备、显示设备等设备应有强制性产品认证证书和“CCC”标志，或入网许可证、合格证、检测报告等文件资料。产品名称、型号、规格应与检验报告一致。

(2) 进口设备应有国家商检部门的有关检验证明。一切随机的原始资料，自制设备的设计计算资料、图纸、测试记录、验收鉴定结论等应全部清点、整理归档。

(3) 组成电视监控系统CCTV的前端设备（如CCD摄像机、镜头、云台、防护罩、解码器，一体化摄像机等），矩阵控制器，终端设备（如多画面分割器：监视器、录像机PC数字式录像机、频报警器、电梯层面显示器等），传输缆线（同轴电视、双绞线、光纤等）等器材设备应符合设计要求。且具有开箱清单、产品技术说明书、合格证等质保资料。数量符合图纸或合同的要求。

（4）摄像机的主要性能及技术参数：如色彩、清晰度、照度、同步、电源自动增益控制（AGC），自动白平衡，电子亮度控制，逆光补偿等应符合设计要求和产品技术指标要求。

（5）镜头的焦距、自动光圈、Cs/C接口标准、光通量等选择应符合设计要求。

（6）同轴电缆，双绞线等缆线符合设计或合同要求。其性能技术指标符合相关标准。

（7）监视器、录像机（时滞录像机）、数码光盘记录、计算机硬盘录像应符合设计要求和产品技术标准。

（8）控制设备，如视频矩阵切换器，双工多画面视频处理器，多画面分割器，视频分配器等应符合设计或合同要求，符合产品技术要求。

（9）设备产品的企业应提供“生产登记批准书”的批准文件或“安全认证”的有关文件。

2. 入侵报警系统

（1）各类报警器（开关、震动、超声波、次声、主动与被动红外、微波、激光、视频运动、多种技术复合等报警器），报警控制器及传输缆线，必须具备产品的技术说明书，质保资料包括合格证。并应符合设计要求和相关行业标准。数量符合图纸或合同的要求。设备进入现场，应具有开箱清单，产地证明等随机资料。

（2）微波入侵探测器，被动/主动红外入侵探测器和防盗报警器等产品在包装或说明书上标明生产许可证标记和编号及批准日期。并提供相应的产品检验报告。

3. 巡更系统

（1）组成巡更系统的计算机、网络收发器（或传送单元）、前端控制器（或手持读取器）、巡更点（或编码片）等设备及传输线缆，应符合设计要求。必须具备产品技术说明书，产品合格证等质保资料。数量和备件应符合图纸或合同要求。

（2）产品外观应完整，无损伤和任何变形。

（3）有源设备到场后应通电检查各项功能，且应符合产品技术标准要求和设计要求。

4. 出入口控制（门禁）系统

（1）构成出入口控制（门禁）系统的中央管理机，控制器，读卡器（门磁开关，电子门锁等），执行机构等器材设备必须具备产品技术说明书，产品合格证等质保资料，还应符合设计要求和相关行业标准。数量符合图纸或合同的要求。设备进入现场，应有开箱清单，产地证明等随机资料。

（2）产品外观应完整，无损伤和任何变形。

（3）有源设备到场后应通电检查各项功能，且符合设计及产品技术要求。

5. 停车管理系统

（1）构成停车管理系统的入口/出口控制装置（验票机、感应线圈与栅栏机）通道管理的引导系统及管理中心（收费机、中央管理主机）和通信管理（内部电话主机等）设备，传输线缆，应符合设计要求，产品应有技术说明书，产品合格证等质保资料。数量应符合图纸或合同要求。

（2）产品外观应完整，无损伤和任何变形。

（3）有源设备到场后应通电检查各项功能，且符合设计和产品技术标准要求。

7.9.2 系统检测监理要点

（1）安全技术防范系统工程实施的质量控制除应符合本书7.1.2的规定外，对于列入国家强制性认证产品目录的安全防范产品尚应检查产品的认证证书或检测报告。

（2）安全技术防范系统检测应符合下列规定：

1）子系统功能应按设计要求逐项检测。

2）摄像机、探测器、出入口识读设备、电子巡查信息识读器等设备抽检的数量不应低于20%，且不应少于3台，数量少于3台时应全部检测。

3）抽检结果全部符合设计要求的，应判定子系统检测合格。

4）全部子系统功能检测均合格的，系统检测应判定为合格。

（3）安全防范综合管理系统的功能检测应包括下列内容：

1）布防/撤防功能。

2）监控图像、报警信息以及其他信息记录的质量和保存时间。

3）安全技术防范系统中的各子系统之间的联动。

4）与火灾自动报警系统和应急响应系统的联动、报警信号的输出接口。

5）安全技术防范系统中的各子系统对监控中心控制命令的响应准确性和实时性。

6）监控中心对安全技术防范系统中的各子系统工作状态的显示、报警信息的准确性和实时性。

（4）视频安防监控系统的检测应符合下列规定：

1）应检测系统控制功能、监视功能、显示功能、记录功能、回放功能、报警联动功能和图像丢失报警功能等，并应按现行国家标准《安全防范工程技术规范》GB 50348中有关视频安防监控系统检验项目、检验要求及测试方法的规定执行。

2）对于数字视频安防监控系统，还应检测下列内容：

① 具有前端存储功能的网络摄像机及编码设备进行图像信息的存储；②视频智能分析功能；③音视频存储、回放和检索功能；④报警预录和音视频同步功能；⑤图像质量的稳定性和显示延迟。

（5）入侵报警系统的检测应包括入侵报警功能、防破坏及故障报警功能、记录及显示功能、系统自检功能、系统报警响应时间、报警复核功能、报警声级、报警优先功能等，并应按现行国家标准《安全防范工程技术规范》GB 50348中有关入侵报警系统检验项目、检验要求及测试方法的规定执行。

（6）出入口控制系统的检测应包括出入目标识读装置功能、信息处理/控制设备功能、执行机构功能、报警功能和访客对讲功能等，并应按现行国家标准《安全防范工程技术规范》GB 50348中有关出入口控制系统检验项目、检验要求及测试方法的规定执行。

（7）电子巡查系统的检测应包括巡查设置功能、记录打印功能、管理功能等，并应按现行国家标准《安全防范工程技术规范》GB 50348中有关电子巡查系统检验项目、检验要求及测试方法的规定执行。

（8）停车库（场）管理系统的检测应符合下列规定：

1）应检测识别功能、控制功能、报警功能、出票验票功能。

管理功能和显示功能等，并应按现行国家标准《安全防范工程技术规范》GB 50348中有关停车库（场）管理系统检验项目、检验要求及测试方法的规定执行。

2）应检测紧急情况下的人工开闸功能。

（9）安全技术防范系统检测时，应检查监控中心管理软件中电子地图显示的设备位置，且与现场位置一致的应判定为合格。

（10）安全技术防范系统的安全性及电磁兼容性检测应符合现行国家标准《安全防范工程技术规范》GB 50348的有关规定。

7.10 机房工程监理要点

7.10.1 材料（设备）质量控制

（1）有防火性能要求的装饰装修材料还应检查防火性能证明文件和产品合格证。

（2）其他要点参见上述"产品质量检查"及本章各节相关内容。

7.10.2 机房检测验收

（1）机房工程验收时，应检测供配电系统的输出电能质量，检测结果符合设计要求的应判定为合格。

（2）机房工程验收时，应检测不间断电源的供电时延，检测结果符合设计要求的应判定为合格。

（3）机房工程验收时，应检测静电防护措施，检测结果符合设计要求的应判定为合格。

（4）弱电间检测应符合下列规定：

1）室内装饰装修应检测下列内容，检测结果符合设计要求的应判定为合格。

① 房间面积、门的宽度及高度和室内顶棚净高。

② 墙、顶和地的装修面层材料。

③ 地板铺装。

④ 降噪隔声措施。

2）线缆路由的冗余应符合设计要求。

3）供配电系统的检测应符合下列规定：

① 电气装置的型号、规格和安装方式应符合设计要求；

② 电气装置与其他系统联锁动作的顺序及响应时间应符合设计要求；

③ 电线、电缆的相序、敷设方式、标志和保护等应符合设计要求；

④ 不间断电源装置支架应安装平整、稳固，内部接线应连接正确，紧固件应齐全、可靠不松动，焊接连接不应有脱落现象。

⑤ 配电柜（屏）的金属框架及基础型钢接地应可靠。

⑥ 不同回路、不同电压等级和交流与直流的电线的敷设应符合设计要求。

⑦工作面水平照度应符合设计要求。

4）空调通风系统应检测下列内容，检测结果符合设计要求的应判定为合格。

① 室内温度和湿度；

② 室内洁净度；

③ 房间内与房间外的压差值。

5）防雷与接地的检测参见本书 7.11 中相关内容。

6）消防系统的检测参见本书 7.8 中相关内容。

（5）对于上条的弱电间以外的机房，应按现行国家标准《电子信息系统机房施工及验收规范》GB 50462 中有关供配电系统、防雷与接地系统、空气调节系统、给水排水系统、综合布线系统、监控与安全防范系统、消防系统、室内装饰装修和电磁屏蔽等系统的检验项目、检验要求及测试方法的规定执行，检测结果符合设计要求的应判定为合格。

7.11 防雷与接地监理要点

7.11.1 材料（设备）质量控制

防雷装置由接闪器、引下线和接地装置组成。弱电保护器常用的保护元件有放电管、氧化锌压敏电阻和 TVS 二极管及其常用的各类保护器（如浪涌过压保护器 SPD），接地端子板的铜质、钢质材料，螺栓材料，焊接材料，接地线等器材，应符合设计要求，器材应有出厂检验证明、合格证等质量保证资料，主要技术参数均应符合现行国家标准和国际标准（如 IEC 标准和 GB 50057 标准）中的有关规定。

7.11.2 防雷与接地监理要点

（1）建筑物等电位连接的接地网外露部分应连接可靠、规格正确、油漆完好、标志齐全明显。

（2）接地装置及接地连接点的结构和安装位置、埋设间距、深度。

（3）接地电阻的阻值。

（4）接地导体的规格、敷设方法和连接方法。

（5）等电位联结带的规格、联结方法和安装位置。

（6）屏蔽设施的安装。

（7）电涌保护器的性能参数、安装位置、安装方式和连接导线规格。

8 建筑设备安装节能工程施工监理

8.1 基 本 规 定

建筑节能工程施工质量的检查、验收，应符合现行国家标准《建筑工程施工质量验收统一标准》（GB 50300—2013）、《建筑节能工程施工质量验收规范》（GB 50411—2007）以及《建筑给水排水及采暖工程施工质量验收规范》（GB 50242—2002）、《通风与空调工程施工质量验收规范》（GB 50243—2002）、《建筑电气工程施工质量验收规范》（GB 50303—2015）、《智能建筑工程质量验收规范》（GB 50339—2013）等相关标准的规定。

8.1.1 建筑节能工程质量控制要求

（1）承担建筑节能工程的施工企业应具有相应的资质，施工现场应建立相应的质量管理体系、施工质量控制和检验制度，及具有相应的施工技术标准。

（2）建筑节能工程采用的新技术、新设备、新材料、新工艺，应按照有关规定进行评审、鉴定及备案。

（3）单位工程的施工组织设计应包括建筑节能工程的内容，建筑节能工程施工前，施工单位应编制建筑节能工程施工技术方案并经监理（建设）单位审查批准后施工，对从事建筑节能工程施工作业人员应进行技术交底和必要的实际操作培训。

（4）建筑节能工程施工方案应包括防火安全管理的内容。

（5）建筑节能工程材料和设备的验收、检验和使用等，必须符合设计要求及国家有关标准的规定。

（6）建筑节能工程应按照经审查合格的设计文件和经审批的施工方案施工。建筑节能工程施工前，应对建筑节能工程节点做法、节能效果进行深化设计。

（7）建筑节能工程的施工宜实行“样板先行”原则，样板应经业主、设计、监理等相关方的确认，并形成确认文件。

8.1.2 材料（设备）质量要求

（1）建筑节能工程使用的材料、设备等，必须符合设计要求及国家有关标准的规定。严禁使用国家明令禁止使用与淘汰的材料和设备。

（2）对材料和设备的品种、规格、包装、外观和尺寸等进行检查验收，并应经监理工程师（建设单位代表）确认，形成相应的验收记录。

（3）对材料和设备的质量证明文件进行核查，并应经监理工程师（建设单位代表）确认，纳入工程技术档案。进入施工现场用于节能工程的材料和设备均应具有出厂合格证、中文说明书及相关性能检测报告，定型产品和成套技术应有型式检验报告；进口材料和设备应按规定进行出入境商品检验。

（4）对材料和设备应按照表8-1的规定在施工现场抽样复验。复验应为见证取样送检。

建筑节能工程进场材料和设备的复验项目　　表8-1

序号	分项工程	复验项目
1	供暖节能	（1）散热器的单位散热量、金属热强度。 （2）保温材料的导热系数、密度、吸水率
2	通风与空调设备节能	（1）风机盘管机组的供冷量、供热量、风量出口静压、噪声及功率。 （2）绝热材料的导热系数、密度、吸水
3	空调与供暖系统冷、热源及管网节能	绝热材料的导热系数、密度、吸水率
4	配电与照明节能	电缆、电线截面和每芯导体电阻值

（5）建筑节能工程使用材料的燃烧性能等级和阻燃处理，应符合设计要求和现行国家标准《高层民用建筑设计防火规范》GB 50045、《建筑内部装修设计防火规范》GB 50222和《建筑设计防火规范》GB 50016等的规定。

（6）建筑节能工程使用的材料应符合国家现行有关标准对材料有害物质限量的规定，不得对室内外环境造成污染。

（7）现场配制的材料如保温浆料、聚合物砂浆等，应按设计要求或试验室给出的配合比配制。当未给出要求时，应按照施工方案和产品说明书配制。

（8）节能保温材料在施工使用时的含水率应符合设计要求、工艺要求及施工技术方案要求。当无上述要求时，节能保温材料在施工使用时的含水率不应大于正常施工环境湿度下的自然含水率，否则应采取降低含水率的措施。

8.2　供暖节能监理要点

8.2.1　材料（设备）质量控制

（1）供暖系统节能工程采用的散热设备、阀门、仪表、管材、保温材料等产品进场时，应按设计要求对其类型、材质、规格及外观等进行验收，并应经监理工程师（建设单位代表）检查认可，且应形成相应的验收记录。各种产品和设备的质量证明文件和相关技术资料应齐全，并应符合国家现行有关标准和规定。

（2）供暖系统节能工程采用的散热器和保温材料等进场时，应对其下列技术性能参数进行复验，复验应为见证取样送检：

1）散热器的单位散热量、金属热强度。

2）保温材料的导热系数、密度、吸水率。

（3）散热器应有产品合格证，进场时应对其单位散热量、金属热强度进行复验，复验应为见证取样送检。

1）铸铁散热器应无砂眼、裂缝、对口面凹凸不平，无偏口和上下口中心距不一致等现象。翼型散热器翼片完好，钢串片的翼片不得松动、卷曲、碰损。组对用的密封垫片，可用耐热胶板或石棉橡胶板，垫片厚度不大于1mm，垫片外径不应大于密封面，且不宜用两层垫片。

2）钢制、铅制合金散热器规格尺寸应正确，丝扣端正，表面光洁、油漆色泽均匀无碰撞凹陷，表面平整完好。

3）散热器的组对零件：对丝、丝堵、补心、丝扣圆翼法兰盘、弯管、短丝、三通、弯头、活接头、螺栓螺母等应符合质量要求，无偏扣、方扣、乱丝、断扣，丝扣端正，松紧适宜。石棉橡胶垫1mm厚为宜（不超过1.5mm厚），并符合使用压力要求。

4）散热器安装其他材料：圆钢、拉条垫、托钩、固定卡、膨胀螺栓、钢管、放风阀、机油、铅油、麻丝及防锈漆的选用应符合产品质量和规范要求。

（4）地板供暖所采用塑料管应符合设计要求，常用管材有交联聚乙烯塑料管（PE-X)、聚丁烯管（PB)、交联铝塑复合管（XPAP)、无规共聚聚丙烯管（PP-R)、嵌段共聚聚丙烯管（PP-B)、耐高温聚乙烯管（PE-RT)。

1）加热管的质量应符合相应标准中的各项规定与要求。表面应有连续的生产厂家、标准的标识。

2）加热管和管件的颜色、材质应一致，色泽均匀，无分解变色。分、集水器（含连接件等附件）的材质一般为黄铜。当黄铜件直接与PP-R或PP-B接触的表面必须镀镍。金属连接件的连接及过渡管件与金属连接件的连接采用专用管螺纹连接密封。

3）采用的聚苯乙烯泡沫塑料板材，其质量应符合《绝热用模塑聚苯乙烯泡沫塑料》GB/T 10801.1的规定。

8.2.2 系统施工监理要点

1. 供暖系统的安装

（1）供暖系统的制式应符合设计要求。

（2）散热设备、阀门、过滤器、温度计及仪表应按设计要求安装齐全，不得随意增减和更换。

（3）室内温度调控装置、热计量装置、水力平衡装置以及热力入口装置的安装位置和方向应符合设计要求，并便于观察、操作和调试。

（4）温度调控装置和热计量装置安装后，供暖系统应能实现设计要求的分室（区）温度调控、分栋热计量和分户或分室（区）热量分摊的功能。

2. 散热器及其附件安装

（1）每组散热器的规格、数量及安装方式应符合设计要求。

（2）散热器外表面应刷非金属性涂料。

（3）恒温阀的规格、数量应符合设计要求。

（4）明装散热器恒温阀不应安装在狭小和封闭空间，其恒温阀阀头应水平安装，且不应被散热器、窗帘或其他障碍物遮挡。

（5）暗装散热器的恒温阀应采用外置式温度传感器，并应安装在空气流通且能正确反映房间温度的位置上。

3. 低温热水地面辐射供暖系统的安装

低温热水地面辐射供暖系统的安装除了应符合上述1中的相关内容外，尚应符合下列规定：

（1）防潮层和绝热层的做法及绝热层的厚度应符合设计要求。

（2）室内温控装置的传感器应安装在避开阳光直射和有发热设备且距地1.4m处的内墙面上。

4. 供暖系统热力入口装置的安装

（1）热力入口装置中各种部件的规格、数量，应符合设计要求。

（2）热计量装置、过滤器、压力表、温度计的安装位置、方向应正确，并便于观察、维护。

（3）水力平衡装置及各类阀门的安装位置、方向应正确，并便于操作和调试。安装完毕后，应根据系统水力平衡要求进行调试并做出标志。

5. 供暖管道保温层和防潮层的施工

（1）保温层应采用不燃或难燃材料，其材质、规格及厚度等应符合设计要求。

（2）保温管壳的粘贴应牢固、铺设应平整，硬质或半硬质的保温管壳每节至少应用防腐金属丝或难腐织带或专用胶带进行捆扎或粘贴2道，其间距为300～350mm，且捆扎、粘贴应紧密，无滑动、松弛及断裂现象。

（3）硬质或半硬质保温管壳的拼接缝隙不应大于5mm，并用粘结材料勾缝填满；纵缝应错开，外层的水平接缝应设在侧下方。

（4）松散或软质保温材料应按规定的密度压缩其体积，疏密应均匀；毡类材料在管道上包扎时，搭接处不应有空隙。

（5）防潮层应紧密粘贴在保温层上，封闭良好，不得有虚粘、气泡、褶皱、裂缝等缺陷。

（6）防潮层的立管应由管道的低端向高端敷设，环向搭接缝应朝向低端；纵向搭接缝应位于管道的侧面，并顺水。

（7）卷材防潮层采用螺旋形缠绕的方式施工时，卷材的搭接宽度宜为30～50mm。

（8）阀门及法兰部位的保温层结构应严密，且能单独拆卸并不得影响其操作功能。

8.2.3 施工试验与检测监理要点

1. 水压试验

（1）散热器进场后，应做水压试验。如设计无要求时，试验压力应为工作压力的1.5倍，但不得小于0.6MPa。试验时间为2～3min，压力不降且不渗不漏为合格。

（2）辐射板安装前必须作水压试验，如设计无要求时，试验压力为工作压力的1.5倍，但不得小于0.6MPa。在试验压力下保持2～3min压力不降且不渗不漏。

2. 冲洗、试压

（1）辐射板在安装完毕应参与系统试压、冲洗。冲洗时应采取防止系统管道内杂质进入辐射板排管内的保护措施。

（2）水压试验之前，应对试压管道和构件采取安全有效的固定和保护措施。

（3）在有冻结可能的情况下试压时，应采取防冻措施，试压完成后应及时将管内水排净。

（4）水压试验应在系统冲洗之后进行。冲洗应在分水器、集水器以外主供、回水管道冲洗合格后，再进行室内供暖系统的冲洗。

（5）水压试验应分别在浇捣混凝土填充层前和填充层养护期满后进行两次；水压试验应每组分水器、集水器为单位，逐回路进行。试验压力应为工作压力的1.5倍，但不小于0.6MPa。在试验压力下，稳压比，其压力降不应大于0.05MPa。

3. 灌水前的检查

（1）检查全系统管路、设备、阀件、固定支架、套管等，必须安装无误。各类连接处均无遗漏。

（2）根据全系统试压或分系统试压的实际情况，检查系统上各类阀门的开、关状态，不得漏检。试压管道阀门全打开，试验管段与非试验管段连接处应予隔断。

（3）检查试压用的压力表的灵敏度是否符合要求。

4. 水压试验

试验压力应符合设计要求。当设计无规定时，应按《建筑给水排水及采暖工程施工质量验收规范》GB 50242的相关规定执行。

5. 供暖系统冲洗

（1）系统试压合格后，应对系统进行冲洗并清扫过滤器及除污器。

（2）供暖系统冲洗时全系统内各类阀件应全部开启，并拆下除污器、自动排气阀等。

（3）冲洗中，管路通畅，无堵塞现象，当排入下水道的冲洗水为清净水时可认为冲洗合格。全部冲洗后，再流速1～1.5m/s的速度进行全系统循环，延续20h以上，循环水色透明为合格。

8.3 通风与空调节能监理要点

8.3.1 材料（设备）质量控制

（1）通风与空调工程使用的材料与设备必须符合设计要求及国家有关标准的规定，严禁使用国家明令禁止使用与淘汰的产品。

（2）通风与空调系统节能工程所使用的设备、管道、阀门、仪表、绝热材料等产品进场时，应按设计要求对其类型、材质、规格及外观等进行验收，并应对下列产品的技术性能参数进行核查。验收与核查的结果应经监理工程师（建设单位代表）检查认可，并应形成相应的验收、核查记录。各种产品和设备的质量证明文件和相关技术资料应齐全，并应符合有关国家现行标准和规定。

1）组合式空调机组、柜式空调机组、新风机组、单元式空调机组、热回收装置等设备的冷量、热量、风量、风压、功率及额定热回收效率。

2）风机的风量、风压、功率及其单位风量耗功率。

3）成品风管的技术性能参数。

4）自控阀门与仪表的技术性能参数。

（3）风机盘管机组和绝热材料进场时，应对其下列技术性能参数进行复验，复验应为见证取样送检。

1）风机盘管机组的供冷量、供热量、风量、出口静压、噪声及功率。

2）绝热材料的导热系数、密度、吸水率。

（4）通风与空调系统节能工程所使用的设备、管道、阀门、仪表、绝热材料等产品的进场验收，应遵守下列规定：

1）对材料和设备的类型、材质、规格、包装、外观等进行检查验收，并应经监理工程师（建设单位代表）确认，形成相应的验收记录。

2）对材料和设备的质量证明文件进行核查，并应经监理工程师（建设单位代表）确认，纳入工程技术档案。上述材料和设备均应有出厂合格证、中文说明书及相关性能检测报告；进口材料和设备应有商检报告。

3）对上述（2）要求的材料和设备的技术性能参数进行核查（设计要求、铭牌、质量证明文件进行核对），并应经监理工程师（建设单位代表）确认，形成相应的验收记录。

4）绝热材料的材质、密度、规格和厚度应符合设计要求；绝热材料不得受潮；进场后，应对其导热系数、密度和吸水率进行复验。复验为见证取样送检。

5）风机盘管进场，应对其供冷量、供热量、风量、出口静压、噪声及功率进行复验。复验为见证取样送检。

（5）风管材料及成品风管

1）风管的材料品种、规格、性能与厚度等应符合设计和《通风与空调工程施工质量验收规范》GB 50243 的有关规定。

2）成品风管的材质、厚度、尺寸偏差、管口平面度偏差等应符合设计和有关规范、标准的要求。

（6）空调水管、阀门及附件

1）空调水管及阀门的材质、规格、型号、厚度及连接方式等应符合设计和有关规范、标准的规定。

2）焊接管件外径和壁厚应与管材匹配；丝扣管件应无偏扣、方扣、乱扣、断丝和角度不准确等缺陷；卡箍管件的规格、材质、外形尺寸应符合《沟槽式管接头》CJ/T 156 的规定，管道、阀件法兰密封面不得有毛刺及径向沟槽，带有凹凸面的法兰应能自然嵌合，凸面的高度不得小于凹槽的深度。

3）阀件铸造规矩、开关灵活严密，无毛刺、裂纹。

4）法兰垫片应质地柔韧，无老化变质或分层现象，表面不应有折损、皱纹等缺陷。

（7）通风与空调设备

1）各种设备的型号、规格、技术参数应符合设计要求。

2）通风机及空调机组、风机盘管的风机应有性能检测报告，设计的运行工况点在性能曲线上的位置应接近最高效率点。

8.3.2　监理要点

1. 送、排风系统及空调风系统、空调水系统的安装

通风与空调节能工程中的送、排风系统及空调风系统、空调水系统的安装，应符合下列规定：

（1）各系统的制式，应符合设计要求。

（2）各种设备、自控阀门与仪表应按设计要求安装齐全，不得随意增减和更换。

（3）水系统各分支管路水力平衡装置、温控装置与仪表的安装位置、方向应符合设计要求，并便于观察、操作和调试。

（4）空调系统应能实现设计要求的分室（区）温度调控功能。对设计要求分栋、分区或分户（室）冷、热计量的建筑物，空调系统应能实现相应的计量功能。

2. 风管的制作与安装

（1）风管的材质、断面尺寸及厚度应符合设计要求。

（2）风管与部件、风管与土建风道及风管间的连接应严密、牢固。

（3）风管的严密性及风管系统的严密性检验和漏风量，应符合设计要求或现行国家标准《通风与空调工程施工质量验收规范》GB 50243 的有关规定。

（4）需要绝热的风管与金属支架的接触处、复合风管及需要绝热的非金属风管的连接和内部支撑加固等处，应有防热桥的措施，并应符合设计要求。

3. 空调机组安装

（1）组合式空调机组、柜式空调机组、新风机组、单元式空调机组的安装应符合下列规定：

1）各种空调机组的规格、数量应符合设计要求。

2）安装位置和方向应正确，且与风管、送风静压箱、回风箱的连接应严密可靠。

3）现场组装的组合式空调机组各功能段之间连接应严密，并应做漏风量的检测，其漏风量应符合现行国家标准《组合式空调机组》GB/T 14294 的规定。

4）机组内的空气热交换器翅片和空气过滤器应清洁、完好，且安装位置和方向必须正确，并便于维护和清理。当设计未注明过滤器的阻力时，应满足粗效过滤器的初阻力≤50Pa（粒径≥5.0μm，效率：80%>E≥20%）；中效过滤器的初阻力≤80Pa（粒径≥1.0μm，效率：70%>E≥20%）的要求。

（2）空调机组回水管上的电动两通调节阀、风机盘管机组回水管上的电动两通（调节）阀、空调冷热水系统中的水力平衡阀、冷（热）量计量装置等自控阀门与仪表的安装应符合下列规定：

1）规格、数量应符合设计要求。

2）方向应正确，位置应便于操作和观察。

4. 风机盘管机组

（1）规格、数量应符合设计要求。

（2）位置、高度、方向应正确，并便于维护、保养。

（3）机组与风管、回风箱及风口的连接应严密、可靠，

（4）空气过滤器的安装应便于拆卸和清理。

5. 风机安装

（1）规格、数量应符合设计要求。

（2）安装位置及进、出口方向应正确，与风管的连接应严密、可靠。

6. 排风热回收装置

带热回收功能的双向换气装置和集中排风系统中的排风热回收装置的安装应符合下列规定：

（1）规格、数量及安装位置应符合设计要求。

（2）进、排风管的连接应正确，严密、可靠。

（3）室外进、排风口的安装位置、高度及水平距离应符合设计要求。

7. 空调风管系统及部件的保温

空调风管系统及部件的绝热层和防潮层施工应符合下列规定：

（1）绝热层应采用不燃或难燃材料，其材质、规格及厚度等应符合设计要求：

（2）绝热层与风管、部件及设备应紧密贴合，无裂缝、空隙等缺陷，且纵、横向的接缝应错开。

（3）绝热层表面应平整，当采用卷材或板材时，其厚度允许偏差为5mm；采用涂抹或其他方式时，其厚度允许偏差为10mm。

（4）风管法兰部位绝热层的厚度，不应低于风管绝热层厚度的80%。

（5）风管穿楼板和穿墙处的绝热层应连续不间断。

（6）防潮层（包括绝热层的端部）应完整，且封闭良好，其搭接缝应顺水。

（7）带有防潮层隔汽层绝热材料的拼缝处，应用胶带封严，粘胶带的宽度不应小于50mm。

（8）风管系统部件的绝热，不得影响其操作功能。

8. 空调水系统管道及配件的保温

（1）绝热层应采用不燃或难燃材料，其材质、规格及厚度等应符合设计要求。

（2）绝热管壳的粘贴应牢固、铺设应平整，硬质或半硬质的绝热管壳每节至少应用防腐金属丝或难腐织带或专用胶带进行捆扎或粘贴2道，其间距为300～350mm，且捆扎、粘贴应紧密，无滑动、松弛与断裂现象。

（3）硬质或半硬质绝热管壳的拼接缝隙，保温时不应大于5mm、保冷时不应大于2mm，并用粘结材料勾缝填满；纵缝应错开，外层的水平接缝应设在侧下方。

（4）松散或软质保温材料应按规定的密度压缩其体积，疏密应均匀；毡类材料在管道上包扎时，搭接处不应有空隙。

（5）防潮层与绝热层应结合紧密，封闭良好，不得有虚粘、气泡、褶皱、裂缝等缺陷。

（6）防潮层的立管应由管道的低端向高端敷设，环向搭接缝应朝向低端；纵向搭接缝应位于管道的侧面，并顺水。

（7）卷材防潮层采用螺旋形缠绕的方式施工时，卷材的搭接宽度宜为30～50mm。

（8）空调冷热水管穿楼板和穿墙处的绝热层应连续不间断，且绝热层与穿楼板和穿墙处的套管之间应用不燃材料填实不得有空隙，套管两端应进行密封封堵。

（9）管道阀门、过滤器及法兰部位的绝热结构应能单独拆卸，且不得影响其操作功能。

（10）空调水系统的冷热水管道与支、吊架之间应设置绝热衬垫，其厚度不应小于绝热层厚度，宽度应大于支、吊架支承面的宽度。衬垫的表面应平整，衬垫与绝热材料之间应填实无空隙。

8.3.3 施工试验与检测监理要点

1. 风管严密性检验（漏光法检测）

（1）对系统风管的检测，宜采用分段检测、汇总分析的方法，一般以阀件作为分段点。在严格安装质量管理的基础上，系统风管的检测以总管和干管为主。

（2）合格标准

低压系统风管每10m的漏光点不应超过2处，且每100m的平均漏光点不应超过16处；中压系统风管每10m的漏光点不应超过1处，且每100m的平均漏光点不应超过8处。

2. 风管严密性检验（漏风量测试）

（1）低压风管系统：漏光法检测不合格时，按规定的抽检率做漏风量测试。

（2）中压风管系统：在漏光法检测合格后，对系统进行漏风量测试抽检，抽检率为20%，且不得少于1个系统。

（3）高压风管系统：全数进行漏风量测试。

（4）合格标准：矩形风管系统在相应工作压力下，以单位面积单位时间内的允许漏风量作为判定标准。

低压、中压圆形金属风管、复合材料风管以及采用非法兰形式的非金属网管的允许漏风量，为矩形风管规定值的50%。

砖、混凝土风道的允许漏风量不应大于矩形低压系统风管规定值的1.5倍。

排烟、除尘、低温送风系统按中压系统风管的规定，1～5级净化空调系统按高压系统风管的规定。

3. 管道强度与严密性检验

（1）冷热水和冷却循环水管道安装完毕，应分段、分系统进行强度与严密性检验；冷凝水管安装完毕应进行充水试验。

（2）水压试验应使用清洁水作介质。

（3）试验压力应符合设计要求；当设计无要求时，强度试验压力为额定工作压力的1.2～1.5倍，当压力升至试验压力时停止升压，稳压5min，若压力降≤0.02MPa、系统无渗漏为强度试验合格；将压力降至额定工作压力，稳压30min，检查系统各管道接口、阀件等附属配件，不渗漏为严密性试验合格。

8.3.4 试运转与调整监理要点

1. 风机试运转

（1）运转前应将送、回（排）风管及风口上的阀门全部开启。

（2）风机正常运转后，定时测量轴承温升，所测温度应低于设备说明书中的规定值，如无规定值时，一般滚动轴承的温度不大于80℃，滑动轴承的温度不大于70℃。运转持续时间不小于2h。

2. 无负荷联合试运转

进行风机风量、风压及转速测定，系统风口风量平衡，冷热源试运转，制冷系统压力、温度及流量等测定。

3. 风量、风压的测定与调整

主要为室内温度、相对湿度的测定与调整，室内气流组织的测定，室内噪声的测定，自动调节系统参数整定和联合试运调试，防排烟系统测定。

（1）系统总风量、风压的测定截面位置应选择在气流均匀处，按气流方向应选择在局部阻力之后 4～5 倍管径（或矩形风管大边尺寸）或局部阻力之前 1.5～2 倍管径（或矩形风管大边尺寸）的直管段上。测定截面上测点的位置和数量主要根据风管形状（矩形或圆形）和尺寸大小而定。

（2）送、回风口风量测定可用热电风速仪或叶轮风速仪测得风速，求得风量。测量时应贴近格栅或网格，采用匀速移动法或定点测量法测定平均风速，匀速移动法不应少于 3 次，定点测量法不应少于 5 个，散流器可采用加罩测量法。风口的风量与设计风量的允许偏差不应大于 15%。

（3）系统风量调整一般采用流量等比分配法结合基准风口调整法进行。

1）流量等比分配法：一般从系统的最远管段，即从最不利风口开始，逐步调向风机。

2）基准风口调整法：调整前，将全部风口的送风量初测一遍，计算出各个风口的实测风量与设计风量比值的百分数，选取最小比值的风口分别作为调整各分支干管上风口风量的基准风口；借助调节阀，使基准风口与任一风口的实测风量与设计风量的比值百分数近似相等。

（4）经调整后，在各调节阀不动的情况下，重新测定各处的风量作为最后的实测风量，实测风量与设计风量偏差应不大于 10%。使用红油漆在所有风阀的把柄处作标记，并将风阀位置固定。

（5）防排烟系统及正压送风系统调试完成后，应与消防系统联动调试。

（6）风管系统测试的主要内容：

1）风机的风量、风压、噪声。

2）系统的总风量及各风口的风量、风速。

3）正压送风区域的正压。

4）卫生间负压。

5）空调房间的气流组织和噪声。

8.4 空调与供暖系统冷热源及管网节能监理要点

8.4.1 材料（设备）质量控制

（1）空调与供暖系统冷热源及管网节能工程使用的材料与设备必须符合设计要求及国家有关标准的规定，严禁使用国家明令禁止使用与淘汰的产品。

（2）空调与供暖系统冷热源设备及其辅助设备、阀门、仪表、绝热材料等产品进场时，应按照设计要求对其类型、规格和外观等进行检查验收，并应对下列产品的技术性能参数进行核查。验收与核查的结果应经监理工程师（建设单位代表）检查认可，并应形成相应的验收、核查记录。各种产品和设备的质量证明文件和相关技术资料应齐全，并应符合国家现行有关标准和规定。

1）锅炉的单台容量及其额定热效率。

2）热交换器的单台换热量。

3）电机驱动压缩机的蒸气压缩循环冷水（热泵）机组的额定制冷量（制热量）、输入功率、性能系数（COP）及综合部分负荷性能系数（IPLV）。

4）电机驱动压缩机的单元式空气调节机、风管送风式和屋顶式空气调节机组的名义制冷量、输入功率及能效比（EER）。

5）蒸汽和热水型溴化锂吸收式机组及直燃型溴化锂吸收式冷（温）水机组的名义制冷量、供热量、输入功率及性能系数。

6）集中供暖系统热水循环水泵的流量、扬程、电机功率及耗电输热比（EHR）。

7）空调冷热水系统循环水泵的流量、扬程、电机功率及输送能效比（ER）。

8）冷却塔的流量及电机功率。

9）自控阀门与仪表的技术性能参数。

(3) 空调与供暖系统冷热源及管网节能工程的绝热管道、绝热材料进场时，应对绝热材料的导热系数、密度、吸水率等技术性能参数进行复验，复验应为见证取样送检。

(4) 空调与供暖系统冷热源及管网节能工程所使用的设备、管道、阀门、仪表、绝热材料等产品进场验收，应遵守下列规定：

1）对材料和设备的类型、材质、规格、包装、外观等进行检查验收，并应经监理工程师（建设单位代表）确认，形成相应的验收记录。

2）对材料和设备的质量证明文件进行核查，并应经监理工程师（建设单位代表）确认，纳入工程技术档案。上述材料和设备均应有出厂合格证、中文说明书及相关性能检测报告进口材料和设备应有商检报告。

4）绝热材料的材质、密度、规格和厚度应符合设计要求；绝热材料不得受潮；进场后，应对其导热系数、密度和吸水率进行复验。复验为见证取样送检。

(5) 冷热源设备及附属设备的型号、规格和技术参数必须符合设计要求，设备主体和零部件表面应无缺损、锈蚀等情况。

(6) 整体式蓄冰装置的保温结构，应有在安装地区气候条件下外壁不结露的计算书。

(7) 铜管的管径、壁厚及材质的化学成分应符合设计和国家标准要求。

8.4.2 系统监理要点

1. 空调与供暖系统冷热源设备和辅助设备及其管网系统

(1) 空调与供暖系统冷热源设备和辅助设备及其管网系统的安装，应符合下列规定：

1）管道系统的制式，应符合设计要求。

2）各种设备、自控阀门与仪表应按设计要求安装齐全，不得随意增减和更换。

3）空调冷（热）水系统，应能实现设计要求的变流量或定流量运行。

4）供热系统应能根据热负荷及室外温度变化实现设计要求的集中质调节、量调节或质一量调节相结合的运行。

(2) 冷热源侧的电动两通调节阀、水力平衡阀及冷（热）量计量装置等自控阀门与仪表的安装，应符合下列规定：

1）规格、数量应符合设计要求。

2）方向应正确，位置应便于操作和观察。

（3）锅炉、热交换器、电机驱动压缩机的蒸气压缩循环冷水（热泵）机组、蒸汽或热水型溴化锂吸收式冷水机组及直燃型溴化锂吸收式冷（温）水机组等设备的安装，应符合下列要求：

1）规格、数量应符合设计要求。

2）安装位置及管道连接应正确。

2. 冷却塔、水泵等辅助设备

冷却塔、水泵等辅助设备的安装应符合下列要求：

（1）规格、数量应符合设计要求。

（2）冷却塔设置位置应通风良好，并应远离厨房排风等高温气体。

（3）管道连接应正确。

3. 空调冷热源水系统管道及配件保温

（1）空调冷热源水系统管道及配件绝热层和防潮层的施工要求，可按照上述8.3.2中8的相关内容。

（2）当输送介质温度低于周围空气露点温度的管道，采用非闭孔绝热材料作绝热层时，其防潮层和保护层应完整，且封闭良好。

（3）空调与采暖系统的冷热源设备及其辅助设备、配件的绝热，不得影响其操作功能。

8.4.3 施工试验与检测监理要点

1. 锅炉水压试验

（1）水压试验应在环境温度高于5℃时进行，低于5℃必须有防冻措施。

（2）应对锅炉进行全面检查，检查有无漏水和反常现象；启动试压泵缓慢升压，当升至0.3～0.4MPa时进行一次检查和必要的紧固螺栓工作；待升至工作压力好，停泵检查有无渗漏或异常现象；再升至试验压力后停泵，保持10min，压力降不应超过0.02MPa；降至工作压力进行检查，压力不降，不渗、不漏，无残余变形，受压元件金属壁和焊缝上无水珠和水雾，胀口处不渗为合格。

（3）水压试验结束后，将炉内水排净，拆除所加的盲板，做好记录。

2. 分汽缸、分水器、集水器水压试验

分汽缸、分水器、集水器安装前均应进行水压试验，试验压力为工作压力的1.5倍。

8.4.4 系统调试监理要点

1. 制冷机组单机调试

（1）制冷机组的单机调试应在冷冻水系统和冷却水系统正常运行的过程中进行，由制冷机组厂家技术人员完成，施工单位配合。

（2）制冷机组主要检验、测试的内容：蒸发器、冷凝器气压、水压试验；整机强度试验；氦检漏；电气接线测试；绝缘测试；运转测试等。各项测试的结果应符合设计和设备技术文件的要求，然后进行不少于 8h 的试运转。

（3）各保护继电器、安全装置的整定值应符合技术文件的规定，其动作应灵敏可靠；机组的响声、振动、压力、温度、温升等应符合技术文件的规定，并记录各项数据。

2. 冷却塔单机调试

（1）冷却塔进水前，应将冷却塔布水槽、集水盘内清扫干净。

（2）冷却塔风机的电绝缘应良好，风机旋转方向应正确。

（3）冷却塔试运转时，应检查风机的运转状态和冷却水循环系统的工作状态，并记录运转中的情况及有关数据，如无异常情况，连续运转时间应不少于 2h。

（4）冷却塔试运转结束后，应将集水盘清洗干净，如长期不使用，应将循环管路及集水盘中的水全部排出，防止设备冻坏。

3. 锅炉单机调试

锅炉的单体调试必须在燃烧系统、供水系统、供气（油）系统、安全阀、配电及控制系统均能正常运行的条件下进行。

（1）锅炉调试的内容

1）锅炉所有转动设备的转向、电流、振动、密封、噪声等检测，各保护联锁定值的设定。

2）水位保护、安全连锁指示调整。

3）燃烧系统连锁保护调整：火焰检测保护系统；点火系统；安全保护联锁系统；各负荷，风、燃料配比系统。

（2）锅炉试运行及调试

1）锅炉热态运行调试的内容：检测锅炉各控制单元动作是否正常；检测锅炉尾气排放数值；熄火保护调试；超压保护调试；低水位保护调试；低气压保护调试；超温保护调试；安全复位保护调试。

2）煮炉结束后将锅炉加至正常水位，启动燃烧器，调节气压及风口、风压，保证启动调节正常（烟囱无黑烟、燃烧平稳无异响）。

3）燃烧正常后，拔出光敏电阻，手动控制光敏电阻，检查熄火保护。

4）排污至低水位，检查锅炉自动进水，再排污至极低水位，检查锅炉在极低水位是否切断燃烧。

5）锅炉升压后，根据需要调节 1 号压力控制器，转换成小火运行，待锅炉运行至用户需要的最高压力后，调节 2 号压力控制器，使锅炉自动停炉。

6）排放蒸汽，降低炉内蒸汽压力，待降至适当压力时，调节 1 号压力控制器，使锅炉在此压力下自动后动。

7）待锅炉重新升压后，调节 3 号压力控制器，并模拟超压，锅炉此时应自动停炉并切断后动电源。

8）检查锅炉各承压部件是否有泄漏现象。

9）完成上述检查设定后，重新启动锅炉，正常运行，检查各环节是否正常。

10）安全阀定压：先调整开后压力较高的安全阀，后调整开启压力较低的安全阀。安全阀定压工作完成后，应做一次安全阀自动排汽试验，合格后铅封，同时将开后压力、回坐压力记入《锅炉安装质量证明书》中。

11）各项调试由锅检所专业人员在场监督验收，由锅检所出具验收报告并办理使用许可证，锅炉即可投入正常运行。

4. 水泵单机调试

（1）水泵试运转前，应检查水泵和附属系统的部件是否齐全，用手盘动水泵应轻便灵活、正常，不得有卡碰现象。

（2）水泵在试运转前，应将入口阀打开，出口阀关闭，待水泵启动后缓慢开启出口阀门。

（3）水泵正常运转后，定时测量轴承温升，所测温度应低于设备说明书中的规定值，如无规定值时，一般滚动轴承的温度不大于75℃，滑动轴承的温度不大于70℃。运转持续时间不小于2h。

8.4.5 系统联动调试与检测监理要点

通风与空调系统的联动调试应在风系统的风量平衡调试结束和冷冻水、冷却水及热水循环系统均运转正常的条件下进行。系统联动调试分手动控制调试和自动控制调试两步，本节主要指手动控制调试，自动控制调试参见本书8.6中相关内容。

1. 空调冷（热）水、冷却水系统的调试

（1）系统调试前应对管路系统进行全面检查。支架固定良好；试压、冲洗用的临时设施已拆除，系统已复原；管道保温已结束等。

（2）将调试管路上的手动阀门、电动阀门全部开到最大状态，开启排气阀。

（3）向系统内充水，充水过程中要有人巡视，发现漏水情况及时处理。

（4）系统冲满水后启动循环水泵和冷却塔，观察各部位的压力表和流量计读数及冷却塔集水盘的水位，流量和压力应符合设计要求。

（5）调试定压装置。采用高位水箱的，应调试浮球阀的进水水位至最佳位置；采用低位定压装置的，应调试其正常工作压力、启泵压力、停泵压力至设计要求。

（6）调整循环水泵进出口阀门开启度，使其流量、扬程达到设计要求（总流量与设计流量的偏差不应大于10%）。同时观察分水器、集水器上的压力表读数和压差是否正常，如不正常，调整压差旁通控制系统，直至达到设计要求（压差旁通控制系统手动调试只能粗调）。

（7）调整管路上的静态平衡阀，使其达到设计流量。

（8）调试水处理装置、自动排气装置等附属设施，使其达到设计要求。

（9）投入冷、热源系统及空调风管系统，进行系统的联动调试与检测。

2. 供热系统联动调试与检测

（1）开启锅炉房分汽缸或分水器的阀门，向空调系统供热，调整减压阀后的压力至设计要求。

（2）调试换热装置进汽（热水）管上的温控装置，使换热装置出口的温度、压力、流量等达到设计要求。

（3）观察分水器、集水器及空调末端水系统的温度，应符合设计要求。

（4）供热系统调试过程中，应检查锅炉及附属设备的热工性能和机械性能；测试给水、炉水水质、炉膛温度、排烟温度及烟气的含尘、含硫化合物、一氧化碳、二氧化碳等有害物质的浓度是否符合国家规定的排放标准（此项应事先委托环保部门测试）；测试锅炉的出率（即发热量或蒸发量）、压力、温度等参数；同时测试给水泵、油泵、除氧水泵等的相关参数。

3. 供冷系统联动调试

制冷机组投入系统运行后，进行水量、温度、压力、电流、油温等参数及控制的调试。

4. 通风与空调工程节能性能的检测

通风与空调工程交工前，应进行系统节能性能的检测，由建设单位委托具有检测资质的第三方进行并出具报告，检测的主要项目及要求见表 8-2 的规定。

系统节能性能检测主要项目及要求　　表 8-2

序号	检测项目	抽样数量	允许偏差或规定值
1	室内温度	居住建筑每户抽测卧室或起居室 1 间，其他建筑按房间总数抽测 10%	冬季不得低于设计计算温度 2℃，且不应高于 1℃。夏季不得高于设计计算温度 2℃，且不应低于 1℃
2	供热系统室外管网的水力平衡度	每个热源与换热站均不少于 1 个独立的供热系统	0.9～1.2
3	供热系统的补水率	每个热源与换热站均不少于 1 个独立的供热系统	0.5%～1%
4	室外管网的热输送效率	每个热源与换热站均不少于 1 个独立的供热系统	≥0.92
5	各风口的风量	按风管系统数量抽查 10%，且不得少于 1 个系统	≤15%
6	通风与空调系统的总风量	按风管系统数量抽查 10%，且不得少于 1 个系统	≤10%
7	空调机组的水流量	按系统数量抽查 10%，且不得少于 1 个系统	≤20%
8	空调系统冷热水、冷却水总流量	全数	≤10%
9	平均照度与照明功率密度	按同一功能区不少于 2 处	≤10%

8.5 配电与照明节能监理要点

8.5.1 材料（设备）质量控制

（1）配电与照明工程使用的材料、设备等，必须符合设计要求及国家有关标准的规定。严禁使用国家明令禁止使用与淘汰的材料和设备。

（2）照明光源、灯具及其附属装置、电线、电缆、母线以及单芯电缆卡具等材料和设备进场应遵守下列规定：

1）对材料和设备的品种、规格、包装、外观和尺寸等进行检查验收，并应经监理工程师（建设单位代表）确认，形成相应的验收记录。

2）对材料和设备的质量证明文件进行核查，并应经监理工程师（建设单位代表）确认，纳入工程技术档案。

3）对电线、电缆在施工现场抽样复验。复验应为见证取样送检。

（3）配电与照明节能工程的照明光源、灯具及其附属装置应具有合格证，各项指标应符合设计要求。照明光源、灯具及其附属装置应有进场施工验收记录（监理或建设单位代表认可）。

（4）低压配电系统选择的电缆、电线进场时，应对其品种、规格、包装、外观和芯线的截面、绝缘层厚度等进行检查验收，并应经监理工程师（建设单位代表）确认，形成相应的验收记录。对其截面和每芯导体电阻值进行见证复验。电缆电线截面不得低于设计值，每芯导体电阻值应符合现行国家标准《建筑节能工程施工质量验收规范》（GB 50411—2007）第 12.2.2 条规定（同一厂家各种规格总数的 10%，且不少于 2 个规格）。

（5）低压配电系统选择的母线进场时，应对其品种、规格、包装、外观和尺寸等进行检查验收，并应经监理工程师（建设单位代表）确认，形成相应的验收记录。母线应有产品合格证及材质证明文件，封闭、插接母线应有包括额定电压、额定容量、试验报告等技术数据的技术文件。

8.5.2 材料、灯具与系统检测监理要点

1. 材料复验项目

低压配电系统的电缆、电线截面、每芯导体电阻值进行见证取样送检。

2. 性能核查项目

（1）核查荧光灯灯具和高强度气体放电灯灯具的效率见《建筑节能工程施工质量验收规范》（GB 50411—2007）。

（2）核查管型荧光灯整流器能效限定值见《建筑节能工程施工质量验收规范》（GB 50411—2007）。

（3）核查照明设备谐波含量限定值见《建筑节能工程施工质量验收规范》（GB 50411—2007）。

3. 检测项目

（1）低压配电系统供电电压允许偏差：三相供电电压允许偏差为标称系统电压的 ±7%；单相 220V 为 +7%、−10%。

（2）公共电网谐波电压限值为：380V 的电网标称电压，电压总谐波畸变率（THDu）为 5%，奇次（1～25 次）谐波含有率为 4%，偶次（2～24 次）谐波含有率为 2%。

（3）谐波电流不应超过《建筑节能工程施工质量验收规范》（GB 50411—2007）规定的允许值。

（4）三相电压不平衡度允许值为 2%，短时不得超过 4%。

（5）在通电试运行中，应测试并记录照明系统的照度和功率密度值。

(6) 三相照明配电干线的各相负荷宜分配平衡，其最大相负荷不宜超过三相负荷平均值的115%，最小相负荷不宜小于三相负荷平均值的85%。

8.6 监测与控制节能工程监理要点

监测与控制系统的范围包括空调与通风系统、变配电系统、公共照明系统、给水排水系统、热源与热交换系统、冷冻和冷却水系统、电梯和自动扶梯系统等子系统。各子系统的施工应依据批准的深化设计文件、控制流程图、产品说明书及施工方案等技术文件进行，并应进行技术交底。

8.6.1 材料（设备）质量控制

监测与控制的前端设备生要包括网络控制器、计算机、不间断电源、打印机、控制台等。监测与控制的终端设备主要包括各类传感器、仪表、阀门及其执行器、变频器等。监测与按制的传输部分主要包括电线电缆、控制箱等。

监测与控制系统采用的设备、材料及附属产品进场时，应按照设计要求对其品种、规格、型号、外观和性能等进行检查验收，并应经监理工程师（建设单位代表）检查认可，且应形成相应的质量记录。各种设备、材料和产品附带的质量证明文件和相关技术资料应齐全，并应符合国家现行有关标准和规定。

(1) 设备在进场时应提供控制器、执行器、中央管理计算机、UPS、电缆等功能检测报告。

(2) 产品功能、性能等项目的检测应按照相应的现行国家产品标准进行，有特殊要求的产品可按照合同规定或设计要求进行。

(3) 硬件设备及材料的检测应主要包括安全性、可靠性及电磁兼容性等项目，可靠性检测也可参考厂家出具的可靠性检测报告。

(4) 操作系统、数据库管理系统、应用系统软件、信息安全软件和网管软件应具有使用许可证。

(5) 由系统承包商编制的用户应用软件、用户组态软件及接口软件等应用软件要进行功能性测试和系统测试，并进行容量、可靠性、安全性、可恢复性、兼容性、自诊断等功能测试，保证软件的可维护性。

(6) 系统接口测试应保证接口性能符合设计要求，实现接口规范中规定的各项功能，不发生兼容性及通信瓶颈问题。

(7) 各类计量器具应在安装前检定合格，使用时在有效期内。

8.6.2 系统检测监理要点

1. 分系统进行具体检测功能的描述

(1) 空调与通风系统功能检测

1) 对空调系统进行温湿度及新风量自动控制、预定时间表自动启停、节能优化控制等。

2）着重检测系统测控点（温度、相对湿度、压差和压力等）与被控设备（风机、风阀、加湿器及电动阀门等）控制的稳定性、相应时间和控制效果，并检测设备连锁控制和故障报警的正确性。

（2）热源和热交换系统功能检测

1）进行系统负荷调节、预定时间表自动启停和节能优化控制。

2）通过工作站或现场控制器对热源和热交换系统的设备运行状态、故障等的监视、记录与报警进行检测，并检测对设备的控制功能。

3）核实热源和热交换系统能耗计量与统计资料。

（3）冷冻和冷却水系统功能检测

1）对冷水机组、冷冻冷却水系统进行系统负荷调节、预定时间表自动后停和节能优化控制。

2）通过工作站对冷水机组、冷冻冷却水系统设备控制和运行参数、状态、故障等的监视、记录与报警情况进行检查，并检查设备运行的联动情况。

3）核实冷冻水系统能耗计量与统计资料。

（4）变配电系统功能检测

1）对变配电系统的电气参数和电气设备的工作状态进行检测。

2）利用工作站数据读取和现场测量的方法对电压、电流、有功（无功）功率、功率因数、用电量等各项参数的测量和记录进行准确性和真实性检查。

3）显示的电力负荷及上述各参数的动态图形能比较准确地反映参数变化情况，并对报警信号进行验证。

（5）公共照明系统功能检测

1）对公共（公共区域、走道、园区和景观）照明设备进行监控。

2）光照度、时间表等为控制依据，设置程序控制灯组的开关，检测控制动作的正确性，并检查手动开关功能。

2. 检测的时间要求

监测与控制节能工程的检测应在系统试运行连续投运时间不少于1个月后进行，不间断试运行时间不少于168h。

3. 检测的数量要求

（1）现场设备安装质量检查

1）传感器：每种类型传感器抽检20%且不少于10台，传感器数量少于10台时全部检查。

2）执行器：每种类型执行器抽检20%且不少于10台，执行器少于10台时全部检查。

3）控制箱（柜）：各类控制箱（柜）抽检20%且不少于10台，少于10台时全部检查。

（2）系统功能检测

1）空调与通风系统：抽检数量为每类机组按总数的20%抽检，且不少于5台，每类机组不足5台时全部检测。

2）热源与热交换系统：全部检测。

3）冷冻与冷却水系统：全部检测。

4）公共照明系统：按照明回路总数20%抽检，数量不少于10路，总数少于10路时全部检测。

5）变配电系统：按每类参数抽检20%，且数量不少于20点，数量少于20点时全部检测。

参 考 文 献

[1] 中华人民共和国国家标准．建设工程监理规范(GB 50319—2013) [S]. 北京：中国建筑工业出版社，2013.9

[2] 中国建设监理协会组织编写．建设工程监理概论(4 版) [M]. 北京：中国建筑工业出版社，2013.12

[3] 中国建设监理协会组织编写．建设工程质量控制(4 版) [M]. 北京：中国建筑工业出版社，2013.12

[4] 中国建设监理协会组织编写．建设工程监理规范 GB/T 50319—2013 应用指南[M]. 北京：中国建筑工业出版社，2013.7